Dietrich Juhl

Technische Dokumentation

Dietrich Juhl

Technische Dokumentation

Praktische Anleitungen und Beispiele

Illustriert von
Werner Tiki Küstenmacher

2., neu bearbeitete Auflage
mit 135 Abbildungen

Springer

Dietrich Juhl
Horionstraße 32 B
53177 Bonn
dietrich@juhl.de

Bibliografische Information der Deutschen Bibliothek
Die Deutsche Bibliothek verzeichnet diese Publikation in der Deutschen Nationalbibliografie; detaillierte bibliografische Daten sind im Internet über http://dnb.ddb.de abrufbar.

ISBN 10 3-540-23813-1 Springer Berlin Heidelberg New York
ISBN 13 978-3-540-23813-3 Springer Berlin Heidelberg New York

Springer ist ein Unternehmen von Springer Science+Business Media
springer.de

Illustrationen: Werner Tiki Küstenmacher, Gröbenzell
Einbandgestaltung: medionet AG, Berlin
Satz: Digitale Druckvorlage des Autors
Gedruckt auf säurefreiem Papier 68/3180/m - 5 4 3 2 1 SPIN 12109111

Vorwort

Vorwort zur ersten Auflage

Bedienungsanleitungen haben einen schlechten Ruf!
Haarsträubende Beispiele im Fernsehen, eigene schlechte Erfahrung mit technischen Anleitungen jeglicher Art und Gespräche mit anderen zeigen uns immer wieder, wie hilflos Benutzer sein können, wenn sie die Anleitung nicht verstehen und das Gerät nicht bedienen können.

Dabei fällt das Nichtverstehen einer Bedienungsanleitung besonders ins Gewicht, denn der Verständlichkeitstest ist gleich eingebaut:

- Wenn Sie die Anleitung verstehen, können Sie das Gerät bedienen und die Technik reagiert so, wie Sie es beabsichtigen.
- Sind die Texte aber kompliziert oder unkonkret, können Sie höchstens versuchen, das Halbverstandene in eine Handlung umzusetzen.
  Nur wenn Sie richtig handeln, macht das Gerät das Richtige und Sie können den erhofften Nutzen erhalten.

Bei anderen Texten ist das nicht ganz so schlimm: Zwar verstehen wir viele juristische Texte, wie z.B. Versicherungsbedingungen oder das sogenannte Kleingedruckte nicht, können das aber tolerieren, da es uns im Moment nicht weiter behindert.
Anleitungen werden also besonders kritisch betrachtet, da das teuer gekaufte Gerät nur mit Hilfe der Anleitung bedient werden kann.
Wie aber kann eine Anleitung so strukturiert und geschrieben werden, dass möglichst viele Benutzer damit klar kommen?
Gibt es ein Rezept oder klare Standards, die beachtet werden müssen?

Ich meine ja. Anleitungen lassen sich so strukturieren, dass sie ihren Zweck optimal erfüllen. Um solche Strukturen geht es in diesem Buch.

Wenn Sie Anleitungen schreiben, finden Sie hier Regeln, welche Fragen Sie sich stellen müssen, wie Sie die Inhalte strukturieren, formulieren und zweckgerichtet optimieren.
Die hier gezeigte Methode habe ich aus eigener schlechter Erfahrung entwickelt:
Als Leiter eines Krankenhaus-Labors musste ich mich anhand von Anleitungen in die Bedienung der medizinischen Geräte einarbeiten.
Eine Anleitung stellte die Funktionsweise in den Mittelpunkt und beschrieb über 70 Seiten das Gerät, bevor zur Bedienung angeleitet wurde.
Aus der Erfahrung, wie wichtig für den Entwickler die Funktionsweise ist, während den Benutzer zuerst interessiert, wie er das Gerät bedienen kann, entwickelte ich eine Methode, die sogenannte Zielprogrammierung, um Inhalte von Anleitungen zu unterscheiden und einzeln zu optimieren.
Diese Methode habe ich in 20 Jahren Schreib- und Lehrpraxis fortentwickelt und für dieses Buch weiter streng strukturiert und mit Beispielen versehen.
In meinen Seminaren und meiner Praxis stellte sich heraus, dass diese einfache Methode das Schreiben stark vereinfacht und dem Autor schnell zu verständlichen Anleitungen verhilft.

Ich hoffe, Ihnen mit dem vorliegenden Buch klare Regeln für das Schreiben von guten Anleitungen zu liefern, denn ich bin fest davon überzeugt, dass es gute Anleitungen geben kann, dass es „ganz einfach ist“ gute Anleitungen zu schreiben, und dass gute Anleitungen einen bedeutenden Beitrag zum befriedigenden Umgang mit Technik leisten können.

Dietrich Juhl
Bonn, im Januar 2002

Vorwort zur zweiten Auflage

Es hat sich gelohnt, dieses Buch zu schreiben: Die vielen positiven Reaktionen, die Festlegung und Verbreitung der von mir entwickelten Kriterien und vielleicht auch ein Beitrag zu besser werdenden Anleitungen freuen mich.

Wenn das Buch jetzt in die zweite Auflage geht, zeigt mir das auch, dass sich viele tausend Technische Redakteure mit der Theorie des verständlichen Schreibens auseinandersetzen und – so hoffe ich – auch von meinen Darstellungen profitieren.

Inzwischen gibt es aus meiner Sicht einige gute und sehr gute Bedienungsanleitungen. Viele empfehlenswerte Beispiele erhielt ich von tekom-Kollegen und bei der Recherche im Internet, wo ich nach „guten“ und „sehr guten“ Anleitungen suchte.

Besonders positiv fielen mir folgende Werke auf:

- Anleitung zur Software „EasyProf“ der Interactive Training Advanced Computer Applications SL in Barcelona,
- Anleitungen zu Schema ST4 (Content-Management-System für Technische Dokumentation).
- Anleitung zur Nikon Digitalkamera Coolpix 5200.

Diese Anleitungen sind durchgehend strukturiert und nutzen konsequent Elemente wie Leistungsbeschreibung, Gerätebeschreibung und Handlungsanweisung, die systematisch neben den Handlungsschritten auch das Handlungsziel und das Handlungsergebnis nennen. So sind sie hervorragend lesbar und sogar ohne Produkt verständlich.

Auch andere Beschreibungstechniken, wie Tutorial, Erklärung der Systematik oder die Prinzipien der Nachschlageanleitung, werden perfekt genutzt.

Bestätigt fühle ich mich durch die Tatsache, dass diese Unterlagen in Internetforen und -zeitschriften als „gute“ oder „sehr gute Anleitungen“ bezeichnet wurden. Hier stimmt die Anwendermeinung mit meiner Ansicht überein.

Diese zweite Auflage habe ich vollständig überarbeitet, viele Darstellungen verbessert und ca. 50 der 140 Beispiele neu eingebracht oder ausgetauscht.

So hoffe ich auch weiterhin, einen Beitrag für verständliche Anleitungen und damit verständliche Technik zu liefern, denn die Nutzung von Technik macht einen Großteil unseres heutigen Wohlstands aus und gute Anleitungen sind ein wichtiger Beitrag für die Vermittlung zwischen Mensch und Technik.

Dietrich Juhl
Bonn, im März 2005

Der Autor

Der Autor Dietrich Juhl arbeitet seit 1980 in der Technischen Dokumentation. Als Technischer Redakteur, Mitbegründer und Geschäftsführer des Dienstleistungsunternehmens tecteam GmbH, Entwickler und Dozent in Ausbildungen und Seminaren hat er die Entwicklung der Technischen Dokumentation in Deutschland maßgeblich mitgestaltet.
Seine Schwerpunkte sind verständliche Anleitungen und das strukturierte Schreiben.
Heute arbeitet Dietrich Juhl als freier Autor, Berater und Dozent.
Kontakt: dietrich@juhl.de, www.juhl.de

Ihre Anregungen

Wenn Sie Anregungen für die Fortführung der hier gezeigten Methoden haben oder mit guten Beispielen zum besseren Verständnis beitragen wollen, freut sich der Autor über eine Kontaktaufnahme.
Kontakt: dietrich@juhl.de

Seminare zum verständlichen Schreiben

Der Autor führt regelmäßig Seminare zum verständlichen Schreiben durch. Das Besondere ist die Möglichkeit, die Methoden zu üben und anhand von Probanden auf ihre Wirksamkeit zu testen. So erhält man sofort Feedback von kompetenter Seite: dem Anwender.

Aktuelle Informationen im Internet

Weitere Beispiele und eine Fortschreibung der hier gezeigten Strukturen finden Sie im Internet unter www.juhl.de.

Danke für alle Unterstützung

Mein Dank gilt allen, die mit Rat und Tat zum Gelingen dieses Buches beigetragen haben. Besonders möchte ich diejenigen nennen, die das Buch gelesen und geprüft haben: Bernd Klötzl, Ulrike Bornemann, Jutta Kowalski, Anne Storz, Antje Conrad, Antje Kansok, Thomas Lehnert, Simone Schlegel, Carl-Heinz Gabriel und Juliane Gerling.
Vielen Dank auch an diejenigen, die mir ihre Beispiele zur Verfügung gestellt haben und die Erlaubnis erteilten, Auszüge hier abzubilden.
Ich denke, dass gerade die ca. 140 Beispiele zum guten Verständnis beitragen.

Für Benny.

Inhaltsverzeichnis

Einleitung

Es ist möglich, gute Anleitungen zu schreiben!

Ich bin fest davon überzeugt, dass es möglich ist, gute Bedienungsanleitungen zu schreiben! In 22 Jahren Berufserfahrung habe ich viele (hoffentlich gute) Anleitungen geschrieben und meine Methoden weiterentwickelt.

Prinzipien, die angewandt werden können, um gute Anleitungen zu schreiben, sind in diesem Buch aufgeführt.

Dabei muss berücksichtigt werden, dass auch gute Bedienungsanleitungen Grenzen haben:

- Es ist nicht möglich, wirklich 100% der Zielgruppe gleichermaßen zufrieden zu stellen. Das resultiert vor allem aus den unterschiedlichen Vorerfahrungen der Benutzer.
- Bedienungsanleitungen können eine fehlende Ausbildung nicht ersetzen. So muss z.B. eine Anleitung zu einer Tabellenkalkulation PC-Kenntnisse und Kalkulationswissen voraussetzen und ist für einen PC-Anfänger sicher nicht ausreichend.

Sie können gute Anleitungen schreiben!

Mit den hier gezeigten Methoden und Strukturen möchte ich Sie in die Lage versetzen, gute Anleitungen zu schreiben.

Die Methoden sind so einfach zu verstehen und einzusetzen, dass Sie mit etwas Übung innerhalb kurzer Zeit in der Lage sind, gute Anleitungen zu erstellen.

Schneller schreiben

Das Schreiben von Anleitungen kostet Zeit und Mühe und wird oft unterschätzt. Die Inhalte müssen recherchiert, ein Konzept mit einer Gliederung entwickelt, Texte geschrieben und Bilder erstellt werden. Und letztlich geht auch noch viel Zeit beim Umgang mit den Arbeitsmitteln drauf.

Mit Hilfe des strukturierten Schreibens, wie es hier vorgestellt wird, ist es möglich, alle Arbeitsschritte gezielter und schneller auszuführen. Schon bei der Recherche können Sie „strukturiert" fragen, eine Gliederung fast aus dem Ärmel schütteln und vor allem beim Formulieren sofort losschreiben.

Um Ihnen eine Vorstellung zu geben, wieviel Zeit für eine Anleitung gebraucht wird, möchte ich Ihnen meine persönliche Formel nennen, mit der ich den Zeiteinsatz für die Erstellung abschätze:

- Für das Recherchieren, Schreiben, Bebildern und Gestalten einer Anleitung rechne ich mit 2 bis 5 Stunden pro Seite.
  Das heißt, für eine 100-seitige Anleitung braucht man ca. 200 bis 500 Stunden, das sind 1 bis 3 Monate! Dabei kann der „Traumwert" von 2 Stunden nur durch sehr professionelles Vorgehen und die Benutzung guter Strukturen erreicht werden.

Vorlage für wissenschaftliche Arbeit
Im Vergleich mit anderen Wissenschaften gibt es im Bereich Technische Dokumentation viel zu wenig wissenschaftliche Arbeiten und methodische Untersuchungen.
Bisherige Untersuchungen sind m.E. häufig zu pauschal und untersuchen nur, ob eine Anleitung im Ganzen gut ist, nicht hingegen, welche Bestandteile verständlich und umsetzbar sind.
Mit den hier gezeigten Methoden möchte ich Anregungen für die Untersuchung von Anleitungsmethoden geben. So könnten beispielsweise unterschiedliche Formen der Tätigkeitsbeschreibung (siehe Seite 84) für verschiedene Handlungen in Usebility-Tests gegenübergestellt werden. Interessant wäre auch eine empirische Untersuchung, ob sich Umsetzungsunterschiede ergeben, wenn in einer Handlungsanweisung ein „Ziel der Handlung“ vorhanden ist oder nicht.

Standards festschreiben
Standards entstehen nicht allein in Normenausschüssen, sondern durch vielfachen Einsatz, der dann vielleicht durch Normen festgeschrieben wird.
So sind z.B. Zeitungen in der ganzen Welt ähnlich aufgebaut (Titelseite, Headlines, Einleitung, Artikel, Impressum usw.).
Genauso haben sich auch bei Bedienungsanleitungen Standards herausgebildet, die mehr oder weniger bewusst eingesetzt werden.
In diesem Buch habe ich solche Standards zusammengetragen und durch eigene Elemente und Überlegungen ergänzt.
Dabei geht es mir vor allem darum, die Standards in Zweck und Struktur genau zu beschreiben, damit Sie alle Elemente sinnvoll und gezielt einsetzen können.

Rechtliche Forderungen
Die Gesetze fordern immer mehr, dass Anleitungen verständlich sind, dem Anwender die Anwendung ermöglichen und ihn vor möglichen Gefahren schützen. So beinhaltet die Produkthaftung eine Instruktionspflicht und macht Hersteller oder Händler für Personenschäden haftungspflichtig. Das neue Schuldrecht regelt unter anderem die Mängelansprüche von Verbrauchen, wenn die Gebrauchs- oder Montageanleitung nicht ausreicht.

Strukturen für XML
Die Verwendung von XML wird vielfach als „die Lösung“ in der Technischen Dokumentation angesehen. XML ist eine Auszeichnungssprache, bei der Texte, mit Zusatzinformation versehen, in einem einheitlichen Datenformat gespeichert werden.
Voraussetzung für den Einsatz von XML ist eine innere Struktur, die jedem Textteil eine Bedeutung zuordnet, so dass die Gestaltung und auch die Zusammenstellung von Texten automatisch erfolgen kann.
Die hier gezeigten Strukturen können direkt in eine DTD (Document Type Definition) überführt werden, so dass ein XML-Dokumentationskonzept

entsteht, mit dem die fertigen Anleitungen einfacher „maschinell“ bearbeitet werden können.
Siehe auch das Beispiel auf der nächsten Seite.

Exkurs: Strukturierte Dokumentation und XML

Hinweis: Die hier dargestellten Betrachtungen zur strukturierten Dokumentation und der Zusammenhang mit XML sind ein wenig komplex. Wenn Sie noch keine Erfahrung mit einem dieser Themen haben, sollten Sie dieses Kapitel überspringen und zu einem späteren Zeitpunkt lesen.

XML ist eine Auszeichnungssprache, mit der Textstücke mit zusätzlicher, struktureller Information versehen werden können.
Das Beispiel auf den folgenden Seiten zeigt, wie die Textstücke einer Handlungsanweisung durch XML „ausgezeichnet"[1] und dadurch datentechnisch verarbeitet werden können.
Wenn alle Texte systematisch strukturiert und „ausgezeichnet" sind, kann mit speziellen Computerprogrammen unterschiedlicher Output generiert werden, z.B.:

Layout

Jedem XML-Tag wird ein Layout zugeordnet.
So kann der gleiche Inhalt leicht in unterschiedlichen Layouts ausgegeben werden.

Andere Medien

Über XSL kann die gleiche XML-Datei auf Papier, als HTML oder PDF ausgegeben werden. XSL ordnet den Tags die entsprechende Codierung zu. XSL ist eine sehr mächtige Formatierungssprache, mit der die Ausgabe von XML gesteuert werden kann.

Andere Einsatzzwecke

Sie können per XSL festlegen, dass nur ein Teil der Information angezeigt wird. Im untenstehenden Beispiel kann entweder die gesamte Handlungsanweisung ausgegeben werden, oder nur der Leistungsmerkmal-Name und das Ziel der Handlung. Letzteres ergibt alphabetisch sortiert eine Übersicht über die Leistungsmerkmale.
Oder:
Sie können per XSL die Information anders geordnet ausgeben. In unserem Beispiel ist es sinnvoll, die Handlungsanweisungen lernlogisch in der Reihenfolge der Wichtigkeit auszugeben.
Für die Leistungsmerkmal-Übersicht ist die alphabetische Reihenfolge besser.

Beispiel auf den nächsten Seiten

Das Beispiel auf den nächsten Seiten zeigt, wie ein Text inhaltlich strukturiert wird, wie diese Struktur per XML codiert wird und wie dann die strukturierte Information für unterschiedliche Zwecke und Medien abgebildet werden kann.

---

1 „Auszeichnung" wird hier im Sinne von „etikettiert" benutzt.
Im Englischen spricht man von „tag" oder „tagged information".

Beispiel: Strukturierte Information

Wählen bei aufgelegtem Hörer
Blockwahl
90
Sie können bequem wählen, ohne den Hörer abzuheben. Über Lautsprecher hören Sie, wenn der Teilnehmer abhebt und können dann den Hörer zur Hand nehmen. Das ist besonders praktisch, wenn Sie viele Anrufe tätigen, bei denen der andere nicht da ist.
Lassen Sie den Hörer aufgelegt.
Geben Sie die Rufnummer ein. Sie erscheint im Display.
Drücken Sie die Taste "Lautsprecher".
Sie hören das Freizeichen.
Heben Sie den Hörer ab, wenn der andere sich meldet und telefonieren Sie wie gewohnt.
Falls sich niemand meldet, können Sie mit der Taste "Lautsprecher" das Gespräch wieder beenden.

1. Unstrukturierter Text
Der Text ist zwar inhaltlich strukturiert, die Struktur ist aber maschinell nicht lesbar.

```
<HandlungsAnweisung>
<U1>Wählen bei aufgelegtem Hörer</U1>
<LeistungsmerkmalName>Blockwahl</LeistungsmerkmalName>
<Wichtigkeit>90</Wichtigkeit>
<ZielDerHandlung>Sie können bequem wählen, ohne den Hörer abzuheben.
Über Lautsprecher hören Sie, wenn der andere drangeht und können dann den
Hörer zur Hand nehmen. Das ist besonders praktisch, wenn Sie viele Anrufe
tätigen, bei denen der andere nicht da ist.
Lassen Sie den Hörer aufgelegt.</ZielDerHandlung>
<Schritt>Geben Sie die Rufnummer ein. Sie erscheint im Display.</Schritt>
<Schritt>Drücken Sie die Taste "Lautsprecher".</Schritt>
<Schritt>Sie hören das Freizeichen.</Schritt>
<Schritt>Heben Sie den Hörer ab, wenn der andere sich meldet und telefonieren
Sie wie gewohnt.</Schritt>
<Schritt>Falls sich niemand meldet, können Sie mit der Taste "Lautsprecher"
das Gespräch wieder beenden.</Schritt>
</HandlungsAnweisung>
```

2. Ausgezeichneter Text
Hier ist der Text ausgezeichnet (im Sinne von „beschildert“). Textstücke sind durch Anfang- und Ende-Tags gekennzeichnet.
Das Ganze ist eine HandlungsAnweisung, Teile sind U1, LeistungsmerkmalName usw.
Hier können auch Elemente vorkommen, die nur der Verwaltung dienen oder solche, die nicht immer angezeigt werden, wie z.B. die Wichtigkeit.

```
<!ELEMENT HandlungsAnweisung (U1, LeistungsmerkmalName, Wichtigkeit?,
ZielDerHandlung, Schritt+, HandlungsErgebnis?)>

        <!ELEMENT U1 (#PCDATA)>
        <!ELEMENT LeistungsmerkmalName (#PCDATA)>
        <!ELEMENT Wichtigkeit (#PCDATA)>
        <!ELEMENT ZielDerHandlung (#PCDATA)>
        <!ELEMENT Schritt (#PCDATA)>
        <!ELEMENT HandlungsErgebnis (#PCDATA)>

<!-- + = mind. einmal, ? = null oder einmal, * = null, einmal oder mehrmals -->
```

3. Document Type Definition
In der DTD ist die Struktur festgelegt: Das Ganze ist eine HandlungsAnweisung.
Sie besteht aus: U1, ... Schritt, Handlungsergebnis (in dieser Reihenfolge).
*, +, ? kennzeichnen, wie oft ein Element vorkommen darf.

4. Ausgabe im Layout
Den XML-Elementen ist ein Layout zugeordnet.
Die Elemente <Leistungs-merkmalName> und <Wichtigkeit> werden nicht abgebildet.

Beispiel: Ausgabe von strukturierter Information

Wählen bei aufgelegtem Hörer
Sie können bequem wählen, ohne den Hörer abzuheben. Über Lautsprecher hören Sie, wenn der andere drangeht und können dann den Hörer zur Hand nehmen. Das ist besonders praktisch, wenn Sie viele Anrufe tätigen, bei denen der andere nicht da ist.
- Lassen Sie den Hörer aufgelegt.
- Geben Sie die Rufnummer ein. Sie erscheint im Display.
- Drücken Sie die Taste "Lautsprecher".
- Sie hören das Freizeichen.
- Heben Sie den Hörer ab, wenn der andere sich meldet und telefonieren Sie wie gewohnt.
- Falls sich niemand meldet, können Sie mit der Taste "Lautsprecher" das Gespräch wieder beenden.

5. Selektion
Nur die XML-Elemente <Leistungs-merkmalName> und <ZielDerHand-lung> werden angezeigt.
So könnte beispielsweise eine Übersicht über die Leistungsmerkmale in alphabetischer Reihenfolge automatisch zusammengestellt werden.

Blockwahl
Sie können bequem wählen, ohne den Hörer abzuheben. Über Lautsprecher hören Sie, wenn der andere drangeht und können dann den Hörer zur Hand nehmen. Das ist besonders praktisch, wenn Sie viele Anrufe tätigen, bei denen der andere nicht da ist.

Durchwahl
Dies ist nur ein Blindtext, ohne jede Bedeutung. Dies ist nur ein Blindtext, ohne jede Bedeutung. Dies ist nur ein Blindtext, ohne jede Bedeutung.

Energiesparmodus
Dies ist nur ein Blindtext, ohne jede Bedeutung. Dies ist nur ein Blindtext, ohne jede Bedeutung.

Sie sehen, wie mächtig die Anwendung von Strukturen und XML sein kann.

Zweites Beispiel: Glossar

Stellen Sie sich vor, dass Sie ein Glossar XML-getagt erstellen. Die Begriffe und die Erklärung sind datentechnisch unterschieden.
Dann kann das System so programmiert werden, dass die Glossarerklärung automatisch eingeblendet wird:
- Auf Papier: Als Erklärung in Klammern
- Bei HTML: Als PopUp bei Klick auf den Begriff

Die Beispiele zeigen ansatzweise, welche Möglichkeiten sich durch strukturierte Dokumentation und Benutzung von XML eröffnen. ◆

Hinweise zu diesem Buch

Lesehinweise zu diesem Buch

Zielgruppe

Dieses Buch richtet sich an alle, die professionelle Technische Dokumentation schreiben wollen. Sowohl Berufsanfänger als auch gestandene Technische Redakteure und auch sogenannte „nebenbei schreibende Techniker" finden hier Grundlagen für das verständliche Schreiben von Anleitungen.

Stöbern Sie!

Sie können dieses Buch fast in beliebiger Reihenfolge lesen.
Dabei sollten Sie den Seiten 19 – 99 besondere Beachtung schenken, da hier die Kerntheorie dargestellt wird.
Ich möchte Sie ausdrücklich anregen, im Buch zu stöbern und das zu lesen, was Sie (im Moment) interessiert, denn dann profitieren Sie am meisten davon und können das Gelernte sofort in Ihre Überlegungen einbeziehen und praktisch erproben.
Versäumen Sie aber nicht, das Buch immer wieder zur Hand zu nehmen, denn je nach momentaner Erfahrungssituation finden Sie immer wieder neue Anregungen.

Für eilige Leser

Wenn Sie nur wenig Zeit investieren wollen, können Sie sich auf die fünf Inhalte beschränken. Lesen Sie die Seiten 19 – 99. Hier erfahren Sie, wie die Inhalte einer Anleitung differenziert und verständlich verfasst werden können.

Begriffe in diesem Buch

Das Buch beschreibt die Grundlagen für Anleitungen jeder Art.
Dabei kann es sich um die Anleitung zu einem CD-Player, einem Messgerät, einem Auto, einem Autokran oder zu einer Fabrikanlage handeln.
Im Buch spreche ich immer nur von der Anleitung „zum Gerät", egal ob das „Gerät" ein CD-Player oder eine Fabrikanlage ist.
Für den Anwender benutze ich nach Möglichkeit einheitliche Begriffe:

- Benutzer oder Anwender,
- Leser (denn manchmal ist der Benutzer zunächst nur Leser).

Beispiele

Ich habe versucht, alle Aussagen durch Beispiele zu verdeutlichen. Bei der Suche nach guten Beispielen musste ich feststellen, dass viele Anleitungen nicht systematisch aufgebaut sind und die guten Beispiele häufig nicht nach allen Kriterien gut sind.
Deshalb folgende Hinweise:

- Ich habe – nach Möglichkeit – Beispiele aus bestehenden Anleitungen genommen. Leider fanden sich nicht immer gute Beispielseiten. Ich habe dann eigene Seiten erstellt.
- Die Beispiele sind nicht immer in allen Punkten perfekt. Auch bei denen, die ich selbst für dieses Buch erstellt habe, sind häufig noch Verbesserungen möglich.
- Die Beispielseiten sind aus dem Zusammenhang gerissen und dadurch für sich genommen nicht immer verständlich. Sie demonstrieren aber das angesprochene Kriterium. Ich habe versucht, durch Bildunterschriften den Zusammenhang herzustellen und Schwerpunkte zu setzen, was im Beispiel gezeigt werden soll.
- Die Beispiele sind teilweise bearbeitet. Ich habe mir erlaubt, sie am Rand zu beschneiden, anders anzuordnen oder zu kürzen. Häufig musste ich die Beispiele auch verkleinern. Manchmal ist die Schrift dann nicht mehr lesbar, hilft aber (hoffentlich) trotzdem, bei Ihnen die richtigen Assoziationen zu wecken.

Exkurse

Texte, die nicht unmittelbar zum Inhalt gehören, habe ich klassisch als „Exkurs“ gekennzeichnet. Sie können solche Exkurse lesen oder überspringen. Am Ende des Exkurses steht folgendes Symbol: ◆

Die Rolle der Bedienungsanleitung im Kontext Bedienkonzept ➔ Anleitung ➔ Schulung ➔ Anwendung

Leider sind technische Geräte – nach wie vor – nicht einfach und ohne Anleitung zu bedienen, wie es immer wieder propagiert wird. Ganz im Gegenteil möchte man meinen, werden Geräte immer komplizierter, so dass selbst Techniker hilflos vor dem Videorecorder stehen und nicht wissen, wie sie eine Fernsehsendung aufzeichnen können.

1. Primär entscheidet das Bedienkonzept darüber, wie intuitiv sich eine Bedienfolge erschließt oder wie leicht sich die Handlung merken lässt.
2. Alles, was ein gutes Bedienkonzept nicht erbringen kann, muss die Anleitung leisten. Dabei fallen der Anleitung zwei Aufgaben zu:
   - Die Handlungsmöglichkeit muss erklärt werden.
     Gerade moderne Geräte zeichnen sich dadurch aus, dass es neue, leistungsfähige Features gibt, die erstmal verstanden werden müssen.
   - Es muss zur Handlung angeleitet werden (meist Schritt für Schritt).
3. Alles, was Bedienkonzept und Anleitung nicht vermögen, muss durch eine Schulung kompensiert werden.

Meines Erachtens ist es besonders wichtig, diese Reihenfolge zu beachten: Alles was am Bedienkonzept schlecht ist, muss in der Anleitung mit viel Mühe aufgefangen werden. Und wenn das nicht genügt, ist eine Schulung erforderlich, um dem Benutzer die Bedienung zu vermitteln.

Als „schöne Geschichte“ möchte ich folgendes Beispiel weitergeben:
Ein Mitarbeiter eines großen deutschen Unternehmens hielt einen Vortrag über die Einführung eines Knowledge-Management-Systems.
Dabei erwähnte er, dass die Geschäftsleitung vor allem deshalb zustimmte, weil die Anleitung zum Herstellen einer Telefonkonferenz abrufbar war.
Für mich stellt sich die Situation wie folgt dar:

- Das Bedienkonzept der Telefonanlage war offensichtlich nicht ausreichend intuitiv.
- Auch die Anleitung vermochte die Bedienung nicht zu vermitteln.
- Vom Knowledge-Management-System erhoffte man sich nun, die wichtige Funktion „Telefonkonferenz“ den Mitarbeitern nahe zu bringen.

Meines Erachtens wird hier mit Kanonen auf Spatzen geschossen, weil bei den eigentlichen Funktionen (Bedienkonzept und Anleitung) nicht professionell gearbeitet wurde.

Exkurs: Vorschriften, Gesetze, Sicherheit

Dieses Buch beschäftigt sich nicht schwerpunktmäßig mit Produzentenhaftung und Sicherheitshinweisen.
Dennoch möchte ich die wichtigsten Regeln zur Erstellung von sicheren und gesetzeskonformen Anleitungen hier vorstellen:

- **Der Hersteller muss eine Dokumentation mitliefern.**
- **Die Anleitung muss zum Gebrauch befähigen (Gewährleistung).**
  ➔ Richtige Anleitung
  Der Anwender muss befähigt werden, das Gerät im vorgesehenen Umfang zu installieren und zu bedienen und den erhofften Nutzen zu erhalten.
- **Der Benutzer muss vor Gefahren geschützt werden (Produkthaftung).**
  ➔ Bestimmungsgemäßer Gebrauch
  In der Anleitung muss der bestimmungsgemäße Gebrauch beschrieben sein und, wenn nötig, konkret vor missbräuchlicher Verwendung gewarnt werden.
  ➔ Richtige Anleitung
  Der Anwender muss befähigt werden, das Gerät so anzuwenden, dass er sich selbst und andere nicht gefährdet.
  ➔ Sicherheitshinweise
  Wenn Gefahrenstellen vorhanden sind, muss der Anwender ausreichend vor der Gefahr gewarnt werden.
- **Der Hersteller muss den Markt beobachten (Produkthaftung)**, um Gefährdungen, die durch sein Produkt entstehen könnten, vorzubeugen (Rückruf, Einbau von Sicherheitseinrichtungen, Warnhinweise am Produkt oder in der Anleitung).

Geräte besitzen ein sehr unterschiedliches Gefährdungspotenzial.
Finden Sie sich im folgenden Szenarium wieder?

Baumsäge	Rasenmäher	Handy	Operations-instrument
Ist Ihr Produkt gefährlich?	Kann man mit Ihrem Produkt auf dumme Gedanken* kommen?	Hat Ihr Produkt viele Leistungsmerkmale?	Darf Ihr Produkt nur von Fachleuten benutzt werden?
Dann: Achten Sie auf eine Anleitung zum richtigen Handeln! Setzen Sie Sicherheitshinweise ein!	Dann: Beschreiben Sie den bestimmungsgemäßen Gebrauch! Warnen Sie ggf. konkret vor missbräuchlicher Verwendung!	Dann: Stellen Sie die Leistungsmerkmale einzeln dar, so dass der Benutzer nur die Funktionen lesen muss, die er nutzen will!	Dann: Schränken Sie die Benutzergruppe ein!

* Der Benutzer eines Rasenmähers schnitt damit eine Hecke.

◆

Ausblick: Bald elektronische Anleitungen

Gedruckte Anleitungen sind in vielen Fällen immer noch die beste Form der produktbegleitenden Anleitung. Aber durch die Verbreitung des PCs und des Internets werden elektronische Anleitungen in HTML-, PDF- oder Windows-Help-Format immer wichtiger.
Die wichtigsten Gründe sind:

- Eine elektronische Anleitung kann kostengünstiger vervielfältigt werden als eine Papieranleitung.
- In einer elektronischen Anleitung kann besser gesucht werden.
- In vielen Fällen wäre eine zentral bereitgestellte Dokumentation optimal.
  - Sie muss nur einmal (auf dem Server) aktuell gehalten werden.
  - Sie muss nicht verteilt werden.
  - Der Anwender muss nicht neue Seiten einsortieren.
  - Es ist immer nur eine aktuelle Version verfügbar.
  - Die Benutzung kann statistisch ausgewertet werden.

Gelten die Prinzipien auch für elektronische Anleitungen?

Grundsätzlich gelten die hier gezeigten Prinzipien auch für elektronische Anleitungen. Durch das als mühselig empfundene Lesen am Bildschirm und die neuen technischen Möglichkeiten, wie die Verlinkung von Inhalten, werden für elektronische Anleitungen neue Formen entwickelt, die dem Benutzer noch besser helfen sollen.
Als Beispiel seien hier zwei Schwerpunkte genannt:

- **Hypertexte**
  Hypertexte sind Texte, die auf unterschiedlichen Wegen gelesen werden können. Durch die elektronische Darstellung von Texten sind vernetzte Strukturen möglich. So kann z.B. die Information auf mehrere Ebenen verteilt werden, damit der Benutzer schnell einen Überblick bekommt und nur an wenigen Stellen gezielt in die Tiefe gehen muss. Eine solche Technik ist besonders geeignet, Benutzer mit unterschiedlichem Vorwissen schnell zu informieren.
  Eine mögliche Technik nenne ich „Detaillierung per PopUp“:
  Das Wissen ist sehr kompakt dargestellt. An vielen Punkten gibt es Zusatzinformation (die entsprechende Textstelle ist unterstrichen), die bei Klick oder RollOver in einem PopUp erscheinen.
- **Topic-basierte Anleitungen**
  Möglicherweise schreiben Technische Redakteure in Zukunft keine zusammenhängenden Anleitungen mehr, sondern schreiben Topics (Wissenshappen), z.B. „Tabelle erstellen“. Solche Topics werden zusammen mit Verwaltungsdaten (Suchworte, Zusammenhang...) in eine Datenbank gestellt.
  Aus der Datenbank kann dann eine Anleitung generiert werden, es können Anfragen von Benutzern beantwortet werden, oder das System macht dem Anwender Vorschläge, wie er sein Handeln verbessern kann.

Handlungsorientierung

Drei Meinungen zur Technischen Dokumentation:

1. Zusammenstellung von Unterlagen	2. Vermittlung von Wissen	3. Anleitung zum Gebrauch
„In der Technischen Dokumentation werden Unterlagen zu Technischen Geräten zusammengestellt. Das können sein: • Konstruktionspläne • Stücklisten • Schaltpläne • Signaltabellen • Belegungspläne • usw. Mit diesen Unterlagen kann der Benutzer dann auch handeln.“	*„Die Benutzung unseres Gerätes ist so schwierig, dass sich der Benutzer zuerst eine Menge Wissen aneignen muss, bevor er handlungsfähig ist. Das ist z.B.: • Der Aufbau des Gerätes • Die Funktionsweise • Die Systematik der Bedienung • Besondere technische Features Wenn er das alles gelernt hat, kann er das Gerät auch bedienen.“*	*„In der Technischen Dokumentation werden Unterlagen erstellt, die den Anwender befähigen, das Gerät zu benutzen. Dazu zählen Grundkenntnisse, die er unbedingt braucht (z.B. wie heißen die Bedienelemente?), aber vor allem konkrete Anleitungen zum Handeln.“*
Diese Sicht der Dinge ist nur richtig, wenn es um die Technische Dokumentation von technischen Produkten geht, z.B.: • Ein Kraftwerk • Ein OEM-Produkt, z.B. eine Pumpe für den Einbau in chemische Anlagen. (OEM: Original Equipment Manufacturer, Lieferant von Einbauteilen). Außerdem kann die Zusammenstellung von Unterlagen ausreichen, wenn es um die Erstellung von Service-Anleitungen geht.	Diese Auffassung ist meistens nicht richtig. • Die Bedeutung von Grundwissen wird häufig überschätzt. Vieles an Grundwissen ist für das Handeln nicht wichtig. • Benutzer lernen besser, wenn das erforderliche Wissen im Zusammenhang mit der Handlung vermittelt wird und sofort ausprobiert werden kann.	Anleitungen zu technischen Produkten sollten meines Erachtens von diesem Grundsatz ausgehen und das Handeln-Können in den Mittelpunkt der Anleitung stellen.

Drei fiktive Meinungen zur Technischen Dokumentation. Aus heutiger Sicht liegt der Schwerpunkt der Technischen Dokumentation auf der Anleitung zum Gebrauch.

Was ist Technische Dokumentation?

Technische Dokumentation ist ein Sammelbegriff für Unterlagen zu technischen Geräten. Je nach Gerät (vom Steckernetzteil bis zum Atomkraftwerk), nach Anwendung (z.B. Planung, Bedienung, Service) und Zielgruppe existieren viele verschieden Ausprägungen von Technischer Dokumentation.

Zusammengestellte Unterlagen

Früher war es üblich, alle möglichen Unterlagen zur „Technischen Dokumentation“ zusammenzustellen. Man ging davon aus, dass sich die verschiedenen Personen die für sie wichtigen Informationen aus diesen Unterlagen heraussuchen können.
Diese Form genügt heute meistens nicht mehr, da die Dokumentation in vielen Fällen umfangreicher wird, und die Anwender mit Recht erwarten, nur die Informationen zu erhalten, die sie brauchen.
Außerdem erwarten die Anwender konkrete Informationen, die sie direkt zum Handeln befähigen.

Befähigung zum Handeln

Technische Dokumentation ist immer funktionsorientiert.
Die Funktion, die erfüllt werden soll, ist meistens die Befähigung zum Handeln, d.h. die Zielgruppe der Techischen Dokumentation soll mit ihrer Hilfe konkrete Handlungen ausführen können.

Beispiele

- Der Bediener soll angeleitet werden, die notwendigen Handlungen zur Nutzung des Gerätes auszuführen.
- Der Servicetechniker soll befähigt werden, Fehler zu suchen und zu beheben.
- Der Vertriebsingenieur soll in die Lage versetzt werden, die Ausführung der Maschine gezielt zu planen.

Die einfache Zusammenstellung von Unterlagen (Beschreibungen, Zeichnungen, Daten) genügt diesen Anforderungen meistens nicht.
Anleitungen sollen den Benutzer in die Lage versetzen, eine Handlung auszuführen. Hierzu stehen verschiedene Beschreibungsmöglichkeiten zur Verfügung.

Ausrichtung dieses Buches: Anleitung zum Handeln

Im Buch gehen wir davon aus, dass Technische Dokumentation immer einen Zweck erfüllt, dass der Zweck immer ist, eine bestimmte Handlung auszuführen, und dass wir die Anleitungen so schreiben müssen, dass dieser Zweck möglichst „reibungslos“ erfüllt wird.

Was-macht-wer?-Matrix

1.

Was muss getan werden?					
Planung					
Transport					
Installation					
Programmierung					
Rüsten					
Werkstück ein-/ausspannen					
Programme ausführen					
Wartung					
Service / Reparatur					

2.

Wer tut es?	**Transporteur**	**Vertretung**	**CNC-Zerspaner**	**Programmierer**	**Service-Techniker**
Was muss getan werden?					
Planung		x			
Transport	x				
Installation		x			
Programmierung			x	x	
Rüsten			x		
Werkstück ein-/ausspannen			x		
Programme ausführen			x		
Wartung			x		
Service / Reparatur			x		x

3.

Wer tut es?	**Transporteur**	**Vertretung**	**CNC-Zerspaner**	**Programmierer**	**Service-Techniker**
Was muss getan werden?					
Planung		x			
Transport	x				
Installation		x			
Programmierung			x	x	
Rüsten			x		
Werkstück ein-/ausspannen			x		
Programme ausführen			x		
Wartung			x		
Service / Reparatur			x		x

In der „Was-macht-Wer?-Matrix“ wird untersucht, welche Arbeiten am Gerät von welcher Zielgruppe ausgeführt werden sollen. Das Beispiel zeigt die drei Schritte am Beispiel einer CNC-Drehmaschine.

Was-macht-Wer?-Matrix

Bedienungsanleitungen sollen zum Bedienen anleiten, nicht hingegen, wie häufig praktiziert, das Gerät beschreiben.
Deswegen sollte der erste Schritt zur Erstellung einer Anleitung die Frage sein: „Was muss/kann mit dem Gerät gemacht werden?"
Eine gute Methode, diese Frage systematisch zu untersuchen, ist die „Was-macht-Wer?-Matrix".
Die „Was-macht-wer?-Matrix" hilft, die Handlungen und die dazugehörigen Zielgruppen zu finden und die Information auf die richtigen „Anleitungen" aufzuteilen.
Eine leere „Was-macht-Wer?-Matrix" finden Sie im Anhang als Kopiervorlage.

1. Frage: Was muss getan werden?

Die Anleitung soll den Benutzer befähigen, das Produkt zu nutzen. Ausserdem müssen eventuell andere Personen, wie z.B. Servicetechniker, angeleitet werden, das Gerät zu installieren, zu warten oder zu reparieren.
Welche Handlungen müssen die Anwender am Produkt ausführen?
➔ Schreiben Sie die Handlungen in die linke Spalte.

2. Frage: Wer tut es?

Wie das nebenstehende Beispiel zeigt, gibt es meistens nicht nur eine handelnde Person. Vielmehr sind es häufig unterschiedliche Personenkreise, die am Produkt handeln.
➔ Schreiben Sie die unterschiedlichen Zielgruppen in die Kopfzeile.
➔ Kreuzen Sie an, welche Tätigkeit von wem ausgeführt wird.

3. Frage: Welche Anleitung für welchen Zweck und welche Zielgruppe?

Genügt eine Anleitung für alle Handlungen und alle Zielgruppen, oder ist es sinnvoll, mehrere Anleitungen zu schreiben, die genau auf den Zweck und die Zielgruppe ausgerichtet sind?
➔ Kreisen Sie die Inhalte ein, die zusammen in ein Handbuch aufgenommen werden sollen.

Anleitungen für eine CNC-Drehmaschine

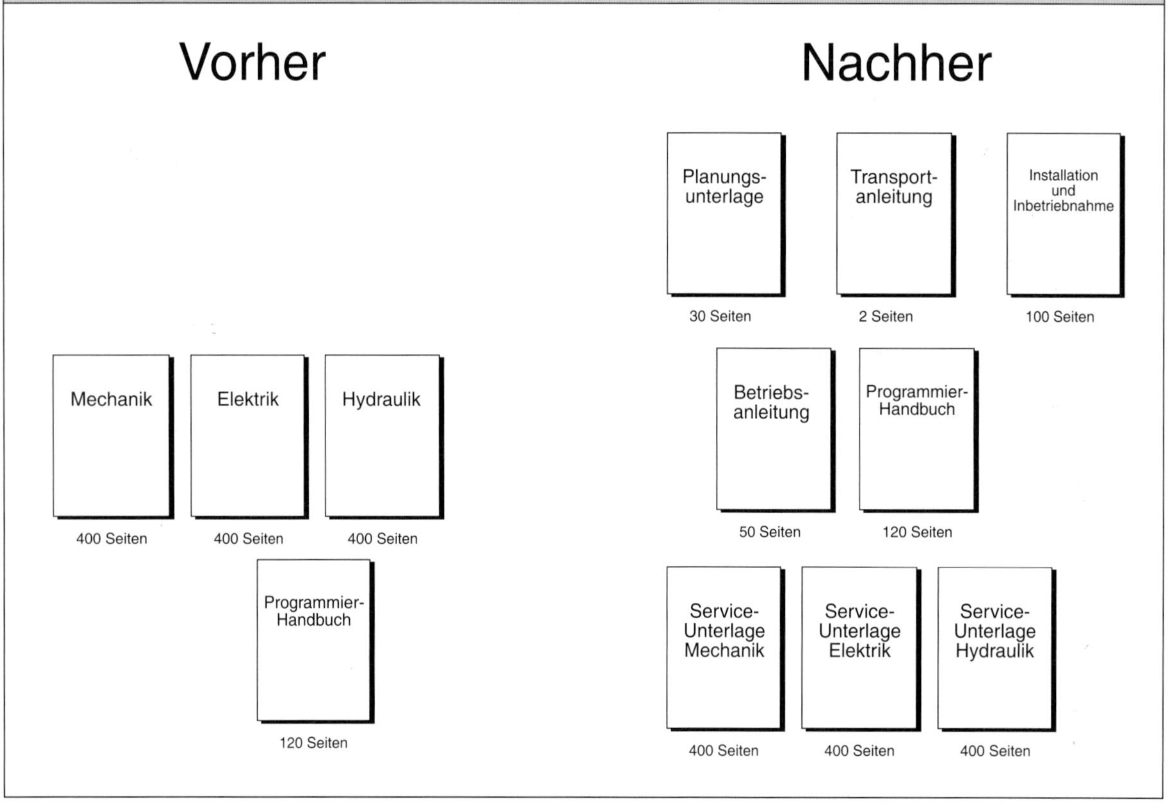

Die Dokumentation für eine CNC-Drehmaschine wurde mit Hilfe der Was-macht-Wer?-Matrix neu konzipiert. Es entstanden 8 spezialisierte Anleitungen mit genauer Ausrichtung und klarer Zielgruppe. Dadurch erhält jede Zielgruppe einen direkten und einfachen Zugriff auf die Information, die sie benötigt.
Quelle: tecteam GmbH

Das Konzept

Tätigkeitsbeschreibung
Leistungsbeschreibung
Gerätebeschreibung
Funktionsweise
Technische Unterlagen

Das Konzept

Im Folgenden möchte ich Ihnen ein Konzept vorstellen, das Ihnen schnell hilft, gute Anleitungen in kurzer Zeit zu erstellen.
Beachten Sie dazu auch das Bild auf der nächsten Seite.

Fünf Inhalte
Die fünf Inhalte bilden den Kern der Anleitung. Wenn Sie diese Inhalte richtig beschreiben, haben Sie die notwendigen Informationen fixiert. Diese „lean documentation" würde dem Anwender im Grunde genügen, das Gerät zu verstehen und zu bedienen.
Alle weiteren Elemente (außen herum) sind nicht unbedingt notwendig, in vielen Fällen aber hilfreich. (Eine Ausnahme bilden natürlich die Sicherheitshinweise.)

Strukturen zum Schreiben
Im weiteren Verlauf des Buches finden Sie Strukturen, mit deren Hilfe Sie die Inhalte und alle weiteren Elemente einfach (d.h. ohne viel Nachdenken) schreiben können.

Umrandung
Die vielen Elemente der Umrandung (siehe Bild) helfen Ihnen, Ihre Inhalte gezielt zu ergänzen, und die Anleitung so zu komplettieren, dass sich ein Buch ergibt.

Vorteil der inhaltlichen Trennung
Die Trennung der Inhalte in die fünf Kategorien bietet Ihnen beim Schreiben viele Vorteile:

- Sie haben von Anfang an eine Grobgliederung.
- Sie haben für alle Inhalts-Elemente eine Struktur, nach der Sie formulieren können.
- Sie können die einzelnen Inhalts-Elemente gezielt optimieren.
- Sie haben sehr schnell eine Anleitung, die alle notwendigen Informationen enthält.

Reihenfolge beim Schreiben
Wenn Sie sich beim Schreiben zuerst auf die fünf Inhalte konzentrieren, behalten Sie einen besseren Überblick und lenken sich selbst nicht durch andere Elemente ab.
Erst wenn Sie die fünf Inhalte fertig haben, sollten Sie sie durch die speziellen Inhalte, Verständnis- und Ordnungselemente ergänzen. Dabei helfen Ihnen auch hier die konkreten Strukturen beim Schreiben.
Viele Elemente der Umrandung liegen strukturell fest und lassen sich so standardisieren, dass sie vom DTP- oder DMS-System automatisch zusammengestellt werden können.

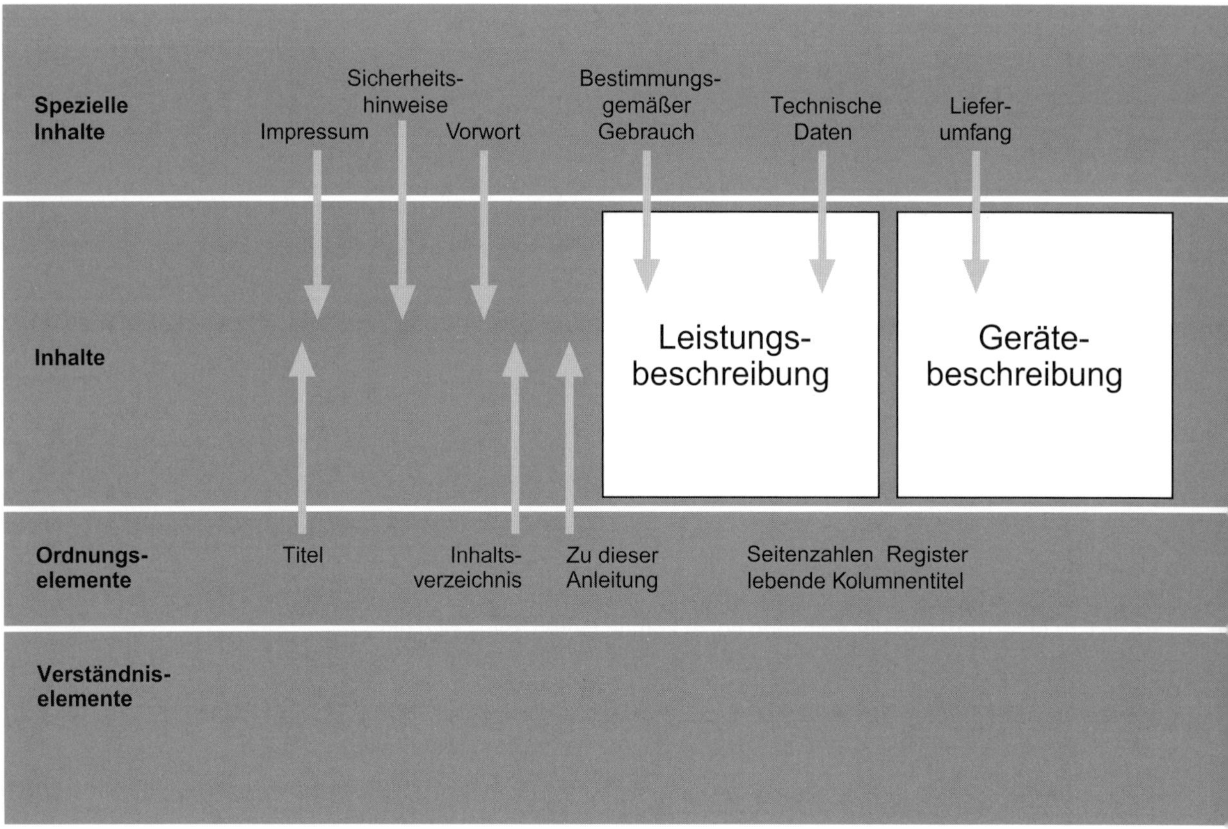

Inhalte

Den Kern einer Anleitung bilden die fünf Inhalte:

- Leistungsbeschreibung,
- Gerätebeschreibung,
- Tätigkeitsbeschreibung,
- ggf. Funktionsweise (nur notwendig, wenn der Benutzer die Funktionsweise verstehen muss),
- ggf. Technische Unterlagen (wie z.B. Konstruktionszeichnung, Schaltplan, Ersatzteilliste...)

In den fünf Inhalten stehen die wesentlichen Punkte für den Benutzer, um das Gerät kennenzulernen und die möglichen oder notwendigen Tätigkeiten zu erlernen.

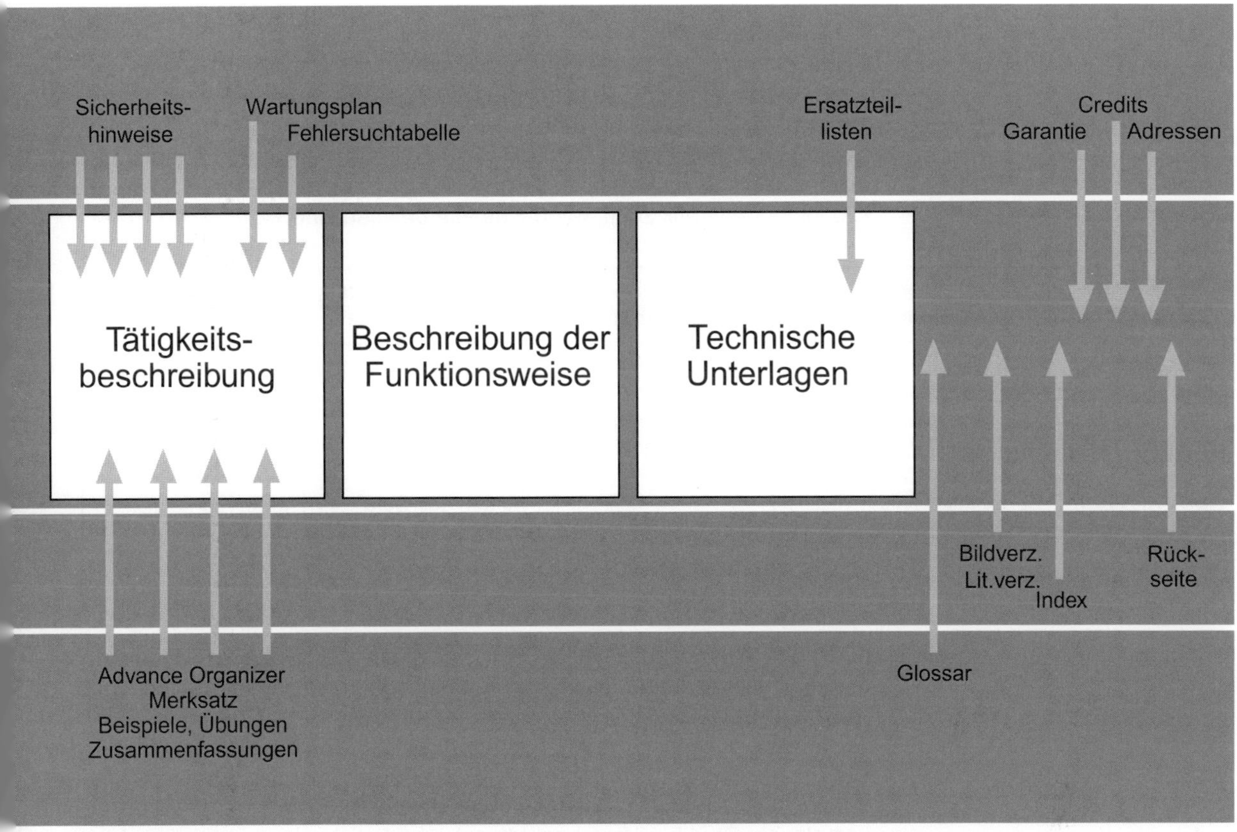

Umrandung

Um die fünf Inhalte herum sind viele weitere Elemente angeordnet.
Sie dienen dem Benutzer zu unterschiedlichen Zwecken:

- zur Orientierung (Ordnungselemente),
- helfen ihm schwierige Dinge zu verstehen (Verständniselemente)
- oder sind spezielle Inhalte, die in ihrer Form häufig festliegen.

Die fünf Inhalte

Die fünf Inhalte liefern dem Benutzer die benötigten Informationen in der richtigen Reihenfolge.
Zuerst erfährt er wichtige Grundlagen zum Verständnis (Leistungs- und Gerätebeschreibung) und bekommt in der Tätigkeitsbeschreibung die konkrete Anleitung zum Handeln.
Die Beschreibung der Funktionsweise und die Technischen Unterlagen sind bei einfachen Geräten nicht notwendig.
Die folgende Grafik zeigt, wie die Inhalte definiert sind:

Leistungs-beschreibung	**Geräte-beschreibung**	**Tätigkeits-beschreibung**	**Beschreibung der Funktionsweise**	**Technische Unterlagen**
Was kann das Gerät? Was kann der Benutzer mit dem Gerät tun? Welchen Nutzen hat der Benutzer vom Gerät?	Wie sieht das Gerät aus? Was ist wo am Gerät? Wie heißen die einzelnen Teile? Wozu dienen die einzelnen Teile?	Was muss der Benutzer tun? Was kann er tun? Wie muss er es tun?	Wie funktioniert das Gerät „innen drin"? Wie funktionieren einzelne Komponenten des Gerätes?	Universelle Daten: Schaltpläne, Konstruktionszeichnungen, Flowcharts usw.

In dieser Reihenfolge bilden die fünf Inhalte eine Bedienungsanleitung zu einem einfachen Gerät. Meistens genügen schon die ersten drei Inhalte, weil die Beschreibung der Funktionsweise und die Bereitstellung von Technischen Unterlagen nicht nötig ist.
Die Anleitungen für umfangreiche Geräte können ebenfalls aus diesen fünf Inhalten zusammengestellt werden. Dabei ist aber meistens eine komplexere Struktur (Verschachtelung) erforderlich.
In den folgenden Kapiteln werden die fünf Inhalte einzeln dargestellt.

Leistungsbeschreibung

Die Leistungsbeschreibung

Die Leistungsbeschreibung erklärt dem Benutzer, welche Art von Gerät er vor sich hat und was er mit dem Gerät tun kann. Dadurch erhält er einen ersten Eindruck und kann seine Erwartungen an das Gerät präzisieren.

Zweck

Die Leistungsbeschreibung dient folgenden Zwecken:

- Erster Eindruck
  Der Benutzer erhält einen ersten Eindruck vom Gerät.
- Zur Auswahl
  Erfüllt das Gerät meine Erwartung?
  Kann das Gewünschte damit gemacht werden?
- Zur Motivation
  Wozu dient das Gerät?
  Welchen Nutzen kann ich davon haben?
  Welchen weiteren Nutzen habe ich davon?
- Bestimmungsgemäßer Gebrauch
  Mit der Leistungsbeschreibung wird auch der „bestimmungsgemäße Gebrauch“ des Gerätes festgelegt. Diese Festlegung ist sinnvoll, um sich vor Haftungsansprüchen aus der Produkthaftung zu schützen.

Ausführung

Struktur: Leistungsbeschreibung	
	Beispiele, Hinweise
Überschrift	Produktname, z.B. *Der SB 566, Verwendung, Leistungsbeschreibung*
ggf. Problemstellung	*Häufig haben Sie das und das Problem*
Klassifizierung	*Das Gerät ist ein …* oder *Das Gerät gehört zur Klasse der …*
Normalleistung – bestimmungsgemäßer Gebrauch	*Das Gerät dient zu … Sie können mit dem Gerät ... tun.*
Besonderheiten	*Das Gerät zeichnet sich besonders aus durch …*
Optionen	Hinweise auf Erweiterungsmöglichkeiten. *Das Gerät kann aufgerüstet werden durch … und ermöglicht dann …*

Tipps

Die Leistungsbeschreibung soll dem Benutzer den Nutzen sachlich nahe bringen. Sie darf zusätzlich werbend sein, denn schließlich soll er motiviert werden, das Gerät zu benutzen.
Vermeiden Sie Formulierungen wie „Herzlichen Glückwunsch!“, weil sie eher negative Emotionen beim Leser auslösen.

Problemstellung
Hier können Sie beschreiben, welches Problem das Gerät löst. Das ist dann sinnvoll, wenn das Gerät sehr spezifisch für einen Zweck konstruiert wurde. Diesen Beschreibungsteil sollten Sie nur verwenden, wenn es ansonsten schwer ist, den Nutzen des Gerätes deutlich zu machen.

Tipp

Vermeiden Sie Formulierungen wie „Dieses Gerät wurde konstruiert, um ...",
„Wir haben dieses Gerät entwickelt, weil ..." Solche Formulierungen zeigen nur Ihre Sichtweise. Für den Anwender ist eher interessant, welchen Nutzen er dadurch hat.

Beispiel: Problemstellung
Häufig bekommen Sie Pixelbilder in unterschiedlichen Formaten und Größen. Mit EasyPix können Sie diese Bilder automatisch in einheitliche Größen und Formate umrechnen (z.B. 100x100 Pixel, GIF).

Klassifizierung
Beschreiben Sie, zu welcher Produktklasse das Gerät gehört.
Durch diese Klassifizierung kann der Benutzer das Gerät für sich einordnen, indem er sein mentales Modell der Produktklasse auf das neue Gerät anwendet.

Beispiel: Klassifizierung
EasyPix ist eine Software ... oder EasyPix ist eine Bildbearbeitungssoftware...

Normalleistung
Die Beschreibung der Normalleistung ist besonders wichtig. Leider wird sie in Anleitungen fast immer vergessen, weil viele Autoren meinen: „der Benutzer weiß doch, was er wozu gekauft hat...".
In vielen Fällen hat der Anwender das Gerät jedoch nicht selber erworben (es war ein Geschenk, die Firma hat es angeschafft, es wurde gefunden, z.B. Freeware, usw.).
Darum ist es wichtig, dass der Benutzer am Anfang der Anleitung erfährt, was er mit dem Gerät tun kann, bzw. ob das Gerät seine Erwartungen erfüllt. Besonders deutlich wird diese Forderung bei Freeware-Programmen, bei denen man häufig nicht weiß, was sie eigentlich leisten.

Beispiel: Klassifizierung und Normalleistung
EasyPix ist eine Software, die Bilder automatisch vereinheitlicht... oder EasyPix ist eine Bildbearbeitungssoftware, die Bilder automatisch auf gleiche Größe und Format umrechnet...

Besonderheiten

Bei der Beschreibung der Besonderheiten können Sie das Gerät interessant machen. Übertreiben Sie aber nicht! Beschreiben Sie die Besonderheiten nur überblicksartig.

Beispiel: Besonderheiten
EasyPix zeichnet sich besonders durch die schnelle Umrechnung der Bilddateien aus.

Optionen

Wenn das Gerät erweiterbar ist, können Sie hier einen Ausblick auf die erweiterten Möglichkeiten geben.

Beispiel: Optionen
Die Vollversion von EasyPix ermöglicht die Batchverarbeitung mit automatischer Protokollerstellung. Dadurch können Hunderte von Bildern automatisch konvertiert werden.

Beispiel: Leistungsbeschreibung

Der CARD Hi Tester 007

Der CARD HI Tester 007 ist ein digitales Vielfachmessinstrument und dient zum Messen der üblichen elektrischen Größen:

- Gleichspannung (DC) bis 750V
- Wechselspannung (AC) bis 500V
- Widerstand (Ohm) von 0,1W bis 100 MW

Außerdem verfügt das Gerät über einen akustischen Durchgangsprüfer und eine Batterieprüffunktion.
Die Bereichsumschaltung erfolgt automatisch.
Das Gerät zeichnet sich besonders durch einen schnellen Analog-Digital-Wandler und die große vierstellige Digitalanzeige aus.
Mit einem Zusatzmodul kann der CARD HI Tester 007 zur Messung von Kapazitäten aufgerüstet werden.

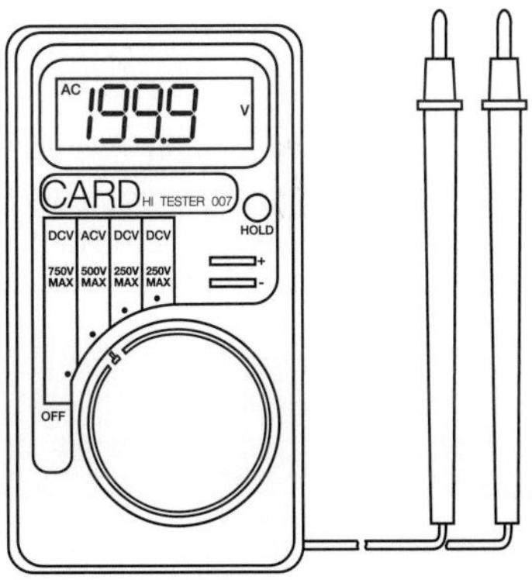

Die Leistungsbeschreibung ist streng nach Struktur erstellt:
Überschrift, Klassifizierung, Normalleistung, Besonderheiten, Optionen.
Quelle: Dietrich Juhl, für dieses Buch erstellt

Beispiel: Leistungsbeschreibung

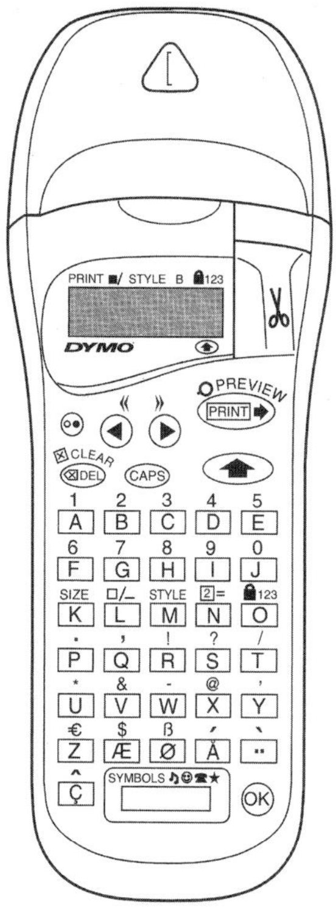

DYMO Letra Tag

Der DYMO Letra Tag ist ein Beschriftungsgerät zur Herstellung von 12-mm-Schriftstreifen. Er verwendet DYMO Kassetten mit 12 mm Breite.
Die Buchstaben können komfortabel über die Tastatur eingegeben und im Display kontrolliert werden.
Der DYMO verfügt über diverse Funktionen:

- Korrekturmöglichkeit vor dem Drucken
- Einfaches Drucken und Abschneiden
- Groß- und Kleinbuchstaben
- Umlaute und Sonderzeichen (auch @ und _)
- Symbole wie Telefon und Smiley
- Zweizeilige Etiketten

Verwendete Schriftkassetten

- DYMO Letra Tag, 12 mm x 4 m
- Erhältlich in Papier, Plastik, Metall. In vielen Farben.

Die Leistungsbeschreibung stellt das Gerät vor und beschreibt den Nutzen, den der Benutzer erwarten kann. Durch diese Einführung werden die Erwartungen des Benutzers kanalisiert und möglicherweise neue Erwartungen aufgebaut (z.B. zweizeilig drucken).
Quellen: Zeichnung: Esselte; Text: Dietrich Juhl

Beispiel: Leistungsbeschreibung

EINFÜHRUNG
Willkommen bei Dreamweaver

Macromedia Dreamweaver MX 2004 ist ein professioneller HTML-Editor zur Gestaltung, Kodierung und Entwicklung von Websites, Webseiten und Webanwendungen. In Dreamweaver stehen Ihnen leistungsfähige, kreativitätsfördernde Werkzeuge zur Verfügung, die Sie in der visuellen Entwicklungsumgebung, aber auch beim manuellen Erstellen von Code einsetzen können.

Mithilfe der visuellen Bearbeitungsfunktionen von Dreamweaver können Sie Webseiten im Handumdrehen erstellen, ohne eine einzige Zeile Code schreiben zu müssen. Sie können alle Elemente Ihrer Website anzeigen und aus einem praktischen Bedienfeld direkt in Ihr Dokument ziehen. Rationalisieren Sie Ihren Arbeitsablauf, indem Sie Bilder in Macromedia Fireworks oder einer anderen Grafikanwendung erstellen und bearbeiten und anschließend direkt in Dreamweaver importieren. Oder fügen Sie Macromedia Flash-Objekte ein.

Dreamweaver bietet jedoch auch eine voll ausgestattete Codeumgebung, einschließlich Codebearbeitungswerkzeugen (beispielsweise zur Farbeinstellung für Code und zur Tag-Vervollständigung) und Referenzmaterialien zu HTML, Cascading Style Sheets (CSS), JavaScript, ColdFusion Markup Language (CFML), Microsoft Active Server Pages (ASP) und JavaServer Pages (JSP). Die Roundtrip-HTML-Technologie von Macromedia importiert Ihre manuell kodierten HTML-Dokumente ohne Neuformatierung des Codes. Anschließend können Sie den Code nach Bedarf mit Ihrem bevorzugten Stil neu formatieren.

Dreamweaver gestattet Ihnen auch das Erstellen dynamischer, datenbankgestützter Webanwendungen unter Verwendung von Servertechnologien wie CFML, ASP.NET, ASP, JSP und PHP.

Dreamweaver ist vollständig anpassbar. Sie können eigene Objekte und Befehle erstellen, Tastaturkurzbefehle modifizieren und sogar JavaScript-Code schreiben, um Dreamweaver mit neuen Verhalten, Eigenschafteninspektoren und Site-Berichten zu erweitern.

Die Leistungsbeschreibung zu Dreamweaver erklärt, was man mit der Software machen kann.
Auch hier finden sich die Strukturelemente, wie sie in diesem Buch gefordert werden, wieder:
Überschrift, Klassifizierung („ist ein proffessioneller HTML-Editor“), Normalleistung („zur Gestaltung, Kodierung und Entwicklung von Websites...“), Besonderheiten („Dreamweaver bietet jedoch auch...“), Optionen („ist vollständig anpassbar“)
Quelle: Macromedia, Inc., Dreamweaver verwenden

Gerätebeschreibung

Die Gerätebeschreibung

Die Gerätebeschreibung stellt dem Benutzer das Gerät bildlich vor und erläutert die benutzerrelevanten Teile.

Zweck

Die Gerätebeschreibung dient folgenden Zwecken:

- Wie sieht das Gerät aus? (Identifikation)
- Aus welchen Teilen besteht das Gerät?
  Hierdurch wird der Blick auf die wichtigen Teile gelenkt.
- Wie heißen die einzelnen Teile?
  Durch klare Benennung wird sichergestellt, dass der Benutzer das Bedienteil schnell findet, wenn es in der Anleitung erwähnt wird.
- Wozu dienen die einzelnen Teile? Dadurch bekommt der Leser hier schon wichtige Hinweise zur Bedienung.

Ausführung

Die Gerätebeschreibung steht standardmäßig hinter der Leistungsbeschreibung.
Sehr gut ist es, wenn die Gerätebeschreibung auf einer Ausklappseite untergebracht ist: dann steht die Beschreibung beim Lesen immer zur Verfügung.

Struktur: Geräte-Beschreibung	
	Beispiele, Hinweise
Überschrift	• *Gerätebeschreibung* • *Die Bedienteile* • *Übersicht über die Bedienelemente*
Abbildung des Gerätes	
Teil • ggf. Nummer • Benennung des Teiles • Hinweis zur Aufgabe des Teiles	 • *12* • *Funktionstasten* • *für den schnellen Wechsel zu bestimmten Menüs*

Praktische Tipps

Erstellen Sie die Gerätebeschreibung ganz am Anfang Ihrer Arbeit. Sie können dadurch die Terminologie festlegen und konsequent die richtigen Bezeichnungen verwenden.

Beispiel: Gerätebeschreibung, Bediengerät Klimaanlage

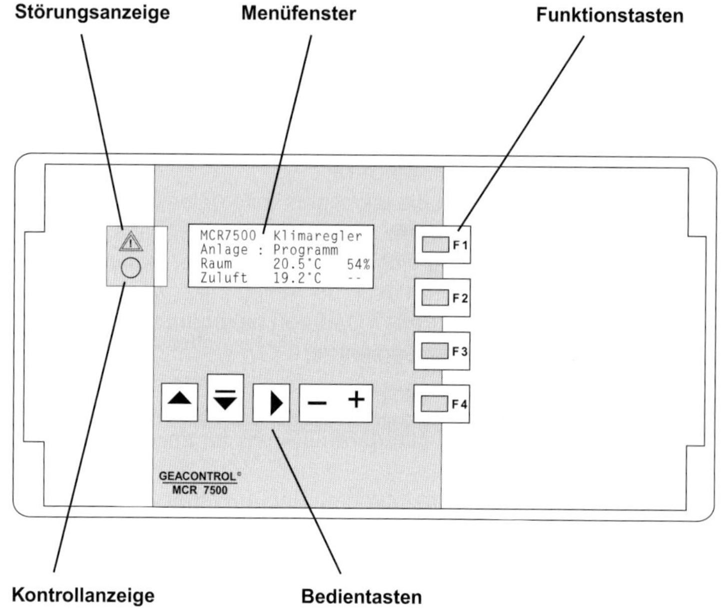

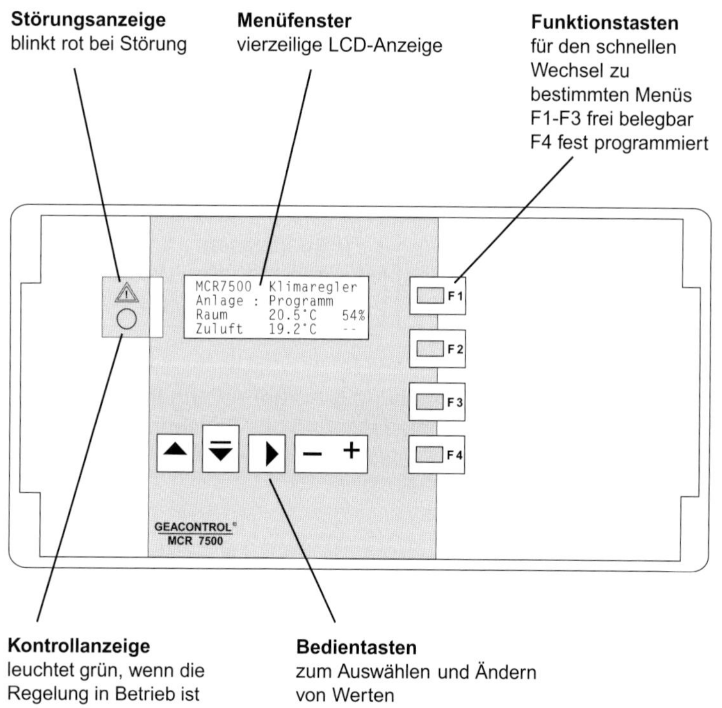

Vergleich von Gerätebeschreibungen ohne und mit Zusatzinformation (hier: Bediengerät für eine Klimaanlage)
Oben: Nur Benennung
Unten: Mit Benennung und Zusatzinformation (besser)

Quelle: Zeichnungen: tecteam GmbH; Text: Dietrich Juhl, für dieses Buch erstellt

Beispiel: Gerätebeschreibung

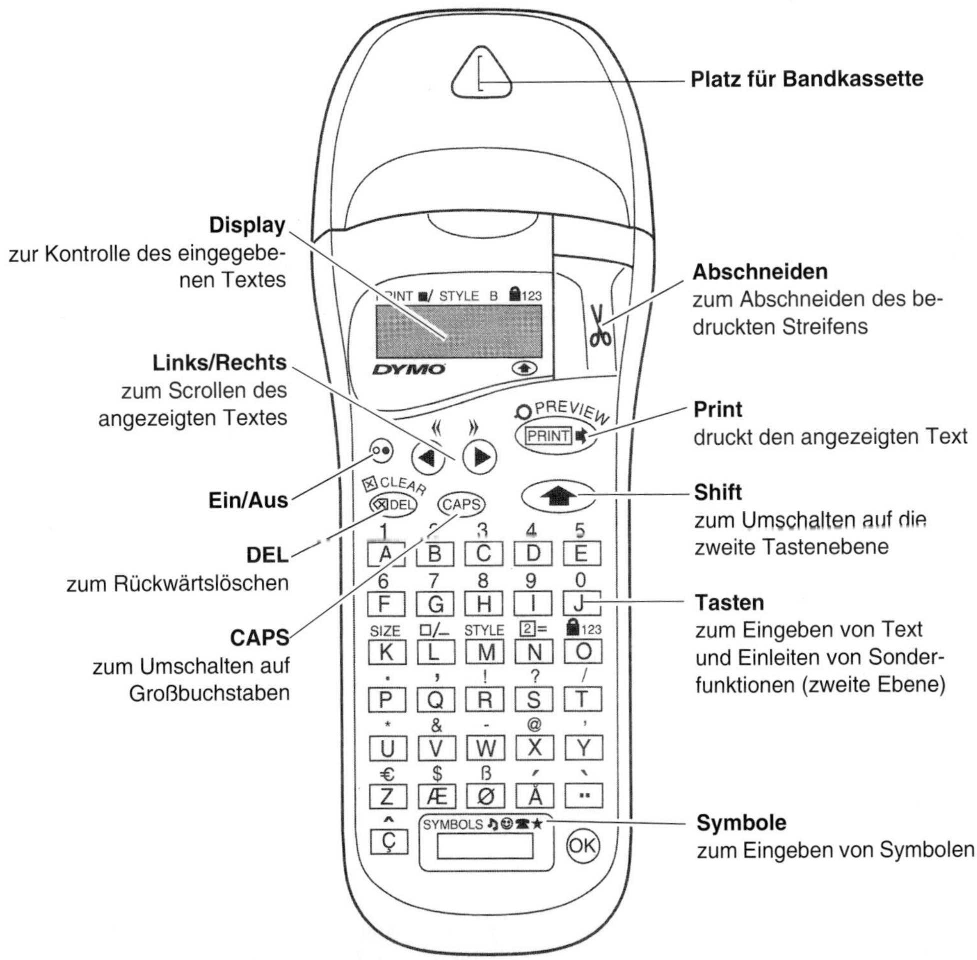

Die Gerätebeschreibung gibt einen Überblick über das Aussehen und die Bedienteile.
Die unterlegten weißen Linien erleichtern das Lesen.
Quellen: Zeichnung: Esselte; Text: Dietrich Juhl

Gerätebeschreibung Tipps

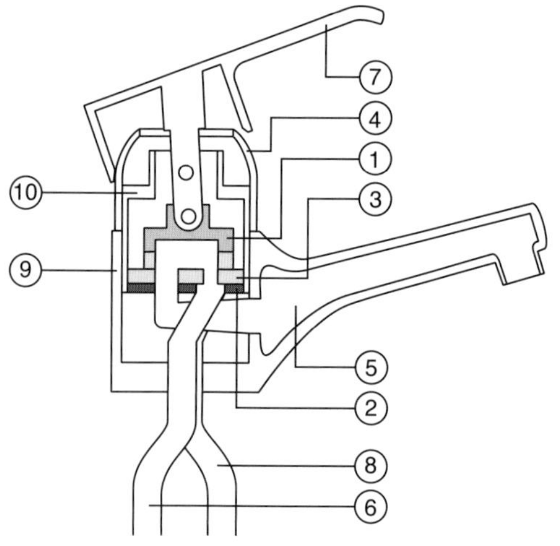

1. Zuordnung über Nummer, ungeordnet, rechtwinklige Linien (nicht so gut)

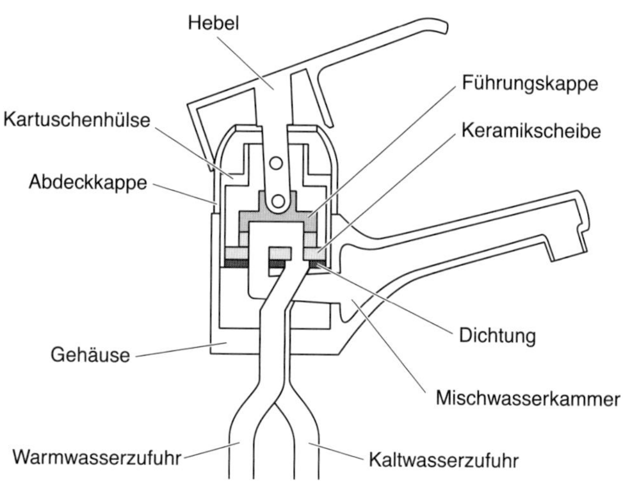

2. Direkte Beschriftung, schräge Linien, weiße Linie unterlegt (besser)

Tipps für die Abbildung

Vorzugsweise Strichzeichnung

In Anleitungen werden Strichzeichnungen gegenüber Fotos bevorzugt, weil eine Strichzeichnung meistens preiswerter herzustellen ist, leichter zu drucken und auch auf einer Fotokopie noch in allen Details erkennbar ist.
Die Nummerierung sollte im Uhrzeigersinn erfolgen, beginnend bei 12 Uhr.

Bild nicht überladen

Bei umfangreichen Geräten:

- auf mehrere Zeichnungen aufteilen,
- durchgehend nummerieren, so dass jede Nummer eindeutig ist.

Zuordnung über Linien

Für die Beschriftung der Teile wird vorzugsweise die Igeltechnik mit schrägen Linien benutzt. Schräge Linien vom Teil zum erklärenden Text erleichtern die Zuordnung.

Weiße Linien unterlegen

Weiße Linien unter den schwarzen Linien erhöhen die Lesbarkeit, wenn sich viele Linien kreuzen. (Kurze Anleitung: Kopieren Sie die schwarze Linie, wählen Sie eine dickere Linienstärke und die Farbe Weiß, stellen Sie diese Linie nach hinten.)

Beschriftung oder Nummern

Die Beschriftung der Teile kann direkt oder über Nummern erfolgen.

- Die direkte Beschriftung ist für den Benutzer leichter zu lesen. Sie ist aber nachteilig bei Übersetzungen, da der Text in der Grafik steht und der Übersetzer das Grafikprogramm bedienen muss.
- Die Beschriftung über Nummern ist für den Benutzer etwas schwerer zu lesen. Sie hat aber Vorteile bei der Übersetzung.
  Außerdem kann in jedem Teil der Anleitung leicht über die Nummer auf ein Bedienteil verwiesen werden, z.B. Hebel ⑦.

Vergleich Foto / Zeichnung

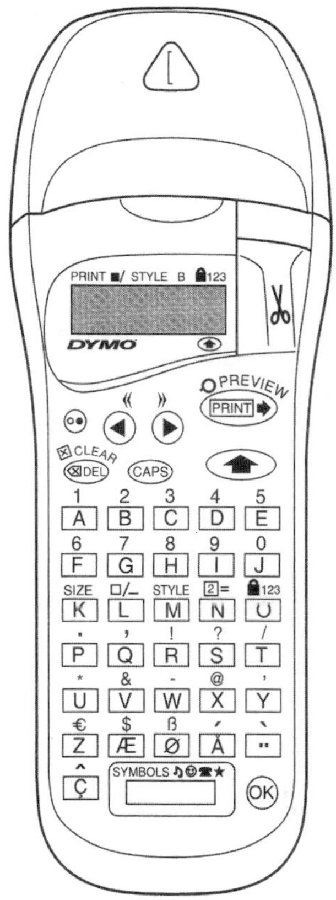

Das Foto wirkt realistischer, aber die Details sind auf der Zeichnung besser zu erkennen, da sie vom Zeichner leicht überhöht dargestellt wurden (z.B. ist die Beschriftung unmerklich größer als in Wirklichkeit).
Quellen: Foto Dietrich Juhl; Zeichnung: Esselte

Digitale Fotografie

Durch die digitale Fotografie und sehr gute Möglichkeiten der Bildverarbeitung werden heute häufig Fotos bevorzugt. Sie sind leicht herstellbar, können am Computer nachbearbeitet werden und lassen sich in jedem DTP-Programm einbinden. Auch die Druckqualität ist meistens sehr gut.

Aber: Der Aufwand zur Herstellung eines guten Fotos wird leicht unterschätzt: Die Vorbereitungen und die richtige Beleuchtung sind aufwändiger als man glaubt. Deswegen ist die Anfertigung einer Strichzeichnung häufig noch ökonomischer. Außerdem kann eine Strichzeichnung schneller an Produktänderungen angepasst werden, auch wenn es das Produkt noch gar nicht gibt.

Beispiel: Gerätebeschreibung

1. Ihr Telefon

Das Telefon ist mit den im Folgenden beschriebenen Tasten ausgestattet.

1. An/Aus-Taste
2. Infrarotanschluss (IR)
3. Lautstärketasten
4. Anschlüsse für externe Geräte

An/Aus-Taste: Schaltet das Telefon ein oder aus. Durch kurzes Drücken im Standby-Modus oder während eines Gesprächs wird eine Liste mit Profilen aufgerufen. Durch kurzes Drücken bei aktiver Verzeichnis- oder Menüfunktion wird die Anzeigebeleuchtung für 15 Sekunden eingeschaltet.

Auswahltasten: Die jeweilige Funktion wird als Text direkt über der Taste angezeigt, wie beispielsweise **Wählen** oder **OK**.

Blättertasten: Mit diesen Tasten blättern Sie durch Namen, Telefonnummern, Menüs oder Einstellungsoptionen.

Wählen einer Telefonnummer und Entgegennehmen eines Anrufs. Im Standby-Modus: Die zuletzt angewählte Nummer wird angezeigt.

Beenden oder Zurückweisen eines Anrufs. Außerdem: Beenden aller Funktionen zu einem beliebigen Zeitpunkt.

Eingabe von Ziffern und Buchstaben. ruft die Sprachmailbox auf, wenn die Taste gedrückt und gehalten wird.

Verwendung für verschiedene Zwecke in unterschiedlichen Funktionen.

Lautstärketasten: Mit der oberen Taste die Hörerlautstärke erhöhen, mit der unteren Taste verringern.

Die Gerätebeschreibung zeigt das Telefon aus Benutzersicht und benennt und erklärt die Bedienelemente. Kleiner Verbesserungsvorschlag hier: Alle Bedienelemente sollten einen sprechbaren Namen haben, auch die Tasten zum Wählen und zum Beenden. Der sprechbare Name erleichtert das Lesen (häufig spricht man beim Lesen in Gedanken mit), gibt dem Bedienelement einen Sinn und erleichtert die Kommunikation („du musst jetzt die 'Abhebentaste' drücken")

Quelle: NOKIA Mobile Phones, Nokia 6210

Beispiel Gerätebeschreibung

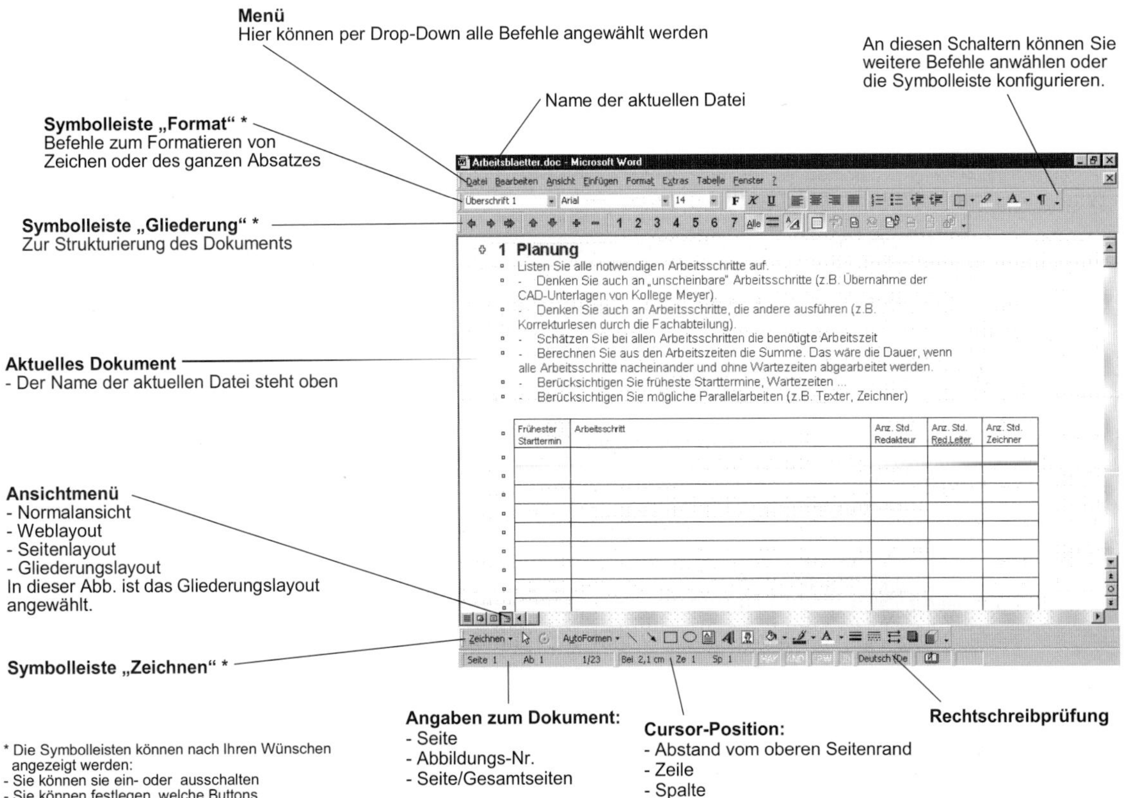

* Die Symbolleisten können nach Ihren Wünschen angezeigt werden:
- Sie können sie ein- oder ausschalten
- Sie können festlegen, welche Buttons auf der Symbolleiste liegen.

Die „Gerätebeschreibung" bei Software (hier MS-Word) zeigt den Bildschirmaufbau und benennt und erklärt die wichtigsten Bedien- und Anzeigeelemente.
Quelle: Dietrich Juhl, für dieses Buch erstellt

Beispiel: Gerätebeschreibung

4.1.4 Baugruppen der Maschine mit Reitstock

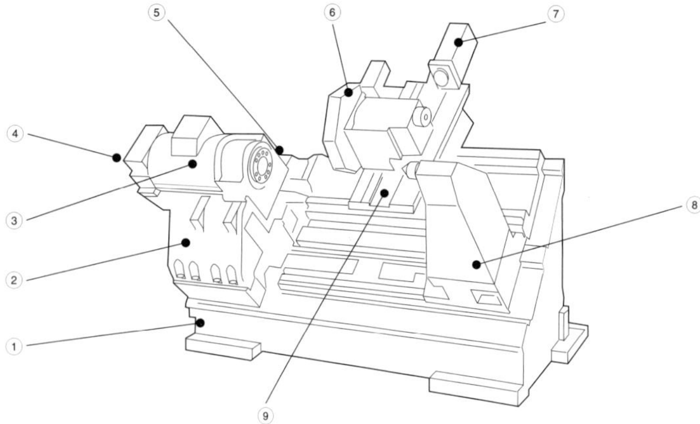

Abbildung 4-1 AAD010D1

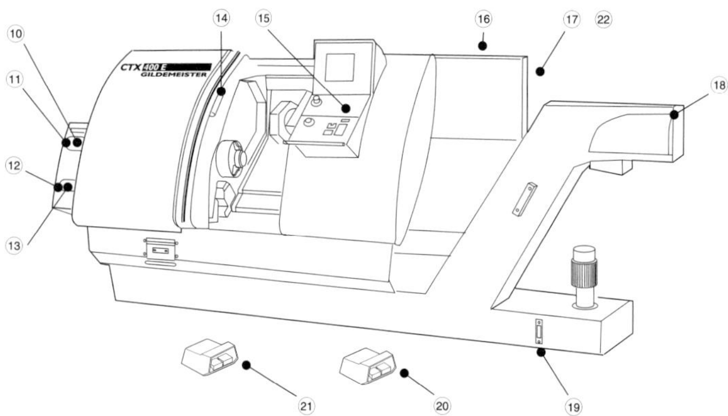

Abbildung 4-2 AAD020D1

Die Maschine besteht aus den folgenden Baugruppen:

① Maschinenbett

② Unterteil für integrierten Spindelmotor

③ Hauptspindel (Spindel H)

④ Spanneinrichtung

⑤ Vorschubantrieb Z-Achse

⑥ Werkzeugträger

⑦ Vorschubantrieb X-Achse

⑧ Reitstock

⑨ Kreuzschlitten

⑩ Druckminderventil für den Reitstock

⑪ Druckminderventil für den Spanner

⑫ Manometer Spanndruck

⑬ Manometer Reitstockdruck

⑭ Arbeitsraumleuchte

⑮ Bedienelemente und Bildschirm

⑯ Schaltschrank

⑰ Hydraulikaggregat / Schmieraggregat

⑱ Späneförderer

⑲ Füllstandanzeige für Kühlschmiermittel

⑳ Fußtaster für den Reitstock

㉑ Fußtaster für das Spannmittel

㉒ Position 10 bis 13 (bei CTX 400 Serie 2)

Die Gerätebeschreibung für eine Drehmaschine. Im Original stehen Grafik und Text auf gegenüberliegenden DIN A4 Seiten.
Quelle: Gildemeister Drehmaschinen GmbH

Tätigkeitsbeschreibung

Die Tätigkeitsbeschreibung (TB)

Die Tätigkeitsbeschreibung ist der Kern jeder Anleitung. Hier erfährt der Benutzer, welche Tätigkeiten er ausführen muss oder ausführen kann, und wie er vorgehen soll.
Dabei ist es besonders wichtig, dass der Benutzer nach dem Lesen der Anleitung genau weiß, wie er handeln muss (siehe auch Kapitel „Anleitung auf Konkretheit prüfen", Seite 87).
Für die Tätigkeitsbeschreibung können die folgenden, unterschiedlichen Formen eingesetzt werden.

①	**Handlungs-anweisung**	Die Handlungsanweisung gibt Schritt für Schritt konkrete Anweisungen, was getan werden soll.
②	**Bedienelemente**	Die Darstellung der Bedienelemente zeigt, was mit jedem Bedienteil gemacht werden kann.
③	**SW-Funktions-beschreibung**	Die Software-Funktionsbeschreibung erklärt die wichtigen Fakten zu jeder SW-Funktion, z.B.: Nutzen der Funktion Aufruf der Funktion Parameter Auswirkungen
④	**Abbildung der Handlung**	Die Abbildung der Handlung zeigt eine Momentaufnahme der Handlung oder mehrere Momentaufnahmen als Phasenbild.
⑤	**Abbildung des Handlungsergebnisses**	Die Abbildung des Handlungsergebnisses zeigt das Ergebnis der Handlung als Bild.
⑥	**Vermittlung von Systematik**	Die Vermittlung von Systematik beschreibt das System der Bedienlogik.
⑦	**Regeln**	Regeln beschreiben Handlungen in Abhängigkeit von Bedingungen („wenn A erfüllt ist, müssen Sie B handeln")
⑧	**Systembeschreibung**	Die Systembeschreibung beschreibt, wie das Gerät reagiert.

Auswahl der geeigneten Tätigkeitsbeschreibung
Welche Form der Beschreibung sich am besten eignet, hängt von der Handlung ab.

①	**Handlungs-anweisung**	Die meisten Tätigkeiten können am besten als Handlungsanweisung beschrieben werden.
②	**Bedienelemente**	Die Beschreibung der Bedienelemente ist nur sinnvoll, wenn jedes Bedienteil genau eine Funktion ausführt (z.B. altes Radio).
③	**SW-Funktions-beschreibung**	Die Software-Funktionsbeschreibung ist sinnvoll bei Software, bei der die Funktionen alle nach dem gleichen Prinzip bedient werden.
④	**Abbildung der Handlung**	Die Abbildung der Handlung oder des Handlungsergebnisses eignet sich fast nur für Montageanleitungen (z.B. Selbstbaumöbel).
⑤	**Abbildung des Handlungsergebnisses**	
⑥	**Vermittlung von Systematik**	Die Vermittlung von Systematik kann benutzt werden, wenn das Gerät eine klare, immer wiederkehrende Bedienlogik hat.
⑦	**Regeln**	Regeln können eingesetzt werden, wenn die Handlung weitgehend bekannt ist, aber gewisse Regeln beachtet werden müssen. Außerdem sind Regeln häufig eine sinnvolle Ergänzung zu Handlungsanweisungen.
⑧	**Systembeschreibung**	Die Systembeschreibung kann eingesetzt werden, wenn das Gerät mehrheitlich etwas anzeigt und weniger bedient wird, z.B. die Park-Distanz-Kontrolle beim Auto, die den Abstand vor den Stoßstangen anzeigt.

Bevorzugen Sie die Handlungsanweisung!
Die Handlungsanweisung ist die beste Form der Tätigkeitsbeschreibung, denn sie ist leicht zu schreiben und sagt dem Benutzer konkret, was er tun soll.
Verwenden Sie deshalb, wann immer es geht, die Handlungsanweisung, um Tätigkeiten zu beschreiben und zu vermitteln.

TB ①: Handlungsanweisung

Zweck

Die klassische Handlungsanweisung sagt dem Benutzer genau, Schritt für Schritt, was er tun soll.
Benutzen Sie die Handlungsanweisung immer dann, wenn der Benutzer eine konkrete Handlung ausführen kann.

Ausführung

Struktur: Handlungsanweisung	
	Beispiele, Hinweise
Überschrift aus Anwendersicht	*Ansagetext aufsprechen*
Ziel der Handlung	*Sie können ... tun.* *Das ist z.B. sinnvoll, um ...*
ggf. Überblick über die Handlung oder Hinweis auf ähnliche Handlungen (nur bei komplexen Handlungen)	
ggf. Voraussetzungen vorzugsweise als Handlungsschritt	*... muss erfüllt sein* *Stellen Sie sicher, dass ...*
Schritt für Schritt - Handlungsaufforderung - ggf. Bild der Handlung - ggf. Feedback - ggf. Hintergrund (warum oder was dadurch bewirkt wird)	 *Drücken Sie die Taste...* *Die Lampe leuchtet* *Dadurch ist ...*
Resultat der Handlung	*Jetzt ist ... fertig*
Ausblick	*Später können Sie ...*

Im Folgenden sind die einzelnen Elemente ausführlich beschrieben:

Überschrift

Mit Hilfe der Überschrift kann der Benutzer erkennen, worum es in dem Kapitel geht.

- Die Überschrift sollte aus Benutzersicht formuliert sein, z.B. „Einen Brief an mehrere Adressaten schreiben".
- Die Überschrift sollte nicht technisch formuliert sein, z.B. nicht „Serienbrief-Funktion".
- Bei weithin eingebürgerten Begriffen kann auch der technische Begriff in der Überschrift stehen. Dann ist möglicherweise eine Kombination aus Benutzersicht und Technik sinnvoll, z.B.
  „Einen Brief an mehrere Adressaten schreiben - Serienbrief-Funktion"

Ziel der Handlung

Das Ziel der Handlung dient dem Leser zu mehreren Zwecken:
- Er wird gedanklich auf die Tätigkeit vorbereitet.
- Er erfährt, welche Handlungsmöglichkeit er hat oder was er erreicht, wenn er diese Handlung ausführt (Motivation).
- Er kann entscheiden, ob er dieses Kapitel lesen und die Handlung erlernen will.

Das Ziel der Handlung wird in Anleitungen (fälschlicherweise) häufig nicht beschrieben. Dadurch fehlen dem Leser wichtige Eingangsinformationen. Das Ziel der Handlung ist oft wichtiger als die Schritt-für-Schritt-Anweisung. Gerade bei modernen Geräten mit vielen Features muss der Benutzer zuerst erfahren, welche Möglichkeiten er hat, während die Vorgehensweise bei guter Ergonomie selbsterklärend ist und möglicherweise weggelassen oder verkürzt dargestellt werden könnte.

Voraussetzungen

Voraussetzungen sind Zustände, die vor der Handlung erfüllt sein müssen.
- Klare Voraussetzungen sollten Sie weglassen, z.B.: „Das Gerät muss eingeschaltet sein."
- Voraussetzungen können Sie als Bedingung formulieren, z.B.: „Es dürfen sich keine brennbaren Materialien im Raum befinden."
  Besser ist es, wenn Sie die Voraussetzungen als Handlungsschritt formulieren, z.B.: „Stellen Sie sicher, dass sich keine brennbaren Materialien im Raum befinden", noch aktiver: „Tragen Sie alle brennbaren Materialien aus dem Raum."
- Erwähnen Sie hier notwendige (Spezial-)Werkzeuge.

Schritt für Schritt

Formulieren Sie die Handlungsschritte
- als Infinitiv „Taste A drücken" oder
- als persönliche Anrede „Drücken Sie die Taste A" (Imperativ)
- Sie können auch Infinitiv und persönliche Anrede mischen, z.B.:
  - Taste „Login" drücken.
  - Geben Sie Ihr Passwort ein.
    (Sie haben es bei der Anmeldung festgelegt).
  - Mit Enter bestätigen.
- Feedback: Erwähnen Sie wichtiges Feedback, z.B.: „Die grüne Lampe leuchtet jetzt." Feedback ist besonders wichtig, wenn der Anwender unsicher ist, oder Sie besonderen Wert darauf legen, dass er nach jedem Schritt kontrollieren kann.
- Hintergrund: Sagen Sie dem Anwender ggf. warum er das tun soll. Dann kann er sich die Handlung besser merken.
  Beispiel: Geben Sie FUNK T ein, dadurch leiten Sie die Funktion „Transfer" ein.
- Formatieren Sie die Schritte als Punktaufzählung
  oder

- Nummerieren Sie die Schritte.
- Setzen Sie ggf. zu jedem Handlungsschritt ein Bild, das die Handlung zeigt (oftmals genügt es, das Bedienelement zu zeigen, z.B. die Taste, die gedrückt werden soll).
- Schreiben Sie die Handlungsschritte in der richtigen Reihenfolge untereinander und lassen Sie alle zeitlichen Formulierungen wie „dann..., danach..., jetzt..." weg.
- Beschreiben Sie keine verzweigten Handlungen, sondern immer nur eine Handlung. Verzweigungen können Sie anschließend als Sonderfall schildern.
- Beschreiben Sie in einer Handlungsanweisung keine alternativen Handlungsmöglichkeiten, sondern möglichst immer nur eine Handlung.

Resultat der Handlung

Das Resultat der Handlung dient dem Leser zu folgenden Zwecken:
- Er erfährt, dass die Handlung hier zu Ende ist.
- Er kann das Handlungsergebnis denkend vorwegnehmen.

Um das Ende der Handlungsanweisung deutlich zu machen, kann zusätzlich ein Schlusspunkt gesetzt werden, wie es in Zeitschriften üblich ist, z.B.: ♦

Ausblick

Häufig ist es sinnvoll, dem Leser einen Ausblick zu geben, welchen Nutzen er vom Handlungsergebnis haben wird oder wie er mit dem Handlungsergebnis weiterarbeiten kann.
Das ist vor allem bei Software-Anleitungen sinnvoll, bei denen mehrere Handlungen aufeinander aufbauen.

Beispiel: Handlungsanweisung Telefon

Anrufe umleiten

Sie können alle Anrufe für eine Ihrer Telefonnummern (MSN) umleiten:

- sofort
- verzögert
- bei besetzt

- Blättern Sie bis „Umleitung" und bestätigen Sie.
- Blättern Sie zur gewünschten MSN (z.B. 1=310739), die umgeleitet werden soll.
- Bestätigen Sie mit OK.
- Blättern Sie zu „sofort", „verzögert" oder „bei besetzt".
- Bestätigen Sie mit OK.
  „Umleitung aktiv" wird angezeigt.

✓ Die Umleitung ist jetzt aktiv. Alle Anrufe werden sofort, verzögert bzw. bei besetzt umgeleitet.

- Sie können die Umleitung jederzeit wieder ausschalten (so wie hier beschrieben, wählen Sie „aus") ♦

Diese Handlungsanweisung ist streng nach der Struktur erstellt.
Die Begriffe „Blättern" und „Bestätigen" sind hier schon eingeführt und mit Handlung unterlegt.
Quelle: Dietrich Juhl, für dieses Buch erstellt

Beispiel: Handlungsanweisung Anrufbeantworter

Ansagetext aufsprechen

Sie können einen Ansagetext aufsprechen, z.B. *„Müller GmbH. Zurzeit können wir Ihren Anruf nicht annehmen. Bitte sprechen Sie nach dem Signalton".* Diesen Text bekommt Ihr Anrufer zu hören.

- Drücken und halten Sie die Taste „OGM1".
  Das Display zeigt „A1". Sie hören einen langen Piepton.
- Lassen Sie die Taste „OGM1" los und die Sekunden-Anzeige beginnt bei 0 zu zählen.
- Sprechen Sie Ihren Ansagetext ins Mikrofon (laut und deutlich).
- Wenn Sie fertig sind, drücken Sie die Taste „STOP".

✓ Die Ansage wird jetzt vorgespielt.

✓ Die Ansage ist und bleibt gespeichert.
Sie können Sie jederzeit einschalten. ♦

Diese Handlungsanweisung ist streng nach der Struktur erstellt.
Quelle: Dietrich Juhl, für dieses Buch erstellt

Beispiel: Handlungsanweisung

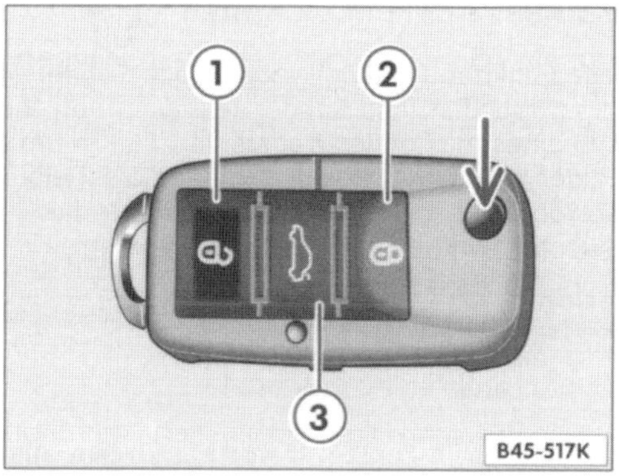

Synchronisation der Funkschlüssel

Wenn sich das Fahrzeug beim Betätigen der Funk-Sendetaste nicht entriegeln läßt, besteht die Möglichkeit, daß der Code von Schlüssel und Steuergerät im Fahrzeug nicht mehr übereinstimmen. Dazu kann es kommen, wenn die Sendetaste des Schlüssels häufig außerhalb des Wirkungsbereichs der Anlage betätigt wird.

Der Funk-Schlüssel muß neu synchronisiert werden. Der Synchronisierungsvorgang darf nicht länger als **1 Minute** dauern:

1 - Drücken Sie **einmal** entweder die Öffnungstaste **1** oder Schließtaste **2** Ihres Funk-Schlüssels für ca. eine Sekunde. Das Fahrzeug bleibt verschlossen. Das Steuergerät erkennt jedoch einen gültigen Festcode.

2 - Schließen Sie Ihr Fahrzeug nun einmal mechanisch mit dem Funk-Schlüssel auf oder ab.

3 - Der Schlüsselbart wird als gültiger mechanischer Code erkannt. Ein neuer Wechselcode wird zwischen Schlüssel und Steuergerät vereinbart. Der Synchronisierungsvorgang ist abgeschlossen.

Am Anfang der Handlungsanweisung erfährt der Benutzer, wieso und wann er diese Handlung ausführen soll. Die Handlung selbst wird Schritt für Schritt erklärt. Beachten Sie auch das Handlungsergebnis.
Quelle: Volkswagen AG, New Beetle RSi

Beispiel: Handlungsanweisung

3.2.2 Umkreissuche

Mit vorhandenem GPS-Signal gibt Ihnen diese Funktion die Möglichkeit, nach Sonderzielen in unmittelbarer Nähe Ihres aktuellen Standorts zu suchen. Alle Sonderziele einer von Ihnen zuvor gewählten Kategorie, die sich innerhalb eines maximalen Radius von 15 Km um Ihre aktuelle Position befinden, werden dann in einer Liste angezeigt und können als Zielpunkte ausgewählt werden. Die Umkreissuche ist sowohl für die Navigation als auch für die Routenplanung verfügbar, ist jedoch deaktiviert, wenn kein GPS-Empfang vorliegt.

> Tippen Sie im **HAUPTMENÜ** auf **Navigation**.

> Tippen Sie auf **Umkreissuche**.

> Wählen Sie im Fenster **UMKREISSUCHE** aus der Dropdown-Liste **Sonderzielkategorie** den Sonderzieltyp aus (Autowerkstatt, Tankstelle, Restaurant etc.).

> Wählen Sie aus der Dropdown-Liste **Radius** die Größe des Radius um Ihre aktuelle Position aus, innerhalb dessen nach Sonderzielen gesucht werden soll (max. 15 Km).

Daraufhin werden alle Sonderziele, die diesen Kriterien entsprechen, mit Angabe des Ortes, des Namens und der Entfernung (Luftlinie) aufgelistet, beginnend mit dem von Ihrem Standort aus nächstliegenden Sonderziel.

Wenn keine Sonderziele in der Liste angezeigt werden, dann wurden keine Sonderziele in der Karte gefunden, die Ihrer Auswahl entsprechen.

> Markieren Sie das Sonderziel, das Sie als Ziel verwenden möchten.

> Tippen Sie auf **OK**.

Daraufhin wird das Fenster geschlossen und die Adresse ist im Fenster **ZIELEINGABE** bereits in die Eingabefelder übernommen.

> Möchten Sie das Sonderziel in der Karte ansehen, tippen Sie auf die Schaltfläche **In Karte anzeigen**.

Diese Handlungsanweisung zur Umkreissuche bei einem Navigationssystem ist richtig aufgebaut:

- Die Überschrift könnte noch ein Verb enthalten.
- Das Ziel der Handlung ist beschrieben.
- Die Handlung wird Schritt für Schritt erklärt.
- Das Handlungsergebnis und die mögliche Weiterarbeit wird genannt.

Quelle: Medion AG, Benutzerhandbuch, Navigator Version 2.0

Beispiel: Handlungsanweisung

Anzeigen eines blauen Bildschirms

[illegible]

1	Drücken Sie die Taste **MENU**. Ergebnis: Das Hauptmenü wird eingeblendet.	
2	Drücken Sie die Taste ▲ oder ▼ um die Option **Setup** auszuwählen. Ergebnis: Die Optionen, die in der Gruppe **Setup** zur Verfügung stehen, werden angezeigt.	
3	Drücken Sie die Taste **ENTER**.	
4	Drücken Sie die Taste ▲ oder ▼ um die Option **Blaues Bild** auszuwählen. Drücken Sie die Taste **ENTER**.	
5	Wählen Sie mit der Taste ▲ oder ▼ die Option **Aus** oder **Ein**.	
6	Anschließend können Sie über die Taste **EXIT** in den normalen Wiedergabemodus zurückkehren.	

Wenn kein Signal empfangen wird oder das Signal sehr schwach ist, wird automatisch ein blauer Bildschirm statt des gestörten Bildes angezeigt.

Wenn das gestörte Bild dennoch wiedergegeben werden soll, müssen Sie für die Option „Blaues Bild" die Einstellung „Aus" auswählen.

Das Beispiel dieser (eigentlich guten) Handlungsanweisung soll die Wichtigkeit des Handlungszieles demonstrieren: Hier wurde das Handlungsziel unkenntlich gemacht, die Anleitung ist dadurch nicht verstehbar.
(Lesen Sie anschließend das Handlungsziel unten auf dem Kopf.)
Die Zwischenergebnisse (bei uns Feedback genannt) sind hier explizit genannt. Leider fehlt aber das Handlungsergebnis.
Quelle: Samsung Electronics GmbH, Bedienungsanleitung LCD-TV LW15M13C

Beispiel: Handlungsanweisung

Umschalten des Tuner-Modus

Der CDM-7859R/CDM-7858R/CDM-7856R beinhaltet den MAX TUNE Pro für die höchst mögliche Tuner-Audio-Qualität. Darüber hinaus können Sie zwischen zwei Einstellungen entsprechend Ihren persönlichen Tonvorlieben und dem Gebrauch wählen.

1 Halten Sie die **SETUP**-Taste mindestens 3 Sekunden lang gedrückt.

2 Drücken Sie zum Anwählen NORMAL die ⏮ **DN**- oder ⏭ **UP**-Taste.

3 Drücken Sie die **BAND**-Taste zum Umschalten des TUNER-Modus.

→ HI-FI → NORMAL → STABLE →

NORMAL: Standard-Einstellung
HI-FI: Bei dieser Einstellung hat die Klangqualität Priorität
STABLE: Bei dieser Einstellung hat der rauschlose Betrieb Priorität

HINWEISE

- *Die werkseitige Anfangseinstellung ist "NORMAL".*
- *Falls Sie finden, daß der Ton sehr verrauscht ist, während Sie den Tuner im HI-FI-Modus hören, empfehlen wir Ihnen, in den NORMAL-Modus umzuschalten.*

4 Drücken Sie die **SETUP**-Taste nach der Einstellung, um auf Normalbetrieb zurückzu-schalten.

Umschalten des Tuner-Modus

Der CDM-7859R/CDM-7858R/CDM-7856R beinhaltet den MAX TUNE Pro für die höchst mögliche Tuner-Audio-Qualität. Darüber hinaus können Sie zwischen zwei Einstellungen entsprechend Ihren persönlichen Tonvorlieben und dem Gebrauch wählen:

NORMAL: Standard-Einstellung
HI-FI: Bei dieser Einstellung hat die Klangqualität Priorität
STABLE: Bei dieser Einstellung hat der rauschlose Betrieb Priorität

- *Die werkseitige Anfangseinstellung ist "NORMAL".*
- *Falls Sie finden, daß der Ton sehr verrauscht ist, während Sie den Tuner im HI-FI-Modus hören, empfehlen wir Ihnen, in den NORMAL-Modus umzuschalten.*

1 Halten Sie die **SETUP**-Taste mindestens 3 Sekunden lang gedrückt.

2 Drücken Sie zum Anwählen NORMAL die ⏮ **DN**- oder ⏭ **UP**-Taste.

3 Drücken Sie die **BAND**-Taste zum Umschalten des TUNER-Modus.

→ HI-FI → NORMAL → STABLE →

4 Drücken Sie die **SETUP**-Taste nach der Einstellung, um auf Normalbetrieb zurückzu-schalten.

Die linke Original-Handlungsanweisung wurde verbessert:
Meines Erachtens ist es besser, die Informationen zur Handlungsmöglichkeit komplett ins Handlungsziel zu legen. Das wurde hier getan, so dass in der Schritt-für-Schritt-Anleitung nur noch Handlung steht.
Quelle: Alpine Electronics GmbH, Bedienungsanleitung CDM-7859R

Beispiel: Handlungsanweisung

Online-Anbindung testen

API-Registrierung prüfen

Um sicherzustellen, dass alle Hilfe-ID's auch korrekt angebunden sind, ermöglicht es der HTML Help Workshop, ID für ID durchzugehen und die Anbindung zu testen.

Voraussetzung für den Test ist, dass Sie nach der Vergabe der ID´s einen Export durchgeführt haben.

Test durchführen

Vorgehensweise

1. Starten die den HTML-Help Workshop und öffnen Sie die Projektdatei (hier: **Projekt.hhp**).
2. Wählen Sie aus dem Menü **Test** den Befehl **HtmlHelp API**. Das Dialogfenster **Test HMTLHelp API** erscheint.

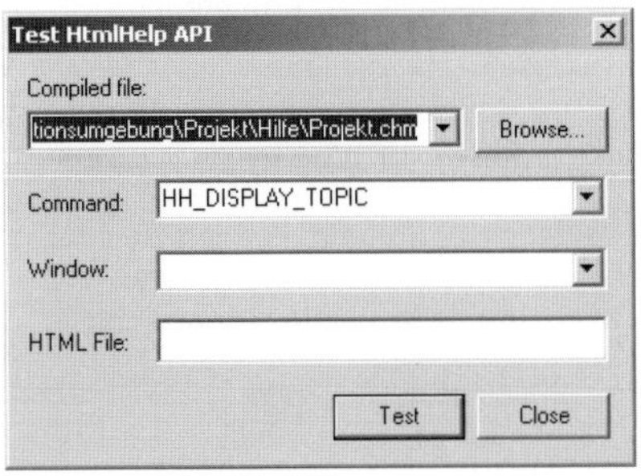

3. Wählen Sie die über das Feld **Compiled file** die Hilfedatei aus, die diese ID eingebunden hat (hier: die Hilfedatei **Projekt.chm** aus dem **Hilfe**-Ordner unseres Projekts).
4. Wählen Sie aus der Auswahlliste **Command** den Eintrag **HH_HELP_CONTEXT** und geben Sie im Feld **Map-Nummer** die Hilfe-ID ein. In unserem Beispiel wollen wir den Hilfe-Aufruf mit der ID **2300** simulieren.

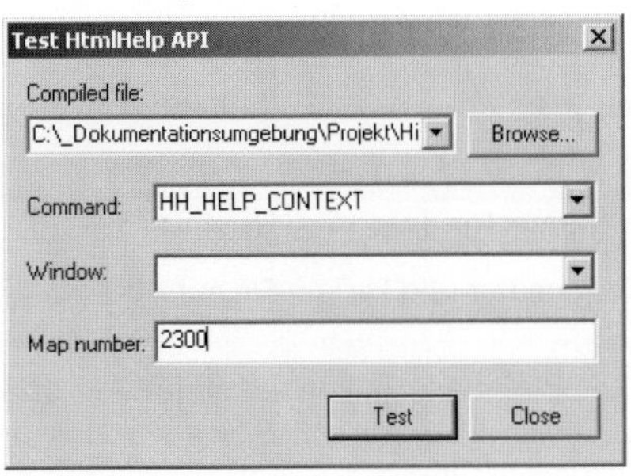

5. Klicken Sie auf die Schaltfläche **Test**.

Dieses Beispiel soll demonstrieren, wie wichtig das Handlungsergebnis ist. Es fehlt in dieser Anleitung. Was passiert, wenn man auf Test geklickt hat?
Die folgende Information würde die Handlungsanweisung verbessern:

- Wenn die Anbindung funktioniert, wird die Onlinehilfe an der richtigen Stelle geöffnet.
- Wenn die Anbindung nicht funktioniert, passiert nichts.
  Prüfen Sie in diesem Fall alle Einstellungen in der Software und in der Onlinehilfe (...).

Quelle: Dokay GmbH, Bedienungsanleitung zu OfficeHelp 2003

Beispiel: Handlungsanweisung

3.4.6. Ändern eines Knotentitels

Wenn ein bestehender Knotentitel Ihren Wünschen oder Anforderungen nicht mehr entspricht, können Sie ihn nachträglich ändern.

1. Wählen Sie im Viewlet **Informationspool**, im Viewlet **Projektbaum** oder im Viewlet **Strukturnetz** den Knoten, den Sie umbenennen wollen.
2. Drücken Sie die Taste **F2**.

   Wenn Sie im Viewlet **Informationspool** oder im Viewlet **Projektbaum** arbeiten, erscheint ein Rahmen um den Knotentitel und der Cursor blinkt am Ende des Knotentitels. Wenn Sie im Viewlet **Strukturnetz** arbeiten, öffnet sich das Dialogfenster **Titel ändern**.
3. Ändern Sie den Knotentitel und drücken Sie **Eingabe**.

   SCHEMA ST4 übernimmt den neuen Namen des Knotens und zeigt ihn als Knotentitel.

3.11.1. Versionieren eines Dokuments

Um einen bestimmten Stand eines Dokuments später wieder laden zu können, können Sie ein Label setzen. Ein Label markiert einen Stand als Version. Das Label kann jederzeit wieder geladen und produziert werden. Da Labels dazu dienen, einen definierten Stand festzuhalten, können sie nachträglich nicht geändert oder gelöscht werden.

Voraussetzungen

Es ist ein Dokument für das gewünschte Projekt angelegt [J142] .

1. Wählen Sie **Bearbeiten | Versionen**.

   Das Dialogfenster **Verwaltung der Dokumentversionen** öffnet sich.
2. Navigieren Sie zum gewünschten Projekt.
3. Wählen Sie unter diesem Projekt das gewünschte Dokument.
4. Klicken Sie auf die Schaltfläche **Neue Version erzeugen** .

   Das Dialogfenster **Neue Version erzeugen** öffnet sich.
5. Schreiben Sie in das Eingabefeld **Versionsname** einen Namen für diese Version.
6. Schreiben Sie in das Eingabefeld **Kommentar** einen Kommentar und klicken Sie auf die Schaltfläche **OK**.

   SCHEMA ST4 erzeugt das neue Label für das gewählte Dokument. Sie können alle Inhalte und Strukturen des Dokuments später abrufen. SCHEMA ST4 vergibt automatisch eine Versionsnummer und ergänzt den Namen des Erstellers sowie das Erstellungsdatum.

Perfekt! Die hier gezeigten Anleitungen sind aus meiner Sicht perfekte Handlungsanweisungen:

- Das Ziel der Handlung ist gut beschrieben, so dass man sich sofort in die Aufgabe eindenken kann.
- Die Handlungsschritte sind klare und konkrete Aufforderungen und
- das Handlungsergebnis ist immer genannt.

Auf diese Weise kann man die Handlung gut denkend vorwegnehmen und das erzielte Ergebnis selbst kontrollieren.
Quelle: Schema GmbH, Bedienungsanleitung ST4

Beispiel: Handlungsanweisung

Google
Suchmaschine
Tipp

Interessieren Sie sich für ein bestimmtes Nachrichtenthema? Dann wollen Sie auch die neuesten Informationen dazu. Immer wieder auf den Seiten der Tageszeitungen vorbeizuschauen, ist recht aufwendig. Lassen Sie sich doch automatisch von Google benachrichtigen, wenn's was Neues zum Thema gibt

1 Stellen Sie eine Verbindung mit dem Internet her, und rufen Sie die Seite →① auf. Im erscheinenden Fenster tippen Sie zunächst das Thema ein, über das Sie auf dem Laufenden bleiben möchten, etwa ●.

News-Suche: Otto Rehhagel

2 Bei Bedarf können Sie einstellen, wie oft Sie von Google über die neuesten Nachrichten informiert werden möchten. Falls Sie sofort benachrichtigt werden möchten, klicken Sie auf ● einmal täglich und wählen direkt aus. Andernfalls werden Sie einmal täglich über neue Nachrichten informiert. Klicken Sie dann auf das Feld ●, und tippen Sie Ihre

Ihre E-Mail-Adresse:

E-Mail-Adresse ein, etwa ●. Klicken Sie auf News Alert erstellen.

Ihre E-Mail-Adresse: jens.bond@kuchel.com

3 Rufen Sie Ihre neuen E-Mails ab. Sie erhalten von Google eine Bestätigungs-E-Mail, etwa ●. Öffnen

Thema
News Alerts (BETA)-Bestätigungs-E-Mail

Sie die E-Mail, und klicken Sie auf ●.

```
Bestätigen Sie diese News Alert-Anforderung:
http://www.google.de/newsalerts/verify?s=3a8
```

Damit ist die Anmeldung abgeschlossen. Bei neuen Nachrichten zum Thema erhalten Sie eine E-Mail an die von Ihnen angegebene Adresse. Das sieht dann etwa so aus: ●.

newsalerts-norepl... Google News Alert - Otto Rehagel

In der E-Mail sind dann wiederum einer oder mehrere weitere Links (S.78) 84, über denen Sie bereits einen „Anreißer" zur neuen Nachricht finden, hier etwa ●. Klicken Sie auf den

```
T-Online - Germany
"King Henry" gegen "König Otto". Auf dem Papie
im EM-Viertelfinale zwischen dem vom zweifache
<http://onsport.t-online.de/c/21/05/57/2105572
```

jeweiligen Link, um direkt zu dem gefundenen Artikel weitergeleitet zu werden. Übrigens: Falls Sie den Service zu einem späteren Zeitpunkt wieder abbestellen möchten, finden Sie in jeder E-Mail auch einen entsprechenden Link, mit dem Sie das veranlassen können.

Im Internet: →① http://www.google.de/newsalerts?hl=de

Computer Bild 16/2004

Gute Handlungsanweisungen finden sich meines Erachtens in der Zeitschrift Computerbild.
Zu diesem Beispiel ein paar Kommentare:

- Die Überschrift wäre in einer Bedienungsanleitung nicht gut, da sie keine inhaltliche Aussage macht.
- Das Handlungsziel ist gut beschrieben, allerdings eher journalistisch aufgemacht.
- Die Schritt-für-Schritt-Anleitung ist perfekt und mit eingebauten Abbildungen gut konkretisiert.
- Besonders hervorheben möchte ich noch das ausführlich dargestellte Handlungsziel mit Ausblick: Bei einer schlechten Anleitung würde die Handlungsanweisung mit „Öffnen Sie die E-Mail und klicken Sie auf..." aufhören. Hier geht es jedoch noch weiter: Das eigentliche Ergebnis wird erklärt: Was resultiert aus dieser Anmeldung?
- Auch die naheliegende Benutzerfrage hat der Computerbild-Autor antizipiert und beantwortet: „Wie kann ich mich wieder abmelden?"

Quelle: Computerbild 16/2004

Exkurs: Überschriften wiederholen

Bei der Handlungsanweisung steht das Handlungsziel in der Überschrift und noch einmal (ggf. ausführlicher) im Ziel der Handlung.
Häufig wird diese Wiederholung von den Autoren abgelehnt.
In den folgenden Beispielen möchte ich Ihnen zeigen, dass solche Wiederholungen in Zeitungen üblich sind und von Ihnen (als Leser) akzeptiert werden.
Ich bin fest davon überzeugt, dass das Handlungsziel in der Handlungsanweisung elementar wichtig ist, manchmal sogar wichtiger als die Schritt-für-Schritt-Folge und deshalb am Anfang der Handlungsanweisung stehen sollte, selbst wenn es eine Wiederholung der Überschrift darstellt.

Beispiele: Wiederholung der Überschriften in Zeitungen

Rodríguez Saá Argentiniens Interimspräsident

BUENOS AIRES. Der Peronist Adolfo Rodríguez Saá ist zum argentinischen Übergangspräsidenten gewählt worden. Er erhielt gestern im Abgeordnetenhaus die Mehrheit der Stimmen. Am 3. März 2002 sollen vorgezogene Neuwahlen stattfinden. Argentinien kämpft mit einem Schuldenberg von umgerechnet 289 Milliarden Mark, einer seit vier Jahren andauernden Rezession und einer Arbeitslosenquote von fast 20 Prozent. dpa/rtr

Rodríguez Saá Argentiniens Interimspräsident

BUENOS AIRES. Er erhielt gestern im Abgeordnetenhaus die Mehrheit der Stimmen. Am 3. März 2002 sollen vorgezogene Neuwahlen stattfinden. Argentinien kämpft mit einem Schuldenberg von umgerechnet 289 Milliarden Mark, einer seit vier Jahren andauernden Rezession und einer Arbeitslosenquote von fast 20 Prozent. dpa/rtr

Renten steigen im Sommer um 2,2 Prozent

DÜSSELDORF. Die gesetzlichen Renten steigen zum 1. Juli 2002 voraussichtlich um 2,2 Prozent in den alten und um 2,4 Prozent in den neuen Bundesländern. Wie der Geschäftsführer des Verbandes Deutscher Rentenversicherungsträger (VDR), Franz Ruland, sagte, fällt die Erhöhung damit um gut ein Drittel geringer aus, als dies ohne die Rentenreform von Arbeitsminister Walter Riester (SPD) der Fall gewesen wäre. ap

Renten steigen im Sommer um 2,2 Prozent

DÜSSELDORF. Wie der Geschäftsführer des Verbandes Deutscher Rentenversicherungsträger (VDR), Franz Ruland, sagte, fällt die Erhöhung damit um gut ein Drittel geringer aus, als dies ohne die Rentenreform von Arbeitsminister Walter Riester (SPD) der Fall gewesen wäre. ap

In Zeitungen ist es üblich, die Überschrift zu wiederholen und ggf. auszubreiten. Der Vergleich zeigt, wie viel besser sich die Information links liest.
Links: Original. **Rechts:** Die „Wiederholung“ wurde „entfernt“.
Quellen: Bonner Generalanzeiger vom 22./23.12.01 und vom 27.12.01 ◆

TB ②: Beschreibung der Bedienelemente

Wenn jedes Bedienteil genau eine Funktion ausführt, genügt die Beschreibung der Bedienelemente, um den Anwender handlungsfähig zu machen.

Zweck

Bei einfachen Geräten kann der Benutzer aus der Beschreibung der Bedienelemente ableiten, wie er handeln kann.

Ausführung

Die Tätigkeitsbeschreibung der Bedienelemente kann wie eine Gerätebeschreibung ausgeführt werden.

Struktur: Beschreibung der Bedienelemente	
	Beispiele, Hinweise
Überschrift	*Die Bedienelemente*
Bild des Gerätes aus Benutzersicht	
Bedienteil • ggf. Nummer • Name des Bedienteils • ggf. weitere Erläuterung des Bedienteils	 • *3* • *Senderwahl* • *zur Einstellung des gewünschten Senders (Frequenzeinstellung).*

Beispiel: Beschreibung der Bedienelemente

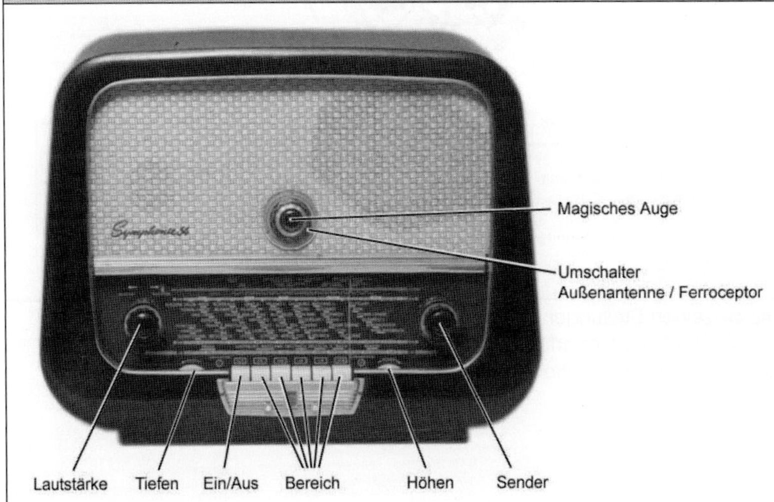

Bei diesem Radio aus dem Baujahr 1954 genügt die Beschreibung der Bedienelemente, weil jedes Bedienelement nur eine Funktion ausführt.
Allerdings zeigt das „Magische Auge" in diesem Beispiel, dass die Beschreibung auf dem Vorwissen der Benutzer aufbaut: „Magisches Auge" sagt uns heute nichts mehr. Der Benutzer damals wusste, dass hier die Feldstärke angezeigt wird.
Quellen: Bild: Radiomuseum Rottenburg an der Laaber;
Text: Dietrich Juhl

Beispiel: Beschreibung der Bedienelemente

Das Funktionswählrad

Mit Hilfe des Funktionswählrads kann eine von sieben Aufnahmebetriebsarten ausgewählt und das Systemmenü aufgerufen werden. Aufnahmesituation und Motiv sind ausschlaggebend für die Wahl der Aufnahmebetriebsart.

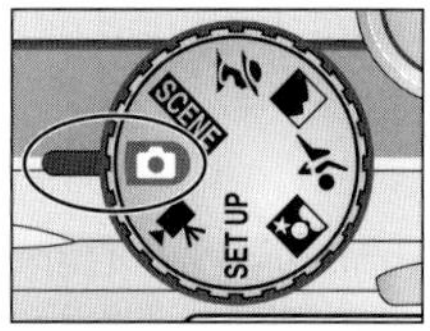

Drehen Sie das Funktionswählrad, bis das Symbol der gewünschten Funktion an der Markierung einrastet.

Automatik (17)

Die Automatik erlaubt unkompliziertes Fotografieren. Die Kamera gibt die meisten Einstellungen automatisch vor. Zusätzlich bietet das Aufnahmemenü 13 Einstellmöglichkeiten, so dass Sie praktisch jeden gewünschten Effekt erzielen können.

Filmsequenz (51 - 52)

Auswahl aus drei Betriebsarten für das Aufzeichnen von Filmsequenzen. Filmsequenzen können mit Ton aufgenommen werden.

SCENE Motivprogramm (27, 34)

Auswahl aus elf Motivprogrammen für typische Motive und Aufnahmesituationen. Sie wählen ein Programm, und die Kamera erledigt den Rest.

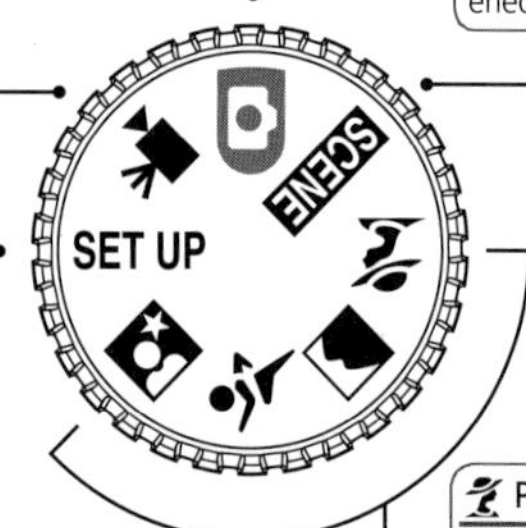

SET UP Systemmenü (109 - 122)

Mit dieser Einstellung aktivieren Sie das Systemmenü, mit dem Sie grundlegende Kameraeinstellungen wie Datum und Uhrzeit, Sprache oder die Helligkeit des Monitors festlegen können.

Porträtassistent
Landschaftsassistent
Sportassistent
Nachtporträtassistent

Die Motivassistenten sind auf typische Aufnahmesituationen abgestimmt und bieten Gestaltungshilfen, die Sie bei der Wahl des Bildausschnitts unterstützen (27 - 28).

Die einzelnen Stellungen des Funktionswählrades der Digitalkamera werden erklärt. Der Benutzer erfährt, wann er die Einstellung wählen soll.
Quelle: Nikon Corporation, Bedienungsanleitung Coolpix 5200

Beispiel: Beschreibung der Bedienelemente

Dialogfenster

SCHEMA ST4 Hilfe

Dialogfenster Sortieren

Aufruf

1. Wählen Sie im Viewlet **Informationspool**, im Viewlet **Projektbaum** oder im Viewlet **Strukturnetz** den Knoten, dessen untergeordnete Knoten Sie sortieren wollen.
2. Wählen Sie im Kontextmenü **Knoten sortieren**.
   Das Dialogfenster **Sortieren** öffnet sich.

Standardmäßig sortiert SCHEMA ST4 die Knoten in der Reihenfolge, in der sie angelegt wurden. Im Dialogfenster **Sortieren** können Sie untergeordnete Knoten eines Knotens neu sortieren. Sobald Sie die Knotensortierung ändern, stellt SCHEMA ST4 auf manuelle Sortierung um. Wenn Sie die Knoten wieder in der Standard-Reihenfolge sortieren wollen, müssen Sie das Kontrollkästchen **Knoten manuell sortieren** deaktivieren.

Welche Knoten sie sortieren können, bestimmt Ihre Modellierung. Standardmäßig können Sie Kindknoten und wieder verwendete Knoten sortieren.

Dialogelemente

Liste Sortierbare Knoten
Zeigt die aktuelle Reihenfolge der untergeordneten, sortierbaren Knoten. Hier können Sie einen oder mehrere Knoten wählen und verschieben.

Schaltfläche Aufwärts
Verschiebt den oder die gewählten Knoten um eine Position nach vorne.

Schaltfläche Abwärts
Verschiebt den oder die gewählten Knoten um eine Position nach hinten.

Schaltfläche Abbrechen
Schließt das Dialogfenster **Sortieren**. Die Knotensortierung wird nicht geändert.

Schaltfläche OK
Schließt das Dialogfenster **Sortieren**. SCHEMA ST4 übernimmt die neue Sortierung der Knoten.

Kontrollkästchen Manuell sortieren
Wird aktiviert, sobald Sie die Standardsortierung ändern.
Wenn Sie das Kontrollkästchen deaktivieren, werden die Knoten wieder in der Standard-Reihenfolge sortiert.

In der Anleitung zu Schema ST4 sind alle Dialogboxen systematisch beschrieben. Hier ein Beispiel:
- Die Dialogelemente sind einzeln erklärt, so dass man damit weitgehend handlungsfähig ist.
- Zusätzlich sind der Aufruf und die Handlungsmöglichkeit dargestellt.

Quelle: Schema GmbH, Onlinehilfe ST4

TB ③: Software-Funktionsbeschreibung

Die meiste Software wird nach einheitlichen Prinzipien bedient, so dass die Bedienung selbst nicht beschrieben werden muss.
Außerdem ist Software oft so gegliedert, dass eine Funktion einer Handlung entspricht, z.B. Tabelle anlegen, Voreinstellungen (vornehmen)...

Zweck

Die Software-Funktionsbeschreibung beschreibt die Handlung, die man mit einer Funktion ausführen kann. Sie fasst dabei nur die Informationen zusammen, die für den Benutzer interessant sind und stellt diese Informationen kurz und übersichtlich dar.

Ausführung

Die Software-Funktionsbeschreibung ist eine Kombination aus verkürzter Handlungsanweisung und Beschreibung der Bedienelemente.

- Sie beschreibt eine Softwarefunktion und ist somit „geräteorientiert".
- Die Beschreibung ist auf die notwendige Information gekürzt.
- Alle Standardhandlungen sind nicht beschrieben.
- Die Beschreibung ist stark strukturiert.

Für jede Funktion wird eine einheitliche Beschreibung gegeben, z.B.:

Struktur-Beispiel: Software-Funktionsbeschreibung	
	Beispiele, Hinweise
Überschrift	Name der Funktion, z.B. *Tabelle einfügen*
Aufruf der Funktion	*Tabelle ➔ Tabelle einfügen ➔ Tabelle*
Zweck der Funktion	*Sie können ...*
Erklärung der Parameter	*Optimale Breite: ...*
ggf. Beispiele	

Die Struktur der SW-Funktionsbeschreibung muss an die Gegebenheiten der Software angepasst werden. So können weitere Kategorien dazukommen, wie:

- Voraussetzungen,
- Auswirkung,
- ähnliche Funktionen, siehe auch ...
- Weiterarbeit.

Exkurs: Funktion / Funktionsweise

Denken Sie bitte an die Mehrdeutigkeit des Wortes „Funktion" (siehe Seite 92). Wegen dieser Mehrdeutigkeit habe ich diese Beschreibungsart „Software-Funktionsbeschreibung" genannt. ◆

Beispiel: Software-Funktionsbeschreibung

Neue Tabelle erstellen
Tabelle → Zellen einfügen → Tabelle

Zweck

Sie können an der aktuellen Cursorposition eine Tabelle mit beliebig vielen Zeilen und Spalten einfügen.

Aufruf

Wählen Sie im Menü: Tabelle → Zellen einfügen → Tabelle

Dialogbox

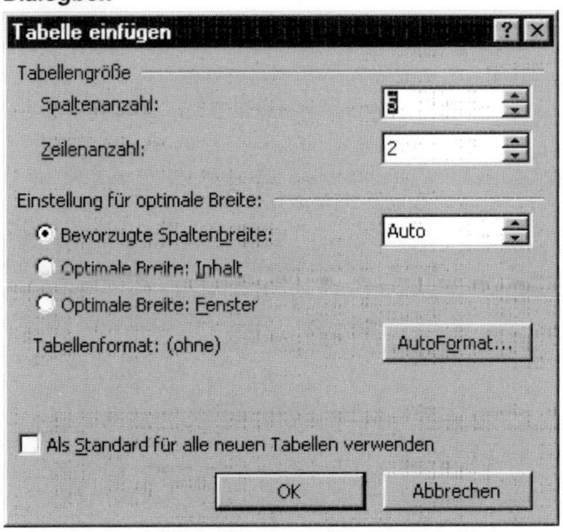

Hinweise zur Dialogbox:

Bevorzugte Spaltenbreite	Wählen Sie diese Option und eine Spaltenbreite für alle Spalten. Oder wählen Sie „Auto“: die Spalten werden gleichmäßig auf die Dokumentenbreite verteilt.
Optimale Breite: Inhalt	Wählen Sie diese Option, wenn Sie wollen, dass sich die Tabelle automatisch dem Inhalt anpasst.
Optimale Breite: Fenster	Wählen Sie diese Option, damit die Tabelle in der HTML-Version so breit ist, wie das Fenster.
Als Standard für alle neuen Tabellen verwenden	Wenn Sie hier ankreuzen, werden die gewählten Einstellungen bei jeder Anwahl dieser Dialogbox eingesetzt.
Autoformat	Siehe nächstes Kapitel.

In diesem Beispiel wird die Word-Funktion „Tabelle einfügen“ beschrieben. Dabei ist die Beschreibung sehr stark strukturiert.

- Das Ziel der Handlung ist beschrieben (Zweck).
- Die Handlung selbst ist fast nicht beschrieben (nur der Aufruf).
- Die wichtigsten Fakten für den Benutzer sind die Einstellungsmöglichkeiten, die hier wie „Bedienelemente“ beschrieben werden können.

Quelle: Dietrich Juhl, für dieses Buch erstellt

Beispiel: Software-Funktionsbeschreibung

Registerkarte ‚MSNs'

5.4 Registerkarte ‚MSNs'

Auf der Registerkarte „MSNs“ weisen Sie den Nebenstellen von FRITZ!X USB die Mehrfachrufnummern zu, die Sie von Ihrem ISDN-Anbieter erhalten haben. Darüber hinaus können Sie auf dieser Registerkarte verschiedene ISDN-Leistungsmerkmale aktivieren oder deaktivieren.

FRITZ!X USB kann für jede Nebenstelle bis zu drei MSNs speichern. Wählt ein externer Teilnehmer eine dieser MSNs, so klingeln alle Endgeräte dieser Nebenstelle.

Eine der MSNs der Nebenstelle ist die Abgangsrufnummer. Diese wird bei der Gegenstelle angezeigt, wenn Sie von einem Endgerät der Nebenstelle wählen. Es ist möglich, die Abgangsrufnummer für eingehende Rufe zu sperren. Versucht eine Gegenstelle diese Nummer anzuwählen, klingelt das Endgerät nicht.

Über die Abgangsrufnummer werden Ihre Verbindungsgebühren berechnet.

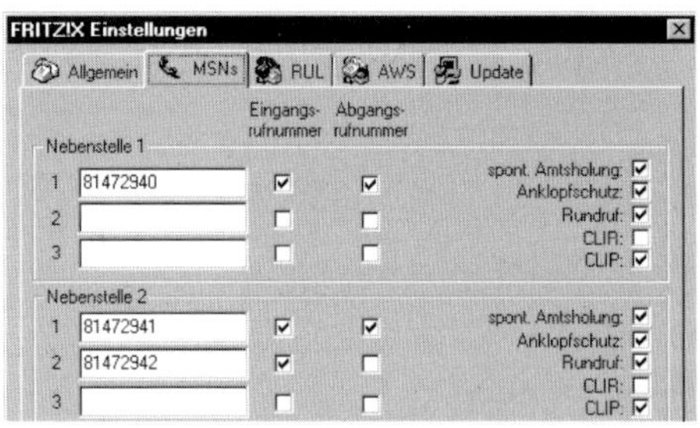

Registerkarte „MSNs“

Zuweisen von MSNs

Gehen Sie zur Zuweisung der MSNs wie folgt vor:

1. Halten Sie die MSNs bereit, die Sie von Ihrem ISDN-Anbieter für Ihren ISDN-Anschluss erhalten haben.

40 FRITZ!X USB – 5 Konfiguration von FRITZ!X USB

Festlegen der Amtsholung

2. Klicken Sie im Konfigurationsprogramm im Menü „Datei / Einstellungen“ auf die Registerkarte „MSNs“.
3. Tragen Sie im Bereich „Nebenstelle 1“ die MSNs in die entsprechenden Felder dieser Nebenstelle ein.
4. Klicken Sie auf das Kästchen „Eingangsrufnummer“, wenn die Nebenstelle 1 auf dieser Nummer bei eingehenden Rufen mit einem Klingeln reagieren soll.
5. Bestimmen Sie nun eine MSN als „Abgangsrufnummer“. Diese Rufnummer erscheint dann bei einem Anruf im Anzeigenfeld der Gegenstelle.

Es kann immer nur eine MSN einer Nebenstelle die Abgangsrufnummer sein.

6. Wiederholen Sie die vorangegangenen Schritte für die weiteren Nebenstellen.
7. Klicken Sie auf die Schaltfläche „Übertragen“ im unteren Teil der Registerkarte. Damit werden die Daten an FRITZ!X USB gesendet und dort gespeichert. Wollen Sie die Einstellungen aus FRITZ!X USB erneut laden, klicken Sie auf die Schaltfläche „Laden“.

Festlegen der Amtsholung

In FRITZ!X USB ist im Auslieferungszustand die spontane Amtsholung aktiviert. Das bedeutet, Sie erhalten sofort nach Abheben des Hörers das Amtszeichen.

Um von der spontanen Amtsholung auf Nebenstellenanschluss umzuschalten, deaktivieren Sie das Kontrollkästchen „spont. Amtsholung“. Sie erhalten jetzt erst nach Eingabe der Ziffer „0“ das Amtszeichen.

Anklopfen/Anklopfschutz

Die Funktion „Anklopfen“ meldet Ihnen während eines Telefongespräches, wenn ein weiterer Gesprächspartner versucht, Sie anzurufen. Diese Meldung erfolgt durch einen kurzen Signalton. Für jede Nebenstelle können Sie das Anklopfen ein- oder ausschalten.

FRITZ!X USB – 5 Konfiguration von FRITZ!X USB 41

Diese Anleitung besteht aus mehreren Handlungsanweisungen:
Das Ziel der Handlung ist gut und ausführlich beschrieben.
Schritt-für-Schritt-Anweisung für eine Handlung (Zuweisen von MSNs) bis zum Handlungsergebnis in Schritt 7.
Weitere „kleine“ Handlungsanweisungen mit jeweils Ziel der Handlung, Vorgehensweise und Handlungsergebnis.
Quelle: AVM Vertriebs KG, FRITZ!X USB

Beispiel: Software-Funktionsbeschreibung

Einstellungen ➔ MSNs

Sie können für die vier Nebenstellen die Rufnummern (MSNs) und diverse Parameter festlegen. Die MSNs (Mehrfachrufnummern) sind Ihre Telefonnummern. Sie haben Sie von Ihrem Netzbetreiber zugeteilt bekommen.

- Bei welcher Rufnummer (MSN) soll das Telefon klingeln?
- Welche Rufnummer soll bei abgehenden Gesprächen verwendet werden?
- Soll bei Abheben sofort eine Externleitung belegt werden?
- Sollen Anklopfer durch einen Ton signalisiert werden?
- Soll das Telefon bei Rundruf klingeln?
- Soll die Rufnummer bei abgehenden Gesprächen übertragen werden?
- Soll die Rufnummer bei ankommenden Gesprächen angezeigt werden?

Aufruf

Wählen Sie im Menü: Datei → Einstellungen
Wählen Sie in der Dialogbox die Registerkarte MSNs.

Dialogbox

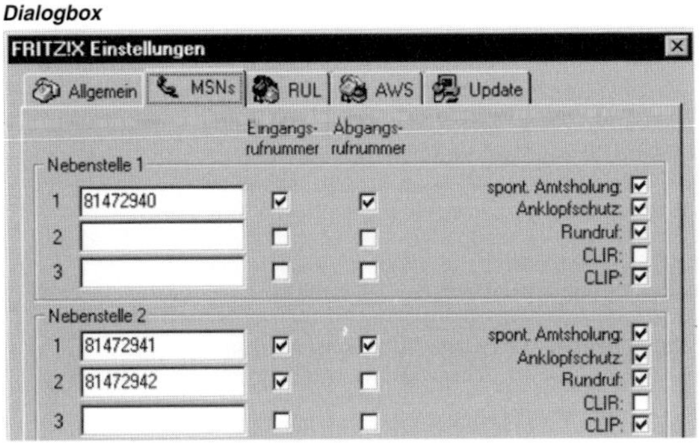

Bedeutung der Parameter:

Nebenstelle 1...4	Tragen Sie für jede Nebenstelle bis zu 3 Telefonnummern ein. Das sind die Nummern, unter der diese Nebenstelle erreichbar ist, bzw. die Nummer, die für abgehende Gespräche benutzt wird.
Eingangsrufnummer	Kreuzen Sie hier an, wenn Sie wollen, dass Sie unter dieser Nummer erreichbar sind. Wenn Sie nicht ankreuzen, klingelt das Telefon nicht!
Abgangsrufnummer	Kreuzen Sie die Nummer an, die bei abgehenden Gesprächen dem anderen angezeigt werden soll. Es kann nur eine der drei Nummern angekreuzt werden. Unter dieser Nummer werden auch die Gebühren für abgehende Gespräche in der Telefonrechnung geführt.
Spontane Amtsholung	Angekreuzt: Bei Abheben des Hörers wird sofort eine Amtsleitung belegt. Nicht angekreuzt: Sie müssen für ein Externgespräch eine 0 vorwählon.
Anklopfschutz	Angekreuzt: Ein zweiter Anrufer bekommt das Besetztzeichen. Diese Einstellung ist auch sinnvoll, wenn an der Nebenstelle ein Fax- oder Datengerät (z.B. Modem) angeschlossen ist, da der Anklopfton die Datenübertragung stören würde. Nicht angekreuzt: Sie erhalten einen „Anklopfton" wenn ein zweiter Anruf erfolgt, der Anrufer hört das Freizeichen.
Rundruf	Kreuzen Sie hier an, wenn das Telefon bei Rundruf klingeln soll.
CLIR	Calling Line Identification Restriction Angekreuzt: Ihre Rufnummer wird nicht übertragen. (Sie können die Rufnummern-übertragung auch für einzelne Gespräche unterdrücken, siehe S. 50)
CLIP	Calling Line Identification Presentation Angekreuzt: Die Rufnummer des Anrufers wird angezeigt (sofern seine Nummer freigeschaltet ist).

Dieses Beispiel zeigt die gleiche Anleitung wie die Vorseite. Allerdings ist diese Variante konsequent als Software-Funktionsbeschreibung ausgeführt.
Es wird kaum Handlung beschrieben (nur der Aufruf der Funktion wird skizziert).
Der Schwerpunkt der Beschreibung liegt auf den Einstellungsmöglichkeiten (vorne) und der Bedeutung der Parameter (Tabelle).
Quelle: Dietrich Juhl, für dieses Buch erstellt

Beispiel: Software-Funktionsbeschreibung

Umbenennen einer Dateigruppe

Mit dem Werkzeug "Stapelverarbeitung Umbenennen" können Dateigruppen umbenannt werden.

So benennen Sie eine Dateigruppe um:

1. Wählen Sie im Browser oder in der Bildauswahl mindestens eine Datei aus.
2. Klicken Sie auf **Extras | Stapelverarbeitung Umbenennen**.
3. Führen Sie im Dialogfeld "Stapelverarbeitung Umbenennen" einen der folgenden Schritte aus:
    - Klicken Sie auf die Registerkarte **Vorlage**, um die Vorlagenoptionen festzulegen.
    - Klicken Sie auf die Registerkarte **Suchen und Ersetzen**, um die Optionen für Suchen und Ersetzen festzulegen.
    - Klicken Sie auf die Registerkarte **Erweiterte Optionen**, um die Einstellungen für den Assistenten "Stapelverarbeitung Umbenennen" anzupassen.
4. Überprüfen Sie die geänderten Dateinamen im Feld **Vorschau**.
5. Klicken Sie auf **Umbenennen starten**.

Hinweis:

Das Umbenennen von Dateien auf einem schreibgeschützten Dateisystem wie beispielsweise einer CD-ROM ist nicht möglich.

Optionen zum Umbenennen in Stapelverarbeitung

Vorlagenoptionen	*Aktivieren Sie das Kontrollkästchen **Vorlage zur Dateiumbenennung anwenden**, um eine Vorlage zur Dateiumbenennung zu erstellen. Sie können für den neuen Dateinamen eine numerische oder alphabetische Zeichenfolge wählen und die ursprünglichen Dateinamen, neue Namen oder auf Bildmetadaten basierende Namen verwenden.*	
	'#' durch Zahlen ersetzen	Ersetzt Nummernzeichen (#) im Vorlagennamen durch numerische Zeichen.
	'#' durch Buchstaben ersetzen	Ersetzt Nummernzeichen (#) im Vorlagennamen durch alphabetische Zeichen.
	Start bei:	Legt den ersten Buchstaben oder die erste Zahl der Reihenfolge fest.
	Metadaten einfügen	Dateispezifische Informationen werden in die Dateinamensvorlage eingefügt. Positionieren Sie den Mauszeiger im Feld **Vorlage** und klicken Sie dann auf die Schaltfläche **Metadaten einfügen**, um das Dialogfeld "Eigenschaft auswählen" zu öffnen.
	Vorlage	Gibt die Vorlage an, die zur Umbenennung der Dateien zu verwenden ist. Geben Sie einen Stern (*) ein, um den ursprünglichen Dateinamen in die Vorlage einzufügen. Bei Verwendung eines oder mehrerer Nummernzeichen (#) werden numerische oder alphabetische Zeichen eingefügt, je nachdem, welche der oben aufgeführten Optionen ausgewählt wurden.

Diese Software-Funktionsbeschreibung ist eine Kombination aus Handlungsanweisung und einer Beschreibung der Bedienelemente der Dialogbox.
Quelle: ACD Systems Ltd., Bedienungsanleitung ACDSee 7.0 (hier gekürzt)

TB ④: Abbildung der Handlung

Bei manchen Tätigkeiten genügt es, die Handlung zu zeigen.
Das können ein oder mehrere Bilder sein, die die einzelnen Handlungsschritte zeigen. Der Benutzer kann die gezeigte Handlung direkt ausführen.
Diese Form der Tätigkeitsbeschreibung eignet sich nur für einfache mechanische Handlungen und wird vor allem in Montageanleitungen eingesetzt, z.B.:

- Montageanleitung für Selbstbaumöbel,
- Zusammenbau einer Faltschachtel,
- Montageanleitung für Heizungen,
- Einsetzen einer Farbpatrone in einen Drucker.

Zweck

Die Abbildung der Handlung dient folgendem Zweck:

- Der Benutzer sieht die Handlung und kann sie ausführen.

Ausführung

Ein oder mehrere Bilder zeigen die Handlung:

- ein Bild (Momentaufnahme der Handlung)
- mehrere Bilder (Schritt für Schritt)
- ggf. kann durch eine Bildunterschrift die Handlung verdeutlicht oder präzisiert werden (z.B. Kräftig drücken, bis die Kappe hörbar einrastet),
- ggf. kann mit Pfeilen oder anderen grafischen Elementen eine Bewegung gezeigt werden.
- eine Sonderform ist die Explosionszeichnung, die sozusagen eine Momentaufnahme der Montage darstellt.

Struktur: Abbildung der Handlung	
	Beispiele, Hinweise
Überschrift	*Konsole montieren*
Bild von der Handlung	
ggf. Bildunterschrift	*Stecken Sie die Konsole, wie gezeigt, zusammen. Sichern Sie die Steckverbinder mit den vier Schrauben.*

Beispiel: Abbildung der Handlung

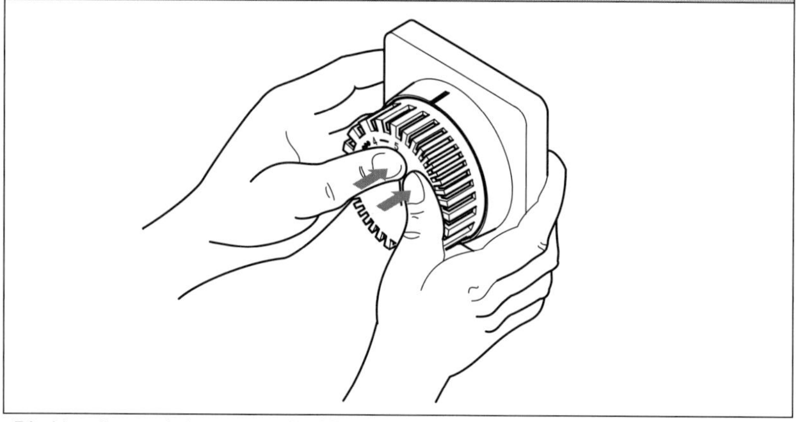

Die Handlung wird vorgemacht. Hier genügt ein Bild, das zeigt, wie der Drehring aufgesetzt wird. Die Pfeile unterstützen die Bildaussage.
Quelle: tecteam GmbH

Beispiel: Abbildung der Handlung

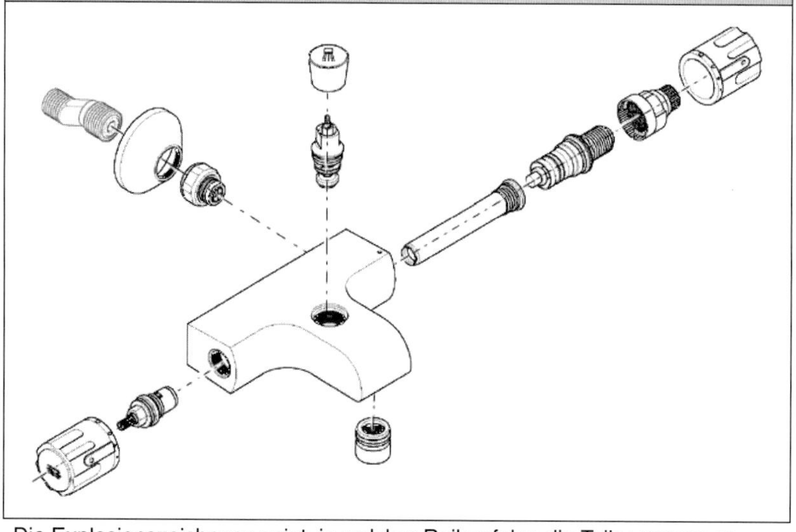

Die Explosionszeichnung zeigt, in welcher Reihenfolge die Teile zusammengebaut werden. Die Zeichnung zeigt nicht, wie montiert wird (einstecken oder einschrauben? Mit welchem Anzugsdrehmoment? usw.)
Quelle: tecteam GmbH, Grohe AG & Co. KG

Beispiel: Abbildung der Handlung

Telefon in Betrieb nehmen

Basis anschließen

Für das analoge Festnetz:

Steckernetzgerät (220/230 V) mit Netzkabel

Telefonstecker mit Telefonkabel (Ausführung je nach Land unterschiedlich!)

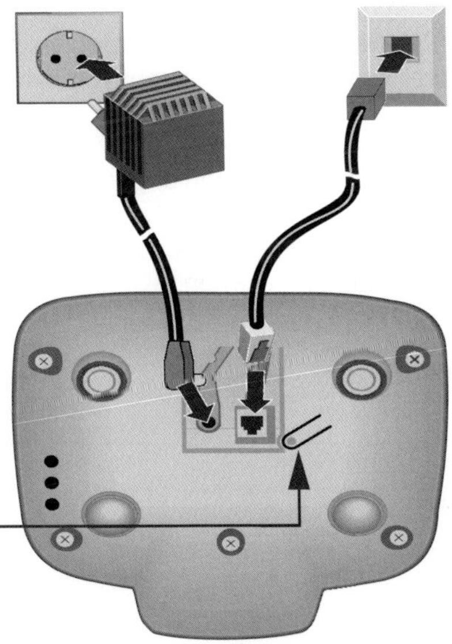

1
- **Kleinen Stecker des Netzkabels** in die linke Buchse stekken,
- Kabel in Kabelkanal einlegen,
- Steckernetzgerät in Steckdose stecken.

Taste zum Anmelden weiterer Mobilteile

2
- **Kleinen farbigen Stecker des Telefonkabels** in die rechte Buchse stecken (rastet ein),
- Kabel in Kabelkanal einlegen,
- Telefonstecker in Telefondose stecken.

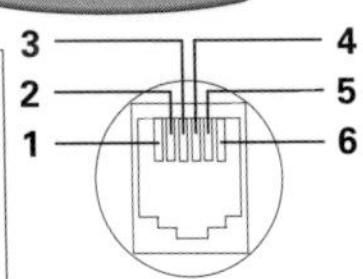

	BRD	OES
1	frei	frei
2	frei	a2
3	a	a
4	b	b
5	frei	b2
6	frei	frei

- Verwenden Sie **nur das mitgelieferte Steckernetzgerät** (wie auf der Unterseite der Basis gekennzeichnet).
- Wenn Sie im Handel ein anderes Kabel kaufen, achten Sie auf die richtige Steckerbelegung (Telefonadern/EURO CTR37*).

⚠ Achtung neues Telefonkabel! Nur beiliegendes Kabel verwenden.

* BRD/SWZ: 3-4-Belegung
OES: 4-Draht-Anbindung (2-3-4-5)

Die Grafik zeigt, wie die Anlage mit Strom und Telefonnetz verbunden wird.
Quelle: Siemens AG, Gigaset 4010

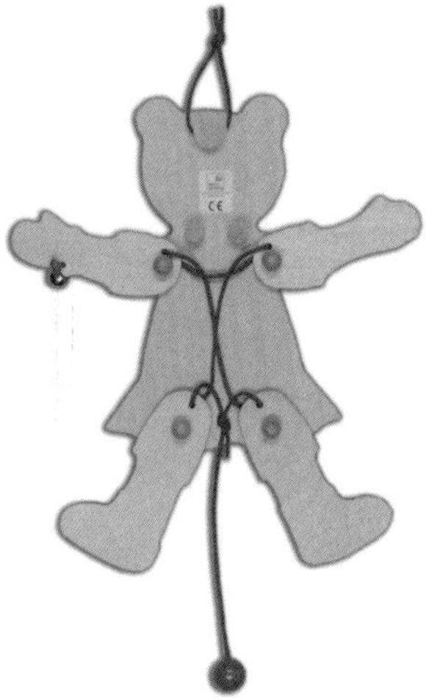

TB ⑤: Abbildung des Handlungsergebnisses

Bei manchen Tätigkeiten genügt es, nur das Handlungsergebnis zu zeigen. Aus diesem Bild kann der Benutzer die Handlungen ableiten, z.B.:
- einfache Selbstbaumöbel,
- elektrische Verkabelung,
- Hampelmann.

Zweck

Diese Form der Tätigkeitsbeschreibung eignet sich fast ausschließlich für Montageanleitungen.
- Der Benutzer sieht das Ergebnis der Handlung und kann aufgrund seiner Kompetenz die notwendigen Handlungsschritte ausführen.

Ausführung

Ein Bild zeigt das Handlungsergebnis:
- ggf. schematisiert,
- ggf. kann mit Pfeilen oder anderen grafischen Elementen eine Bewegung gezeigt werden,
- ggf. kann mit Nummern eine Reihenfolge vorgegeben werden.

Struktur: Abbildung des Handlungsergebnisses	
	Beispiele, Hinweise
Überschrift	*Wechselschalter verdrahten*
Bild mit Handlungsergebnis	
ggf. Bildunterschrift	*Verbinden Sie die beiden Schalter wie gezeigt mit der Lampe.*

Handlung oder Handlungsergebnis?

Ob eine Handlung oder ein Handlungsergebnis abgebildet wird, ist nicht immer klar zu unterscheiden. Die Unterscheidung ist aber auch nicht notwendig.

Beispiel: Abbildung des Handlungsergebnisses

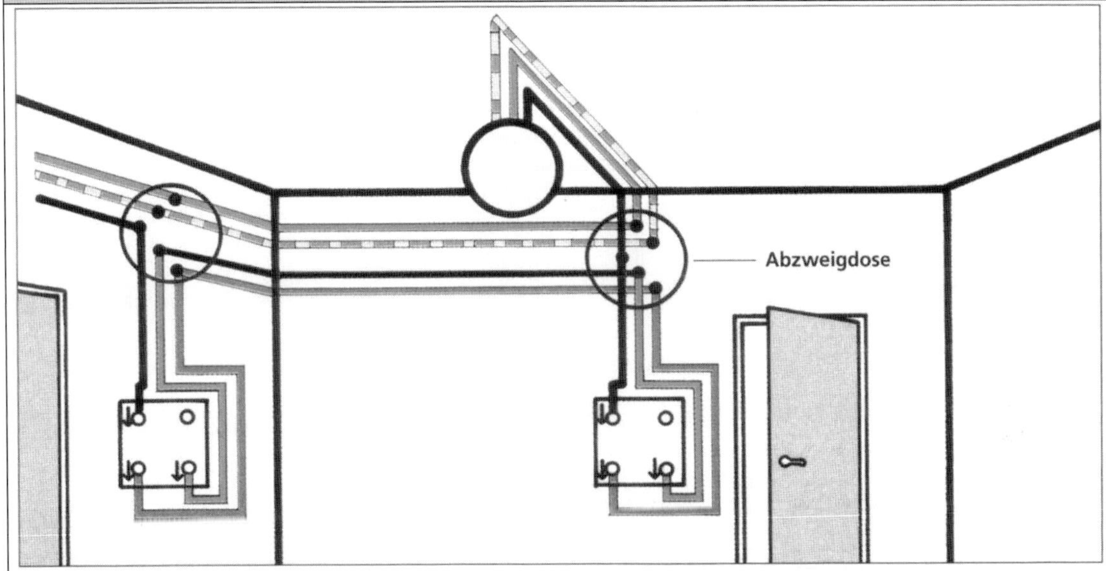

Wechselschalter: Diese Verdrahtung schaltet eine Leuchte von zwei entfernt liegenden Schaltern ein oder aus. Beispielsweise in einem langen Flur mit zwei Türen.

Die Grafik zeigt die fertige Schaltung (schematisiert). Der Elektriker kann dieses Ergebnis nachbauen.
Quelle: Handbuch Technik zu Hause, Stiftung Warentest, Berlin 1996, S 81

Beispiel: Abbildung des Handlungsergebnisses

Kondenswasserableitung

Das im Gas-Brennwertkessel und eventuell in der Abgasleitung anfallende Kondenswasser ist vorschriftsmäßig abzuleiten (Abb. 11). Die Bedingungen für die Einleitung von Kondenswasser in öffentliche Abwasseranlagen sind im ATV-Merkblatt A 251 festgelegt. Zusätzlich sind die regionalen Bestimmungen zu beachten.

Zur Notwendigkeit einer Kondenswasserableitung im Abgassystem siehe Montageanweisung des Abgassystems.

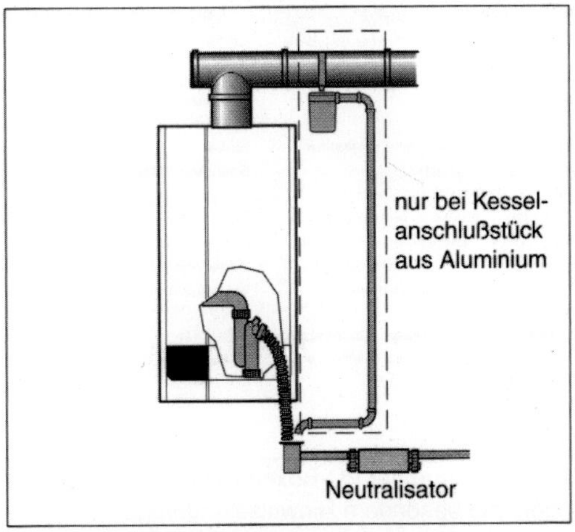

Abb. 11 Kondenswasserableitung aus dem Gas-Brennwertkessel und der Abgasleitung mit Neutralisator

Das Bild reicht dem Handwerker aus, um die Installation vorzunehmen. Quelle: Buderus Heiztechnik GmbH

Beispiel: Abbildung des Handlungsergebnisses

- Connectivity Diagram
- Schéma de connexion
- Diagramm zur Darstellung der Anschlüsse
- Schema delle connessioni
- Diagrama de conectividad
- Aansluitingsschema
- Diagrama de Ligações
- Koplingsskjema
- Liitäntäkaavio
- Kopplingsbeskrivning
- Tilslutningsdiagram
- Schéma zapojení
- Schemat polaczen
- Схема подключения
- Csatlakoztatás

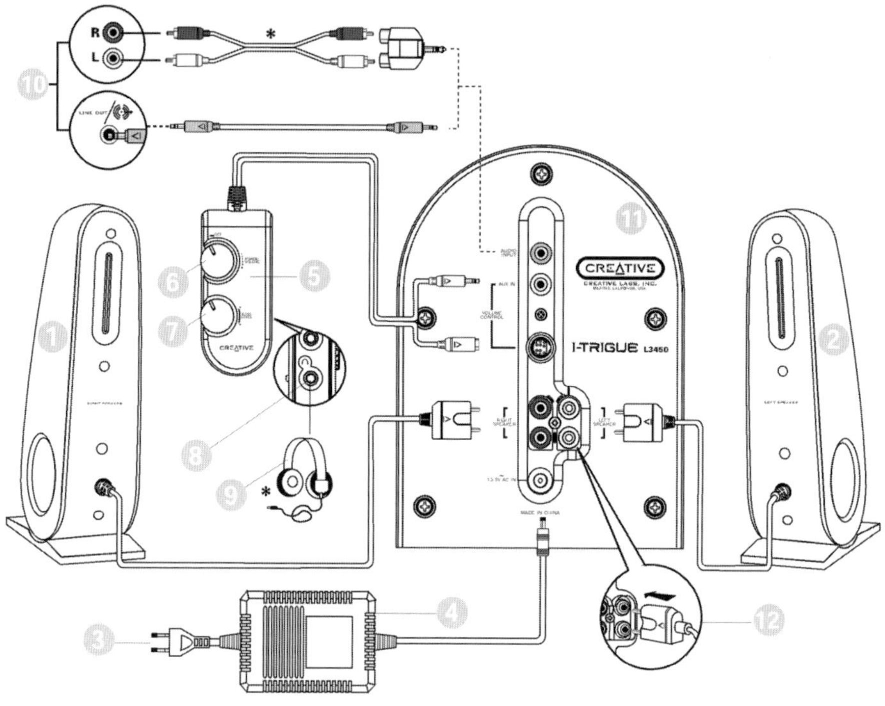

* • Optional • Facultatif • Optional • Opzionale • Opcional • Optioneel • Opcional • Ekstrautstyr • Valinnainen • Tillbehör • Valgfri • Volitelné • Opcjonalnie • дополнительно

English	Français	Deutsch	Italiano	Español	Nederlands
1. Right Satellite Speaker	Haut-parleur satellite droit	Rechter Satellitenlautsprecher	Altoparlante satellite destro	Altavoz satélite derecho	Rechtersatellietluid spreker
2. Left Satellite Speaker	Haut-parleur satellite gauche	Linker Satellitenlautsprecher	Altoparlante satellite sinistro	Altavoz satélite izquierdo	Linkersatellietluid spreker
3. To Wall Outlet (Disconnect when not in use for several days)	Vers la prise murale (Déconnectez le système si vous n'avez pas l'intention de l'utiliser pendant plusieurs jours	Zur Steckdose (Trennen Sie das Gerät von der Stromquelle, wenn Sie es mehrere Tage lang nicht verwenden)	Presa a muro (scollegare se non si utilizza per diversi giorni)	A la toma de corriente (desconéctelo cuando no se vaya a utilizar durante varios días)	Naar stopcontact (verwijder het apparaat uit het stopcontact als u dit gedurende meerdere dagen niet gebruikt)
4. Power Supply Adapter (Type of adapter may vary in different countries)	Adaptateur d'alimentation (le modèle peut varier selon le pays)	Netzgerät (Adapter sind von Land zu Land unterschiedlich)	Adattatore (I tipi di adattatore possono variare a seconda dei paesi)	Adaptador de alimentación (los tipos de adaptador pueden variar según el país)	Voedingsadapter (typen adapter kunnen verschillend zijn in de verschillende landen)

Die fertige Verkabelung der PC-Boxen ist dargestellt, so dass sie jeder Benutzer nachbauen kann. Zusätzlich sind Benennungen und besondere Hinweise angefügt.
Diese Darstellung eignet sich besonders gut für mehrsprachige Ausführungen.
Quelle: Creative Technology Ltd. Bedienungsanleitung I-Trigue L3450 (hier montiert)

Beispiel: Abbildung des Handlungsergebnisses

Installation und Anschlüsse

Anschlüsse

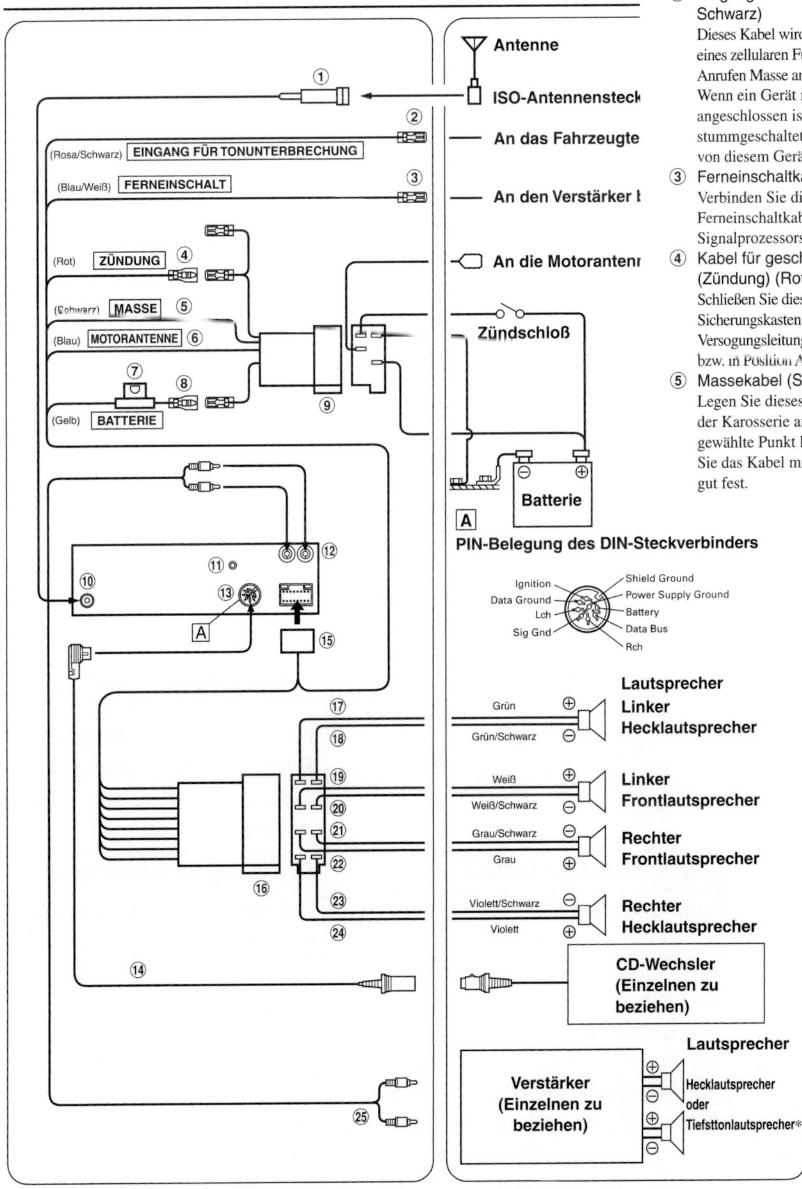

① ISO-Antennen-Konversionsstecker

② Eingangskabel für Tonunterbrechung (Rosa/Schwarz)
Dieses Kabel wird mit dem Audio-Schnittstellenausgang eines zellularen Funktelefons verbunden, an dem bei Anrufen Masse anliegt.
Wenn ein Gerät mit Unterbrechungsfunktion angeschlossen ist, wird der Ton automatisch stummgeschaltet, sobald das Unterbrechungssignal von diesem Gerät eingeht.

③ Ferneinschaltkabel (Blau/Weiß)
Verbinden Sie dieses Kabel mit dem Ferneinschaltkabel des Verstärkers bzw. Signalprozessors.

④ Kabel für geschaltete Spannungsversorgung (Zündung) (Rot)
Schließen Sie dieses Kabel an eine freie Klemme im Sicherungskasten oder eine andere nicht belegte Versogungsleitung an, die bei eingeschalteter Zündung bzw. in Position ACC (+) 12 V liefert.

⑤ Massekabel (Schwarz)
Legen Sie dieses Kabel an einem geeigneten Punkt der Karosserie an Masse. Achten Sie darauf, daß der gewählte Punkt lack- und fettfrei ist, und schrauben Sie das Kabel mit der mitgelieferten Blechschraube gut fest.

Der Schaltplan zeigt ein Handlungsergebnis, hier ergänzt mit Regeln. Der Fachmann kann die Installation leicht vornehmen. Quelle: Alpine Electronics GmbH, Bedienungsanleitung zum Autoradio CDM-7859R (hier Ausschnitte)

TB ⑥: Vermittlung von Systematik

Viele Geräte sind so konstruiert, dass sie nach einem gleichmäßigen Grundprinzip bedient werden können. Wenn es gelingt, dieses Bedienprinzip zu erklären, ist der Benutzer allgemein handlungsfähig und die Anleitung wird deutlich „schlanker".
Solche Systematiken finden sich zum Beispiel bei:

- Bedienung der Nokia-Handys,
- Bedienung von Windowsprogrammen.
  Hier sind viele Bedienungen nach einer einheitlichen Systematik gestaltet (Menüs, Dialogboxen, Ankreuzfelder usw.).

Zweck

Der Benutzer muss die Systematik nur einmal erlernen und kann dann alle Funktionen bedienen oder muss zumindest für die einzelnen Funktionen weniger lernen.

Ausführung

Die Systematik wird am besten anhand eines Beispieles und der Verallgemeinerung vermittelt.

Struktur: Systematik	
	Beispiele, Hinweise
Überschrift	*Verwenden der Menüs*
Ziel der Handlung	*Sie können über das Menü alle Funktionen des Handys ausführen.*
Beispielhafte Handlungsschritte	*Drücken Sie die Taste „Menü".* *Blättern Sie mit der Taste x im Menü nach unten...*
Verallgemeinerung	*Einleiten: Taste „Menü".* *Blättern: Taste x und y.* *Menüpunkt auswählen: Taste „Wählen"...*
ggf. Bild zur Systematik	Abbildung der Menüstruktur.
ggf. Bild zum Beispiel	Abbildung der Menüstruktur, wobei der Beispielweg markiert ist.

Achtung:

Die Beschreibung der Systematik sollte nur in Ausnahmefällen eingesetzt werden:
Sie ist schwer zu erstellen und erfordert vom Autor viel Zeit und didaktisches Talent. Außerdem sollten Sie beachten, dass der Benutzer eigentlich keine Systematik erlernen will, sondern konkrete Handlungsanweisungen vorzieht.

Beispiel: Vermittlung von Systematik

5. Verwenden der Menüs

Ihr Telefon bietet Ihnen eine Reihe von Funktionen, die in Menüs und Untermenüs eingeteilt sind. Die Menüs und Untermenüs können durch Blättern mit oder oder über das jeweilige Nummernkürzel aufgerufen werden. Anhand der Kopfzeile am oberen Rand der Anzeige können Sie feststellen, wo Sie sich im Menü befinden.

Den meisten Menüfunktionen ist ein Hilfetext mit einer kurzen Beschreibung zugeordnet. Sie können sich den Hilfetext anzeigen lassen, indem Sie zu der gewünschten Menüfunktion blättern und 15 Sekunden lang warten, bis der Hilfetext angezeigt wird. Zum Verlassen des Hilfetextes drücken Sie **Zurück**.

Aufrufen einer Menüfunktion durch Blättern

1. Um in die Menüstruktur zu gelangen, drücken Sie **Menü**. Mit oder gelangen Sie dann zum gewünschten Hauptmenü, z. B. *Einstellungen*. Drücken Sie **Wählen**, um das Menü aufzurufen.
2. Wenn das Menü Untermenüs enthält, blättern Sie mit oder zum gewünschten Untermenü. Drücken Sie **Wählen**, um das Untermenü aufzurufen (z. B. *Anrufeinstellungen*).
3. Enthält das Untermenü weitere Untermenüs, wiederholen Sie Schritt 2. Drücken Sie **Wählen**, um das nächste Untermenü aufzurufen (z. B. *Rufannahme mit jeder Taste*).
4. Drücken Sie oder , um die gewünschte Einstellung zu finden, und bestätigen Sie die gewählte Einstellung.

Tipp: Die vorherige Menüebene erreichen Sie mit **Zurück**. Sie können das Menü verlassen, ohne Einstellungen zu speichern, und in den Standby-Modus zurückkehren, indem Sie drücken.

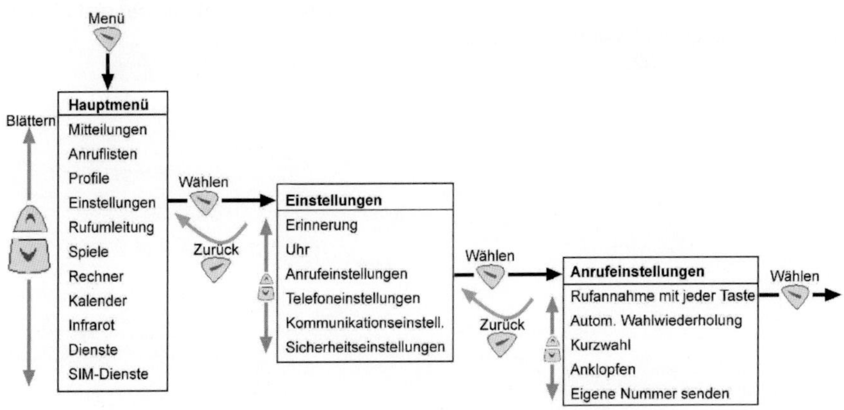

Die Anleitung erklärt die Bedienung des Menüs. Wenn der Benutzer die Funktionsnamen versteht, kann er selbständig handeln.
Quelle: NOKIA Mobile Phones, Nokia 6210. Im unteren Teil verändert (Zeichnung: Dietrich Juhl).

Beispiel: Vermittlung von Systematik

Arithmetische Berechnungen

Wenn Sie eine Funktionstaste drücken, führt der Rechner unmittelbar danach die entsprechende Funktion aus. Es müssen daher alle Operanden vorher eingegeben sein, *bevor* Sie die Funktionstaste drücken.

Alle Berechnungen lassen sich entweder in einwertige oder zweiwertige Funktionen einteilen.

Einwertige Funktionen

Um eine einwertige Funktion (wie z.B. [1/x], [√x], ■[x²] oder [+/-]) zu verwenden:

1. Tippen Sie die Zahl ein. (*Sie müssen nicht* [ENTER] drücken.)
2. Drücken Sie die Funktionstaste. (Bei Zweitfunktionen ist zuerst die Umschalttaste zu drücken.)

Berechnen Sie z.B. 1/32 und $\sqrt{148{,}84}$. Quadrieren Sie danach das letzte Ergebnis und führen Sie einen Vorzeichenwechsel aus.

Tastenfolge:	Anzeige	Beschreibung:
32	32_	Operand.
[1/x]	0,0313	Kehrwert.
148,84 [√x]	12,2000	Quadratwurzel.
■[x²]	148,8400	Quadrat von 12,2.
[+/-]	-148,8400	Negation von 148,84.

Die einwertigen Funktionen schließen auch die trigonometrischen Funktionen, logarithmischen Funktionen, hyperbolischen Funktionen und die Funktionen für Teile von Zahlen mit ein (alle in Kapitel 4 beschrieben).

24 1: Bedienungsgrundlagen

Zweiwertige Funktionen

Um eine zweiwertige Funktion (wie z.B. [+], [−], [×] oder [÷]) auszuführen:

1. Tippen Sie die erste Zahl ein.
2. Drücken Sie [ENTER] zur Trennung der ersten Zahl von der zweiten.
3. Tippen Sie die zweite Zahl ein. (*Drücken Sie nicht* [ENTER].)
4. Drücken Sie die Funktionstaste. (Bei einer Zweitfunktion ist zuerst die Umschalttaste zu drücken.)

Denken Sie daran, vor der Funktionsausführung beide Zahlen einzugeben.

Als Beispiel:

Aufgabe:	Tastenfolge:	Anzeige:
12 + 3	12 [ENTER] 3 [+]	15,0000
12 − 3	12 [ENTER] 3 [−]	9,0000
12 × 3	12 [ENTER] 3 [×]	36,0000
12 ÷ 3	12 [ENTER] 3 [÷]	4,0000

Die Eingabereihenfolge ist natürlich entscheidend für nicht kommutative Funktionen wie [−] und [÷]. Wenn die Zahlen in der falschen Reihenfolge eingegeben wurden, können Sie auch ohne erneute Eingabe das richtige Ergebnis erhalten—durch Drücken von [x⇄y], was den Austausch der 2 Zahlen bewirkt. Führen Sie anschließend die beabsichtigte Funktion aus. (Dies ist noch detaillierter in Kapitel 2 unter "Austauschen des X- und Y-Registerinhalts") beschrieben.

1: Bedienungsgrundlagen **2**

HP-Taschenrechner werden nach der UPN-Methode bedient (Umgekehrt Polnische Notation), bei der erst die Werte und dann der Operator eingegeben wird. Diese Systematik wird hier erklärt.
Quelle: Hewlett Packard, Taschenrechner HP 32S

TB ⑦: Regeln

Regeln sind Gebote, Verbote oder manchmal nur Hinweise, die in vielen Fällen an eine Bedingung geknüpft sind, z.B.:

- Die Spannung muss 12 V betragen.
- Der Schlauch darf nicht verlängert werden!
- Bei feuchtem Boden muss unbedingt eine Gummimatte verwendet werden!

Regeln kommen bei Spielen als Spielregeln vor, z.B. bei Würfelspielen: „Immer wenn Sie eine Sechs würfeln, dürfen Sie noch einmal würfeln.“ Regeln genügen normalerweise nicht als Tätigkeitsbeschreibung! Sie können aber gut eine Tätigkeitsbeschreibung ergänzen (siehe Beispiel Seite 80).

Zweck

Regeln dienen in Anleitungen zu folgenden Zwecken:

- Regeln als Zusatz zur Handlungsanweisung
  Regeln können Tätigkeitsbeschreibungen ergänzen, z.B. als zusätzliche Hinweise zu einer Handlungsanweisung. In den Regeln stehen dann Punkte, die außerdem beachtet werden müssen (siehe Beispiel Seite 80).
- Regeln zu bekannten Handlungen
  Regeln können allein stehen, wenn die Handlung so klar ist, dass die Handlungsanleitung selbst weggelassen werden kann. Im Beispiel „Was Sie beim Anschließen beachten müssen“ (Seite 79) wird gezeigt, dass die Handlungsanweisung, wie man den Wasseranschluss herstellt, gar nicht gegeben wird. Es werden nur zusätzliche Hinweise gegeben.
- Regelwerk
  Regeln können auch allein stehen und den Rahmen für die Handlung bilden, wie das zum Beispiel bei Spielen der Fall ist (siehe „Exkurs: Regeln in Spielen“).

Exkurs: Regeln in Spielen

Spiele, denken Sie z.B. an „Mensch ärgere dich nicht!“ oder „Schach“, sind nur durch Regeln bestimmt. Das heißt, hier gibt es keine feste Handlung, sondern die Handlungen sind durch ein Regelwerk vorgegeben und der Spieler muss in jeder Situation neu entscheiden, wie er handeln darf oder handeln will.

Bei Spielen sind Regeln immer „Wenn-dann-Folgen“, z.B.:

- Immer wenn Sie eine Sechs würfeln, dürfen Sie noch einmal würfeln.
- Wenn Sie auf dieses Feld kommen, müssen Sie eine Ereigniskarte ziehen.
- Der Läufer darf nur diagonal gezogen werden.

Im Spiel prüft der Spieler in jeder neuen Situation, welche Regel gilt. Er durchdenkt dabei Regel für Regel und prüft, ob sie zutrifft. Diese Vorgehensweise muss der Anfänger noch Schritt für Schritt ausführen, während sie beim routinierten Spieler unbewusst abläuft. ◆

Ausführung

Struktur: Regeln	
	Beispiele, Hinweise
Handlungsbezug	durch Überschrift, durch Nähe zur Anleitung
ggf. Wenn-dann-Folge • Bedingung • Folge	 • *Wenn die Lampe leuchtet,* • *sofort anhalten!*
ggf. Gebot	*Verwenden Sie nur Originalersatz-teile!*
ggf. Verbot	*Sie dürfen kein Wasser einfüllen!*
ggf. Hinweis	*Achten Sie darauf, dass der Stecker hörbar einrastet!*

Regeln werden vielfach falsch eingesetzt!
Viele Anleitungen bestehen, genauer betrachtet, aus Regeln.
Beispiele:
- Beim Tanken Handschuhe tragen!
- Der Exit-Befehl darf nur in einer Repeat-Schleife angewandt werden.
- Bei Langzeitaufnahmen sollte ein Stativ verwendet werden.

Der Einsatz von Regeln ist in vielen Fällen nicht ausreichend, vor allem wenn die Handlung selbst nicht beschrieben ist.
Prüfen Sie in Ihren Tätigkeitsbeschreibungen, ob sie konkret anleiten oder ob „nur“ Regeln genannt sind.

Beispiel: Regeln

Was Sie beim Anschließen beachten müssen

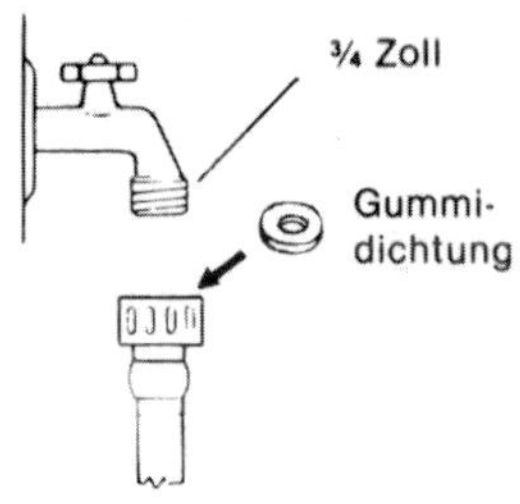

Zulaufschlauch

Wasserzulauf

Der Automat ist nach den Vorschriften des DVWG gebaut (Deutscher Verein von Gas- und Wasserfachmännern e.V.). Es ist sichergestellt, daß ein Rückfluß von Spülwasser in das Trinkwasser-Leitungsnetz verhindert wird.
Schließen Sie den Automaten nicht an die Heißwasserleitung an, weil dann die Wasserleistung sinkt und die Wäsche nicht sauber wird.

Die Maschine ist mit einem hochwertigen Druckschlauch ausgestattet (• in ≈ NW 10; 1,3 m lang). Dieser besitzt Schlauchverschraubung R ¾ entsprechend DIN 259 und kann an einen Wasserhahn mit Außengewinde angeschlossen werden (siehe Abb.).
Die passenden Dichtringe haben wir beigelegt. Verwenden Sie keine anderen Dichtungen von evtl. ungenügender Qualität!

Die Kunststoff-Mutter der Schlauchverschraubung können Sie von Hand anziehen. Gehen Sie bei Verwendung mit Werkzeugen sehr vorsichtig um.

Der Wasserdruck darf nicht niedriger als etwas 1 bar und nicht höher als 10 bar sein (1 bar ≈ 1 atü ≈ 1 kp/cm^2 ≈ 10 N/cm^2).

Bei mehr als 10 bar müssen Sie ein Druckminderventil vorschalten (Bei Ihrem Händler zu beziehen).

Bei weniger als etwa 1 bar schrauben Sie den Zulaufschlauch ab und nehmen den Durchlaufmengenregler am Ventil heraus (an der Geräteseite Sieb herausnehmen und die dahinterliegende Gummischeibe entfernen). Anschließend setzen Sie das Sieb wieder ein.

Ist der Druck noch geringer als 0,5 bar, sollten Sie unseren Kundendienst heranziehen! Benötigen Sie einen längeren Zulaufschlauch als den mitgelieferten, so verwenden Sie ausschließlich einen entsprechend langen durchgehenden hochwertigen Schlauch mit einem Berstdruck von mindestens 60 bar. Stückeln Sie nicht! Und verwenden Sie keine billigen Gartenschläuche oder dergl. Schlauchverlängerungen! Beachten Sie bitte auch: Wenn Sie den Schlauch mit der Verschraubung verbinden, so dürfen niemals geeignete Schlauchschellen fehlen.

In dieser Anleitung ist die Handlung selbst nicht beschrieben. Es sind nur Regeln genannt, welche beim Anschluss zu beachten sind. Der Monteur kann sich die für seine Situation passenden Regeln heraussuchen.
Quelle: Zanker Waschvollautomat

Beispiel: Regeln

Analoge Schnittstellen programmieren

PIN ändern

Sie können Ihr iNTegral2 durch eine eigene PIN vor unerlaubten Programmierungen schützen. Hierzu ändern Sie einfach die Ziffernfolge **1234**, die zum Einleiten des Programmiermodus dient, in eine eigene vierstellige Kombination ab.

	Hörer abnehmen.
♩	Sie hören das Freizeichen.
[#] [*] PIN	Tasten **Raute, Stern** drücken, und Ihre vierstellige PIN eingeben (im Auslieferungszustand 1234).
♫	Sie hören den Programmierton.
[0] [#]	Tasten **Null** und **Raute** drücken.
neue PIN [*]	Neue vierstellige PIN eingeben, und mit der Taste **Stern** bestätigen.
neue PIN [#]	Neue PIN erneut eingeben, und mit der Taste **Raute** bestätigen.
♫	Sie hören wieder den Programmierton.
	Hörer auflegen. Programmierung abgeschlossen.

Hinweise:

- Auslieferungszustand: Die PIN ist auf 1234 eingestellt
- Die PIN muß aus vier Ziffern bestehen.
- Die neu programmierte PIN gilt für beide a/b-Anschlüsse.
- Wenn Sie Ihre PIN vergessen haben, kontaktieren Sie bitte die Telekom Austria.

35

Gut: Die Handlungsanweisung ist durch Regeln („Hinweise") ergänzt.
Quelle: tecteam GmbH, Telekom Austria

Beispiel: Regeln

Schaltgetriebe

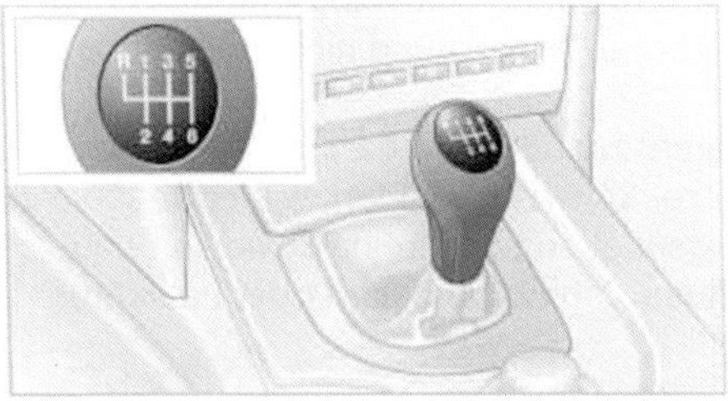

⚠ Während des Schaltens in der Ebene 5./6. Gang unbedingt den Schalthebel nach rechts drücken, um zu verhindern, dass versehentlich ein Gang in der Schaltebene 3./4. Gang eingelegt wird. An Steigungen das Fahrzeug nicht mit schleifender Kupplung halten, sondern die Handbremse benutzen. Sonst wird durch die schleifende Kupplung hoher Kupplungsverschleiß verursacht.◄

Rückwärtsgang

Nur bei stehendem Fahrzeug einlegen. Beim Drücken des Schalthebels nach links einen Widerstand überwinden.

Die Rückfahrscheinwerfer schalten sich dabei in Zündschlüsselstellung 2 automatisch ein.

Die eigentliche Handlung ist nicht beschrieben, sie wird vorausgesetzt.
Aber es werden zusätzliche Hinweise als Regeln gegeben.
Quelle: BMW AG, Betriebsanleitung zum Fahrzeug 520i

TB ⑧: Systembeschreibung

Die Systembeschreibung beschreibt die äußere Funktion des Gerätes. Es wird erklärt, bei welcher Bedingung das Gerät wie reagiert. Diese Beschreibung ist als Tätigkeitsbeschreibung sinnvoll, wenn das Gerät oder das Geräteteil mehrheitlich etwas anzeigt und nicht bedient zu werden braucht.
Der Benutzer muss seine (anderen) Handlungen darauf abstimmen. Teilweise ist es sinnvoll, dem Benutzer konkret zu sagen, wie er handeln soll. Beispiel PDC (siehe unten): Es genügt zu beschreiben, wie Ton und Abstand korrespondieren. Die Aufforderung „anhalten oder umkehren" ist hier überflüssig.

Beispiel: Systembeschreibung

Park Distance Control PDC*

Die PDC unterstützt Sie, wenn Sie rückwärts einparken. Ein Signalton meldet Ihnen dabei den aktuellen Abstand zu einem Hindernis. Dazu messen vier Ultraschall-Sensoren im hinteren Stoßfänger den Abstand zum nächsten Objekt. Das Meßfeld für die beiden Ecksensoren endet ca. 60 cm hinter dem Stoßfänger. Die beiden mittleren Sensoren reichen ca. 1,50 m weit.

Das System wird in Zündschlüsselstellung 2 automatisch immer dann nach ca. einer Sekunde aktiviert, wenn Sie den Rückwärtsgang bzw. die Wählhebelposition R einlegen. Entsprechend schaltet es sich aus, wenn Sie den Rückwärtsgang herausnehmen. Wenn Sie mit einem Anhänger fahren, kann das System keine sinnvollen Messungen vornehmen – es schaltet sich deswegen gar nicht erst ein.

Signaltöne

Der Abstand zu einem Hindernis wird durch einen Intervallton angezeigt. Je dichter Sie an ein Objekt herankommen, desto kürzer werden die Intervalle. Ist der Abstand zu einem erkannten Objekt kleiner als 30 cm, ertönt ein Dauerton.

Der Signalton wird nach ca. drei Sekunden unterbrochen, wenn in dieser Zeit der Abstand zu einem Hindernis konstant bleibt, Sie also z.B. parallel zu einer Wand fahren.

Ein höherer Dauerton bei der ersten Aktivierung zeigt eine Funktionsstörung an. Bitte lassen Sie die Ursache von Ihrem BMW Service beseitigen.

In dieser Anleitung ist das System beschrieben. Der Anwender muss die notwendigen Handlungen daraus ableiten.
Quelle: BMW AG

Beispiel: Systembeschreibung

Alles unter Kontrolle

Drehzahlmesser

Das weiß gestreifte Vorwarnfeld, Pfeil **1**, verändert sich abhängig von der Motortemperatur. Mit zunehmender Motortemperatur verkleinert sich das Vorwarnfeld entsprechend.
Motordrehzahlen im Vorwarnfeld möglichst vermeiden.

Motordrehzahlen im roten Warnfeld, Pfeil **2**, unbedingt vermeiden.
In diesem Bereich wird zum Schutz des Motors die Kraftstoffzufuhr unterbrochen.

Energie-Control/ Momentanverbrauch

Zeigt den momentanen Kraftstoffverbrauch an. Sie können kontrollieren, wie wirtschaftlich und umweltschonend Sie gerade fahren.

Kraftstoffanzeige

Nach Erreichen der Reservemenge erscheint für kurze Zeit eine Meldung am Control Display, im Bordcomputer wird die Reichweite angezeigt. Unter einer Reichweite von ca. 50 km bleibt die Meldung am Control Display, und die Reichweite wird angezeigt.

Kraftstoffbehälter-Inhalt: ca. 70 Liter, davon ca. 8 Liter Reserve. Hinweise zum Tanken finden Sie auf Seite 168.

Verschiedene Fahrzeugneigungen, z. B. längere Bergfahrt, können eine geringfügige Schwankung in der Anzeige verursachen.

⚠ Rechtzeitig tanken, sonst sind durch Fahren bis zum letzten Tropfen Motorfunktionen nicht sichergestellt und es können Schäden auftreten.◄

Die Kontrollinstrumente müssen nicht bedient werden.
Hier wird erklärt, was die Anzeigen bedeuten.
Quelle: BMW AG

Gegenüberstellung der möglichen Tätigkeitsbeschreibungsarten

Am Beispiel „Ausbau eines BKS-Schließzylinders“ sollen die unterschiedlichen Tätigkeitsbeschreibungen illustriert werden.

①

Handlungs-anweisung Text und Bild

BKS-Schloss ausbauen

Sie können den Schließzylinder ausbauen.
Dafür muss die Tür offen sein und Sie brauchen einen Schlüssel.

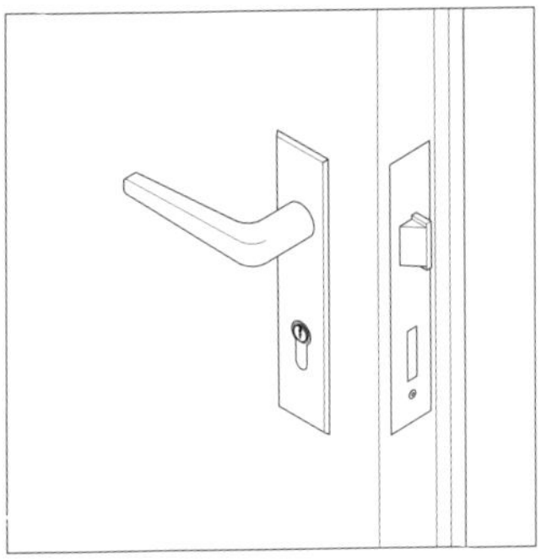

- Öffnen Sie die Tür.

- Schrauben Sie die Befestigungsschraube heraus.

- Drehen Sie den Schlüssel ca. 20° in Richtung Schließen.

- Ziehen Sie den Schließzylinder mit dem Schlüssel heraus.
- Der Schließzylinder ist ausgebaut. Sie können z.B. einen anderen Zylinder einbauen.

<table>
<tr><td>①</td><td>Handlungs-
anweisung
ohne Bilder</td><td>BKS-Schloss ausbauen
Sie können den Schließzylinder ausbauen.
Dafür muss die Tür offen sein und Sie brauchen einen Schlüssel.
• Öffnen Sie die Tür.
• Schrauben Sie die Befestigungsschraube heraus.
• Drehen Sie den Schlüssel ca. 20° in Richtung Schließen.
• Ziehen Sie den Schließzylinder mit dem Schlüssel heraus.
• Der Schließzylinder ist ausgebaut.
Sie können z.B. einen anderen Zylinder einbauen.</td></tr>
<tr><td>②</td><td>Bedienelemente</td><td>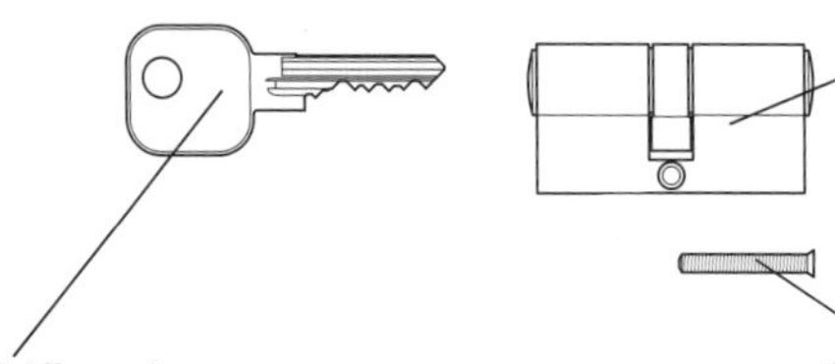
Schließzylinder
Schlüssel
zum Auf- und Abschließen.
Schraube
zur Verschraubung mit der Tür.</td></tr>
<tr><td>③</td><td>SW-Funktions-
beschreibung</td><td>entfällt</td></tr>
<tr><td>④</td><td>Abbildung
der Handlung</td><td>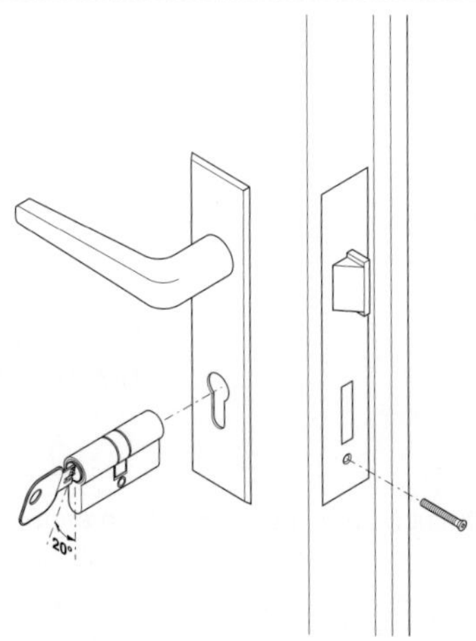
</td></tr>
</table>

⑤	**Abbildung des Handlungs-ergebnisses**	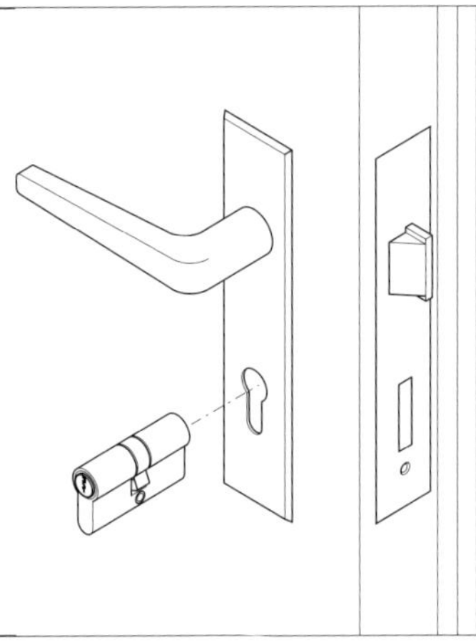
⑥	**Vermittlung von Systematik**	entfällt
⑦	**Regeln**	Der Schließzylinder kann nur bei geöffneter Tür ausgebaut werden. Die Befestigungsschraube muss herausgedreht werden (von der Türkante zugänglich). Zum Ausbau ist ein Schlüssel erforderlich. Der Schließzylinder kann nur bei um 20° in Richtung „zu" verdrehtem Schlüssel ausgebaut werden.
⑧	**System-beschreibung**	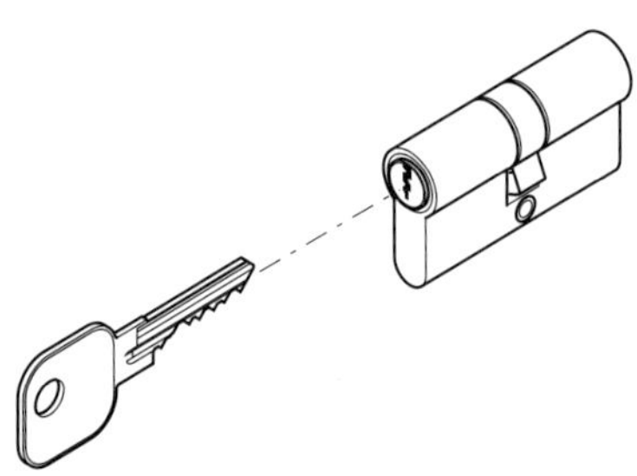 Der Schließzylinder ist mit einer Nocke ausgestattet, die das Herausziehen des Zylinders nur bei um 20° in Richtung „zu" gedrehtem Schlüssel gestattet. Außerdem ist der Schließzylinder mit einer Befestigungsschraube von der Türkante her gesichert.

Quelle: Zeichnungen: macroscope GmbH, Text: Dietrich Juhl, für dieses Buch erstellt.

Sie sehen ...

...wie unterschiedlich die Tätigkeitsbeschreibungen sind.
...wie konkret die Handlungsanweisung ist (auch ohne Bilder).
...wie die Beschreibung der Bedienelemente hier fast nichts bringt.
...wie nichtssagend das Handlungsergebnis in diesem Fall ist.
...wie die „Regeln" oder die „Systembeschreibung" zwar stimmen, aber erst durch Nachdenken in Handlung umgesetzt werden können.

Trotzdem haben alle Tätigkeitsbeschreibungen ihren Sinn und können in vielen Fällen gezielt eingesetzt werden.

Exkurs: Anleitung auf Handlungsorientierung prüfen

Die Tätigkeitsbeschreibungen sind der wesentliche Inhalt einer Anleitung. Deshalb sollten Sie Ihre Anleitung daraufhin untersuchen, ob sie den Benutzer konkret zum Handeln anleitet.

Leitfragen

Folgende Fragen sollen Ihnen helfen, die Anleitung zu prüfen:

- Sind einzelne Handlungen beschrieben?
  Die Kapitel sollten einzelne Handlungen darstellen.

- Sind die Kapitelüberschriften handlungsorientiert?
  Die Kapitelüberschrift sollte ein Verb enthalten, dann kann der Benutzer sofort erkennen, dass er hier eine Handlung erlernen kann.

- Ist das Handlungsziel beschrieben?
  Erfährt der Benutzer am Anfang des Kapitels, warum und mit welchem Ziel er diese Handlung ausführen kann?

- Ist jeder Handlungsschritt aktiv als Handlungsaufforderung formuliert?
  Am besten ist es, wenn der Benutzer konkret angesprochen und zur Handlung aufgefordert wird.

- Sind die Handlungsschritte konkret?
  Sind die Handlungsschritte so beschrieben, dass der Benutzer sie sofort in Handlung umsetzen kann oder muss er erst nachdenken, was er jetzt tun soll?

- Ist am Ende das Handlungsergebnis genannt?
  Erfährt der Benutzer, was zum Schluss erreicht ist, so dass er die Handlung selbst kontrollieren kann?

Werfen Sie zum Schluss noch einmal einen Blick auf Ihre Gesamtgliederung:

- Sind die allgemeinen Teile nicht zu lang?
- Wieviel Seiten muss der Nutzer lesen, bevor er handeln kann?

Falls die allgemeinen Teile zu lang sind, können Sie überlegen, ob sie Teile der allgemeinen Information nicht besser den einzelnen Handlungen zuordnen können.

Beschreibung der Funktionsweise

Die Funktionsweise

Die Funktionsweise erklärt, nach welchen Prinzipien das Gerät arbeitet.

Zweck

Die Beschreibung der Funktionsweise gehört eigentlich nicht in eine Anleitung, denn der Benutzer soll meistens die Bedienung erlernen und nicht die Funktionsweise verstehen.
In einigen Fällen kann das Verständnis der Funktionsweise dem Anwender helfen, das Gerät besser zu bedienen, z.B.:

- **„Intelligent" bedienen**
  Manche Geräte kann der Anwender besser („intelligenter") bedienen, wenn er die Funktionsweise des Gerätes kennt.
  Der Bediener eines Kraftwerkes weiß besser was er tun soll, wenn er versteht, wie das Kraftwerk funktioniert.
- **Angst nehmen**
  Manchmal besteht Misstrauen oder Angst gegenüber unbekannter Technik. Möglicherweise kann eine Beschreibung der Funktionsweise solche Angst vermindern und Vorurteile abbauen.
- **Fehler vermeiden**
  Bei manchen Geräten lassen sich Fehler besser vermeiden, wenn der Anwender die Funktionsweise versteht.
  Der Bediener eines Röntgengerätes wird weniger Fehler machen, wenn er versteht, wie das Röntgengerät arbeitet. Dann weiß er z.B., dass bei einem zu dunklen Bild die Energie gesenkt werden muss.
- **Sicherheitsverständnis**
  Der Bediener eines Gerätes bringt möglicherweise ein größeres Sicherheitsverständnis auf, wenn er weiß, was „innen drin" vor sich geht.
  Der Benutzer eines Schnellkochtopfes kann besser auf seine Sicherheit achten, wenn er weiß, wie ein Schnellkochtopf funktioniert.
- **Hilfe bei Fehlersuche und Reparatur**
  Ganz unerlässlich ist die Kenntnis der Funktionsweise bei der Fehlersuche. Aus der Kenntnis der Funktionsweise kann der Servicetechniker die Fehlerquelle einkreisen und entsprechende Prüfungen vornehmen.

Ausführung

Um die Funktionsweise angemessen zu beschreiben, ist es sinnvoll, den Grund zu kennen, warum der Anwender dies wissen sollte. Dann können Sie als Autor besser abschätzen, wie umfangreich und detailliert die Funktionsweise beschrieben werden soll.

Struktur: Beschreibung der Funktionsweise	
	Beispiele, Hinweise
Überschrift	*Funktionsweise der Geldausgabe-Einheit*
Bild	
Makroskopische Betrachtung (= Leistungsbeschreibung)	*Die Geldausgabe-Einheit dient dazu ...* *Die Einheit hat die Aufgabe ...*
Linearer Vorgang Schritt für Schritt des Normalfalles	
ggf. Sonderfälle oder Abweichungen vom Normalfall	*Negatives Prüfergebnis: ...*

Exkurs: Das Wort „Funktion“

Das Wort „Funktion“ ist im Deutschen missverständlich und wird im Sprachgebrauch und in Anleitungen unterschiedlich benutzt.

- Werner sagt: „Ich weiß nicht, wie der Videorecorder funktioniert“ und meint, dass er die Funktionsweise nicht kennt.
- Manfred sagt: „Ich weiß nicht, wie der Videorecorder funktioniert“ und meint, dass er ihn nicht bedienen kann.
- Karl sagt: „Ich weiß nicht, wie der Videorecorder funktioniert“ und meint, dass er den Funktionsumfang (Leistung) des Videorecorders nicht kennt.

Was bedeutet die Überschrift „Funktion des Videorecorders“? Bedienung, Funktionsweise, Leistung?

Mein Rat: Verzichten Sie auf das Wort „Funktion“ und benutzen Sie eindeutige Worte wie Bedienung, Funktionsweise, Leistung. ◆

Beispiel: Beschreibung der Funktionsweise

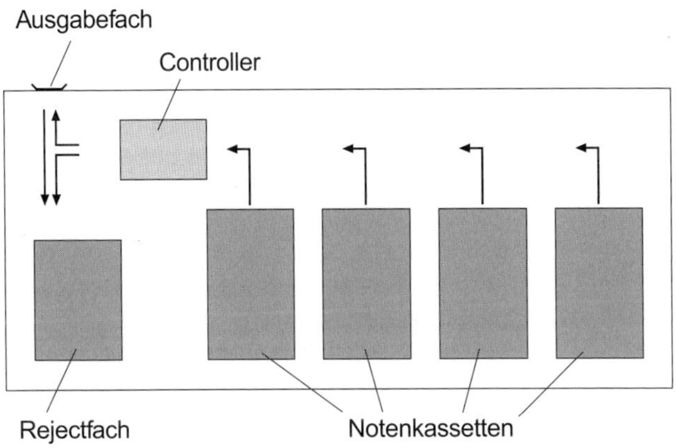

Funktionsweise der Geldausgabe-Einheit

Die Geldausgabe-Einheit stellt die gewünschten Banknoten zu einem Bündel zusammen und gibt sie am Ausgabefach aus. Die vier verschiedenen Notensorten sind in vier einzelnen Kassetten untergebracht. Aus ihnen wird die angeforderte Anzahl Scheine entnommen. Auf dem Weg zur Ausgabe werden die Scheine im Controller auf Dicke und Format geprüft, um Falschausgaben zu verhindern. Nach der Prüfung werden sie zu einem Bündel zusammengestellt und am Ausgabefach ausgegeben.

Negatives Prüfergebnis

Ist die Prüfung negativ verlaufen (falsche Anzahl, Dicke, Format), wird das Bündel im Rejectfach abgelegt und eine neue Ausgabe gestartet.

Nicht entnommene Scheine

Werden die Geldnoten nicht innerhalb einer bestimmten Zeit am Ausgabefach entnommen, werden sie eingezogen und im Rejectfach abgelegt.

Nach der makroskopischen Betrachtung wird die Funktionsweise Schritt für Schritt erklärt. Dabei wird nur der Normalfall beschrieben (z.B. die Prüfung ist positiv verlaufen). Verzweigungen in der Funktionsweise sind anschließend als „Sonderfälle“ dargestellt.
Quelle: Dietrich Juhl, für dieses Buch erstellt

Beispiel: Beschreibung der Funktionsweise

Merkmale der Frequenzumrichter

Die Frequenzumrichter der Reihe DV4 wandeln Spannung und Frequenz eines vorhandenen Drehstromnetzes in eine Gleichspannung um und erzeugen aus dieser Gleichspannung ein Drehstromnetz mit einstellbarer Spannung und Frequenz. Dieses variable Drehstromnetz ermöglicht die stufenlose Drehzahlverstellung von Drehstrom-Asynchronmotoren.

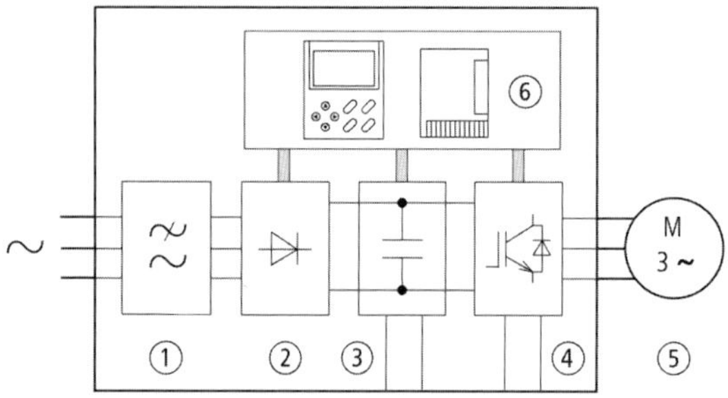

Abbildung 4: Funktionsschema des Frequenzumrichters

① Einspeisung über Funkenstörfilter
Netzspannung U_{LN} (EU-Bemessungsspannungen):
DV4-120 1 AC 230 V, 50/60 Hz
DV4-322 1/3 AC 230 V, 50/60 Hz
DV4-320 3 AC 230 V, 50/60 Hz
DV4-340 3 AC 400 V, 50/60 Hz

② Die ein- bzw. dreiphasige Gleichrichterbrücke wandelt die Wechselspannung des elektrischen Netzes in eine Gleichspannung um.

③ Der Gleichspannungs-Zwischenkreis beinhaltet Ladewiderstand, Glättungskondensator und Schaltnetzteil. Er ermöglicht die Zwischenkreiskopplung und die Gleichstrom-Einspeisung:
Zwischenkreisspannung (U_{ZK}) = $\sqrt{2} \times$ Netzspannung (U_{LN})

④ IGBT-Wechselrichter und Bremstransistor:
Der Wechselrichter wandelt die Gleichspannung des Zwischenkreises in eine variable dreiphasige Wechselspannung mit variabler Frequenz um. Der Bremstransistor ermöglicht in Verbindung mit einem externen Bremswiderstand das Abbremsen bei größeren Trägheitsmomenten oder bei längerem generatorischen Betrieb.

⑤ Ausgangsspannung (U_2), Motoranschluss:
dreiphasige, variable Wechselspannung, 0 bis 100 % der Eingangsspannung (U_{LN})
Ausgangsfrequenz (f_2):
variable Frequenz, 0 bis 480 Hz
Ausgangsbemessungsstrom (I_{2N}):
1,7 bis 28,6 A mit etwa 1,5-fachem Anlaufstrom für 60 s, bei einer Schaltfrequenz von 8 kHz und bei einer Umgebungstemperatur von 40 °C
Motoranschluss, zugeordnete Wellenleistung (P_2):
0,25 bis 7,5 kW bei 230 V
0,55 bis 11 kW bei 400 V

⑥ Programmierbares Steuerteil mit Steckplätzen für Kommunikationsbaugruppen, z. B. Bedieneinheit, serielle Schnittstelle und Funktionsmodule für analoge und digitale Steuerbefehle.

Am Anfang dieser Funktionsweisebeschreibung steht eine makroskopische Betrachtung. Sie gibt einen Überblick, was ein Frequenzumrichter leistet. Danach wird die Funktionsweise Schritt für Schritt erklärt.
Quelle: Moeller GmbH

Beispiel: Beschreibung der Funktionsweise

System-Beschreibung

Was geschieht im Mikrowellengerät?

Im Mikrowellengerät werden Speisen in wenigen Minuten aufgetaut, erwärmt oder gegart. Lediglich das Backen ist nicht möglich.

Welcher Unterschied besteht zwischen einem Mikrowellengerät und einem herkömmlichen Herd?

Bei herkömmlichen Herden wird die Wärme von außen an das Gargut herangeführt, d.h. die Wärme dringt nur langsam in das Innere der Speise.

Dagegen wird im Mikrowellengerät die Wärme in dem Lebensmittel selbst erzeugt.

Wie funktioniert das?

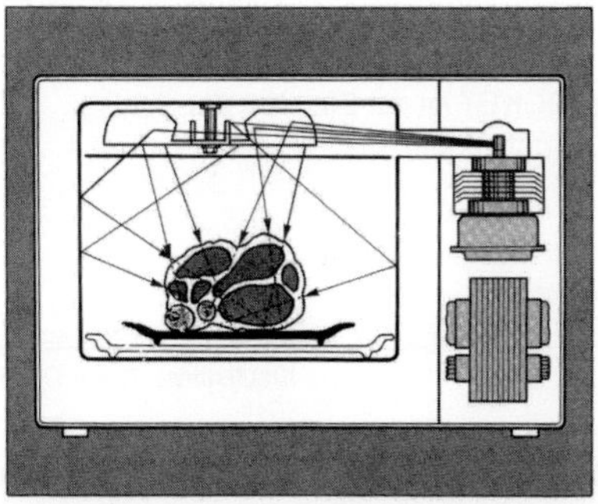

Im Mikrowellengerät befindet sich eine Hochfrequenzröhre, ein sogenanntes Magnetron. Es wandelt den elektrischen Strom in Mikrowellen um. Diese elektromagnetischen Wellen werden von einem Metallventilator (Rührer) im gesamten Innenraum (= Garraum) verteilt. Außerdem werden sie von den Wänden des Garraumes reflektiert. Auf diese Weise gelangen die Mikrowellen von allen Seiten an das Gargut.

Die Mikrowellen durchdringen Porzellan, Glas, Pappe, Kunststoff, aber **kein Metall**. Verwenden Sie deshalb keine Töpfe, Pfannen usw. aus diesem Werkstoff!

Jedes Nahrungsmittel enthält Wasser. Die Mikrowellen setzen die Wassermoleküle im Nahrungsgut in Bewegung. Durch die starken Schwingungen der Moleküle entsteht Wärme. Sie entwickelt sich zuerst an der Außenseite und wandert dann zum Kern der Speise. Wasserhaltige Nahrungsmittel werden schneller gar als solche, die nur wenig Feuchtigkeit enthalten.

Da die Wärme also nicht über Zwischenträger an die Speise gelangt, sondern in ihr direkt entsteht, wird schneller gegart, erwärmt oder aufgetaut. Dadurch sparen Sie Zeit und Energie. Das Mikrowellengerät hat einen wesentlich niedrigeren Anschlußwert als ein Elektroherd.

Die Nahrungsmittel können im allgemeinen ohne Fett- und Wasserzusatz gegart werden. Da es sich um einen reinen Garprozeß handelt, bleiben die Nährstoffe wie Vitamine und Mineralstoffe weitgehend erhalten. Die natürliche Farbe und der eigene Geschmack verändern sich kaum, also braucht weniger gewürzt zu werden. Daher eignet sich das Garen und Erhitzen mit Mikrowellen besonders gut für eine Diätkost. Ebenso gibt es kein Anbrennen der Speisen mehr.

8

Das Verständnis der Funktionsweise erleichtert den sinnvollen Einsatz der Mikrowelle und kann Angst oder Unsicherheiten vermindern. Quelle: Miele & Cie. GmbH & Co. KG

Beispiel: Beschreibung der Funktionsweise

Das Rückprall-Härteprüfverfahren Das Härteprüfverfahren

7.1 Das Härteprüfverfahren

Der folgende Abschnitt gibt Ihnen einige hilfreiche Informationen zum Härteprüfverfahren des DynaPOCKET.

Das DynaPOCKET ist ein kombiniertes Gerät, bestehend aus Schlagkörper, Schlaggerät und Anzeigeeinheit. Der Schlagkörper besitzt an seiner Spitze eine Wolframcarbid-Kugel und einen Permanentmagneten zur Erzeugung eines Spannungsimpulses. Das Schlaggerät hat ein Federwerk zum Spannen und Beschleunigen des Schlagkörpers und eine Induktionsspule zur Detektion des Magneten im Schlagkörper. Bei der Rückprall-Härteprüfung wird die Geschwindigkeitsänderung infolge des Aufpralls des Schlagkörpers auf der Werkstoffoberfläche gemessen.

Zur Messung wird über die Feder die Schlagenergie eingestellt. Über den Auslöseknopf wird der Schlagkörper im Rohr des Schlaggerätes auf die Prüfoberfläche hin beschleunigt.

Dabei induziert der Magnet des Schlagkörpers in der Spule ein Spannungssignal, dessen Höhe proportional zur Aufprallgeschwindigkeit (Ap) ist. Durch den Aufprall kommt es zu einer plastischen Verformung des Materials und es entsteht ein bleibender kugelförmiger Eindruck in der Oberfläche. Diese plastische Verformung führt zu einem Energieverlust des Schlagkörpers und dadurch zu einer geringeren Geschwindigkeit nach erfolgtem Rückprall (Rp).

Der Härtewert wird aus dem Verhältnis dieser beiden Geschwindigkeiten berechnet und folgendermaßen ausgegeben:

HL = 1000 Rp/Ap

vgl. auch VDI-Berichte Nr. 308 (1978).

Über die spezielle Signalverabeitung wird das Geschwindigkeitsverhältnis genau zum Zeitpunkt des Auf-/ Rückpralls ermittelt. Das Geschwindigkeitsverhältnis ist deshalb unbeeinflußt von der Schlagrichtung. Dagegen muß bei anderen Rückprall-Härteprüfgeräten in festen Stufen die Schlagrichtung vorgegeben werden (Einfluß der Gravitation auf das Geschwindigkeitsverhältnis) - ein beträchtlicher Nachteil bei häufig wechselnden Prüfpositionen.

Beim DynaPOCKET ist die Eingabe der Schlagrichtung nicht notwendig.

7-2 Ausgabe 01, 12/99 Krautkrämer DynaPOCKET

Bei diesem Messgerät hilft das Verständnis der Funktionsweise dem Benutzer, die Messung besser durchzuführen.
Quelle: Agfa NDT GmbH (früher Krautkrämer)

Beispiel: Beschreibung der Funktionsweise

4.3 Funktion des Fallstop-Auffanggeräts

Das Fallstop-Auffanggerät läuft beim Auf- und Absteigen am senkrechten Sicherheitsseil automatisch mit.
Bei geneigt oder waagerecht hängendem Sicherheitsseil wird zum Verlängern oder Verkürzen das Fallstop-Auffanggerät durch Anheben der Einhängelasche entriegelt und kann am Sicherheitsseil entlang verschoben werden.

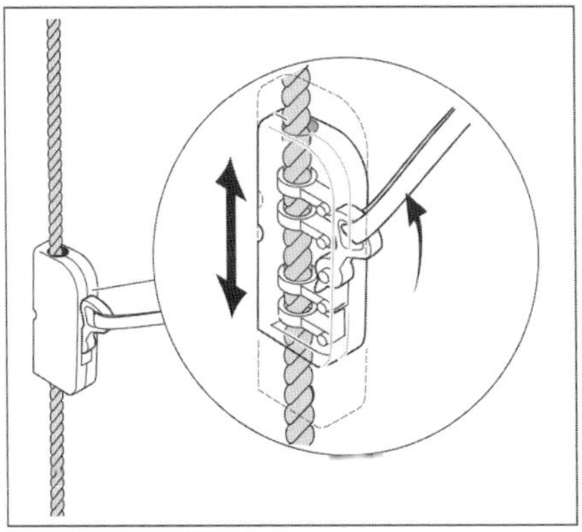

Abb. 4.3 Sicherungslänge am Sicherheitsseil verkürzen/ verlängern

Wird die Einhängelasche nach unten gezogen, klemmt sie das Auffanggerät am Sicherheitsseil fest, der Absturz wird abgebremst.
Das Auffanggerät stoppt bei einem Absturz nicht abrupt, sondern bremst durch Klemmung am Sicherheitsseil ab.
Die Brems-Fallstrecke beträgt max. 1,75 m und der dabei auftretende Fangstoß max. 6 kN.

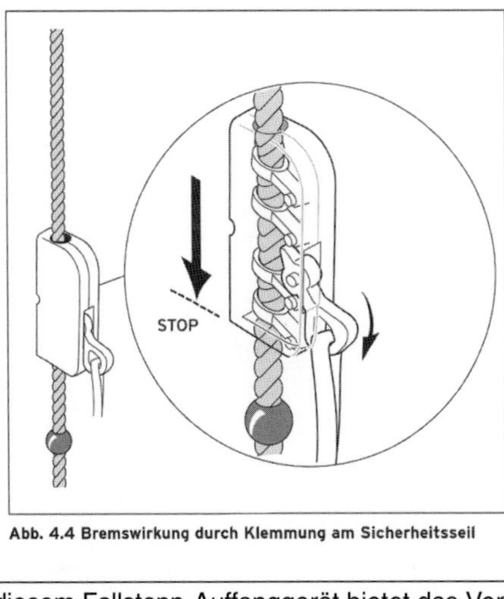

Abb. 4.4 Bremswirkung durch Klemmung am Sicherheitsseil

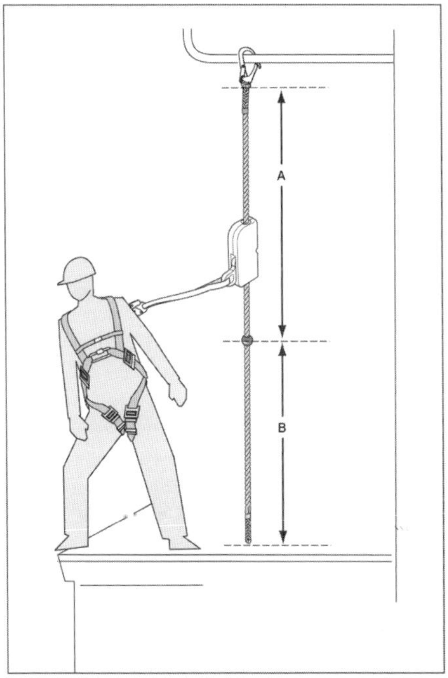

Abb. 4.5 Abmessungen des Sicherheitsseiles

Die maximale Arbeitslänge des Sicherheitsseils beträgt **A** = xy m.

Die Bremsstrecke beträgt **B** = 1,75 m.

Bei diesem Fallstopp-Auffanggerät bietet das Verständnis der Funktionsweise Einsicht in den Auffangfall und hilft, Vertrauen in die Sicherheitseinrichtung herzustellen.
Quelle: tecteam GmbH, Vaillant GmbH, Bedienungsanleitung, Sicherheitsgurt

Technische Unterlagen

Technische Unterlagen

Technische Unterlagen sind Unterlagen, die im Laufe der Konstruktion entstehen und diese festschreiben. Dazu gehören auch Unterlagen, die aus technischer Sicht für Servicezwecke hergestellt werden.

- Konstruktionsunterlagen
  z.B. Konstruktionszeichnungen, Schaltpläne, Stücklisten, Bestückungsplan, Verdrahtungsplan, Codetabellen...
- Serviceunterlagen
  Schaltplan, Ersatzteilliste, Maßzeichnung, Prüfprotokolle, Messpunkte, Flowchart zur Fehlersuche...

Nicht geeignet für Benutzeranleitung!

Technische Unterlagen sind als Anleitung für Benutzer meistens nicht geeignet. In den meisten Fällen sind Fachkenntnisse zum Lesen der Unterlagen erforderlich (einen Schaltplan kann nur ein Fachmann lesen). Nur Fachleute können aus diesen Informationen Handlungen ableiten. So kann beispielsweise der Elektroniker einem Schaltplan lesen und die relevanten Prüfpunkte heraussuchen. Er weiß dann, wie er messen muss und was er tun kann, wenn die Messung ein abweichendes Ergebnis liefert.

Für Beschaffung, Service oder zur allgemeinen Dokumentation

Technische Unterlagen können für folgende Zwecke verwendet werden:

- um die Entwicklung zu dokumentieren. Das könnte wichtig sein für Anwender, die das Produkt kaufen wollen (z.B. eine Fabrik-Anlage) oder Anwender, die das Produkt einbauen wollen, z.B. OEM (OEM: Original Equipment Manufacturer, Lieferant von Einbauteilen).
- um dem Servicetechniker Material zur Fehlersuche und -behebung zur Verfügung zu stellen.

Zusammenstellung von technischen Unterlagen

Technische Unterlagen können für folgende Zwecke zusammengestellt werden:

- als Nachweis über die Konstruktion,
- als Unterlage für spätere Umbauten und Erweiterungen,
- als Unterlage für Reparaturarbeiten,
- als Ergänzung der Benutzerdokumentation (z.B. Stückliste für Ersatzteilbestellung),
- als Dokumentation für „Technische Abnehmer", z.B. Dokumentation für OEM-Produkte.

Technische Unterlagen reichen in den meisten Fällen nicht als Benutzer-Dokumentation aus, weil sie keine Tätigkeitsbeschreibungen enthalten und die Unterlagen für die Erklärung von Benutzer-Tätigkeiten nicht geeignet sind.

Beispiele für Technische Unterlagen

Maschinenbau

- Konstruktionszeichnung
- Hydraulikplan
- Ersatzteilliste

Elektrotechnik

- Schaltplan
- Blockschaltbild
- Bestückungsplan
- Kontakt-Belegung

Computer

- Flowchart
- Pflichtenheft
- Schnittstellenbeschreibung

Nicht Thema dieses Buches!
Die Technischen Unterlagen werden hier nicht weiter beschrieben, da sich dieses Buch auf Anleitungen konzentriert.

Beispiele auf den Folgeseiten
Die Beispiele auf den Folgeseiten sollen nur illustrieren, welche Technischen Unterlagen es gibt, dass sie meistens nur Fachleuten hilfreich sind und welche Informationen aus ihnen entnommen werden können.

Beispiel: Technische Unterlagen

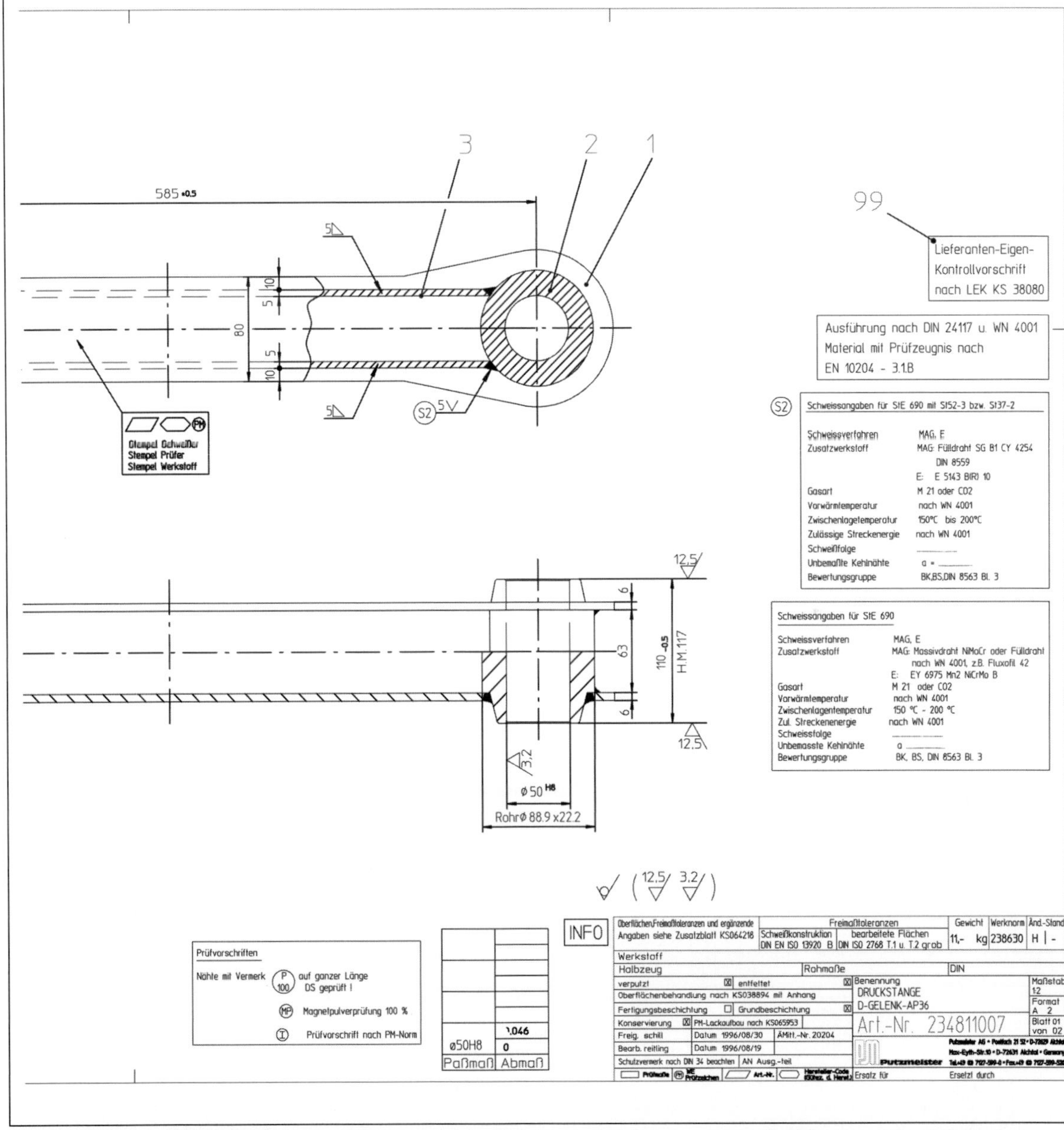

Ausschnitt aus einer Konstruktionszeichnung. Solche Zeichnungen können nur von Fachleuten „gelesen" werden.
Quelle: Putzmeister AG

Beispiel: Technische Unterlagen

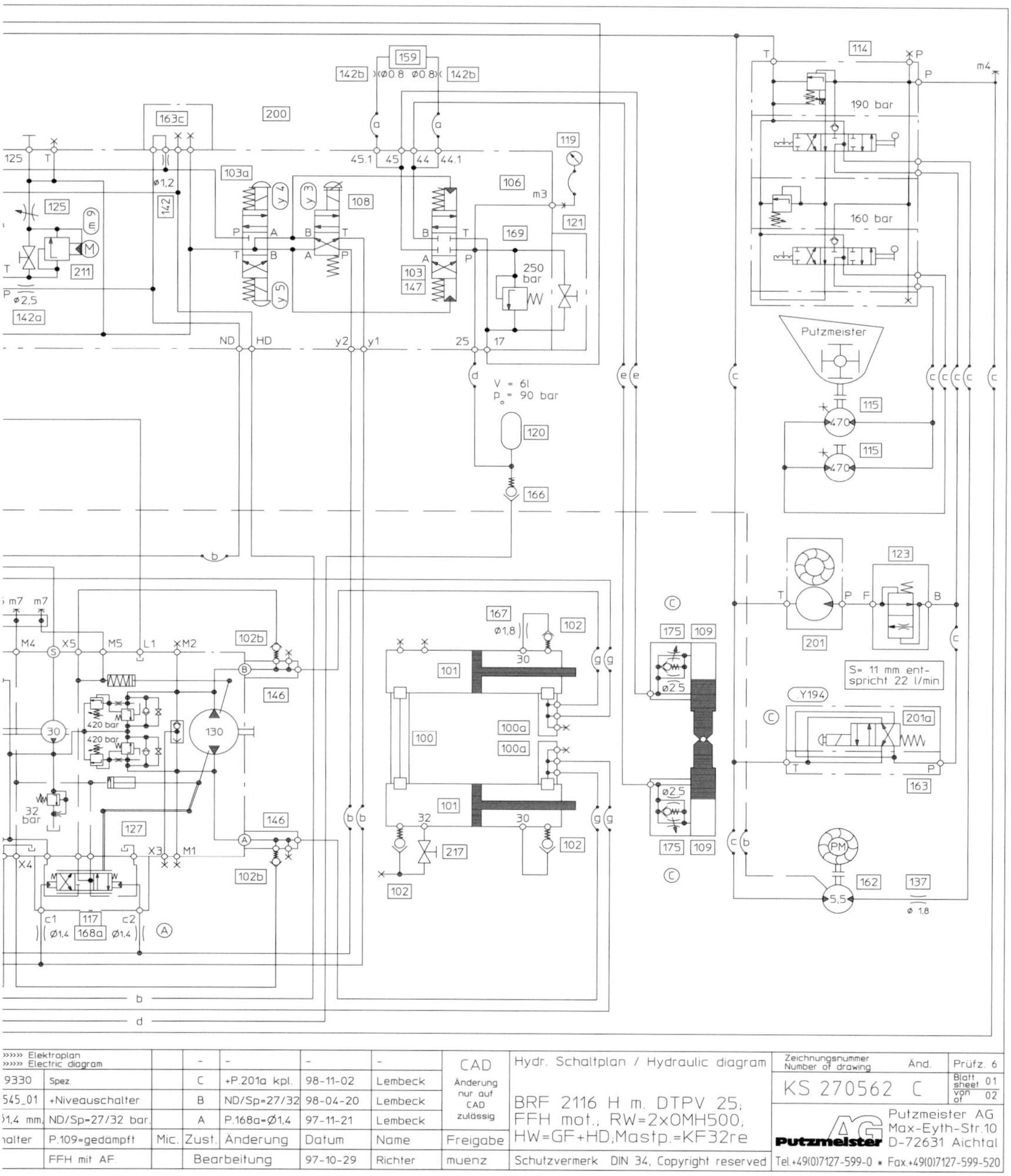

Ausschnitt aus einem Hydraulik-Schaltplan. Der Fachmann kann hier wichtige Informationen entnehmen, z.B. zur Fehlersuche und für Reparaturen. Quelle: Putzmeister AG

Beispiel: Technische Unterlagen

12.1 Kennlinien

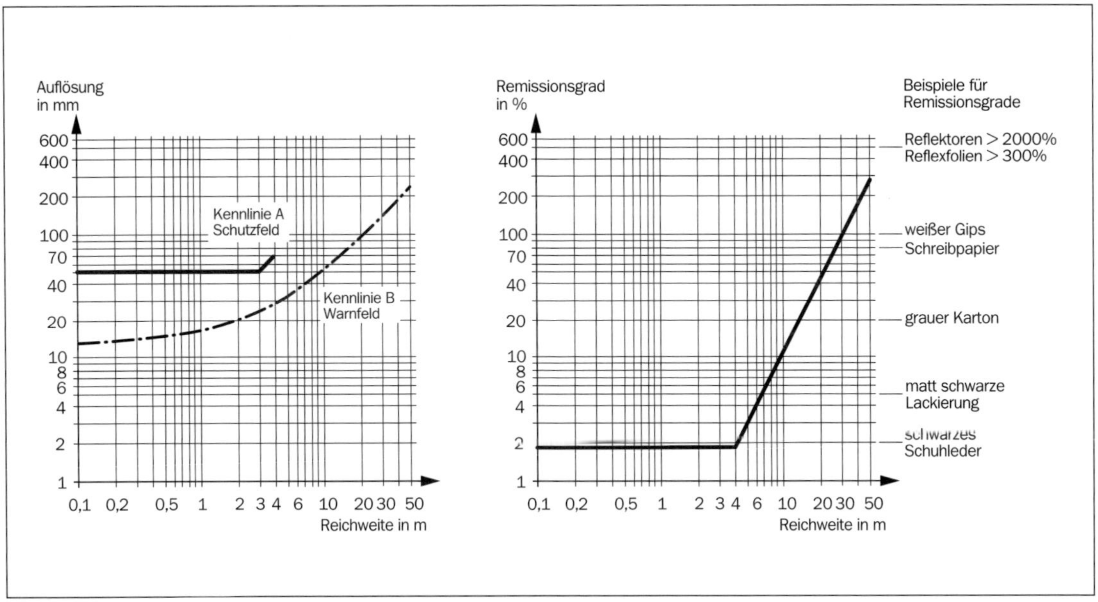

Kennlinien:
Zusammenhang zwischen Reflektivität des Objekts, Reichweite und auflösbarem Objekt-Durchmesser.
Der angegebene Remissionsgrad bezieht sich auf eine maximal verschmutzte Frontscheibe (worst case).

Kennlinien zeigen technische Zusammenhänge. Sie dienen zur Planung oder zum Verständnis der Funktionsweise.
Quelle: SICK AG

Beispiel: Technische Unterlagen

2.6. Aufstellplan CTX 400 E mit Reitstock
2. Erforderliche vorbereitende Maßnahmen

GILDEMEISTER
Drehmaschinen GmbH

2.6. Aufstellplan CTX 400 E mit Reitstock

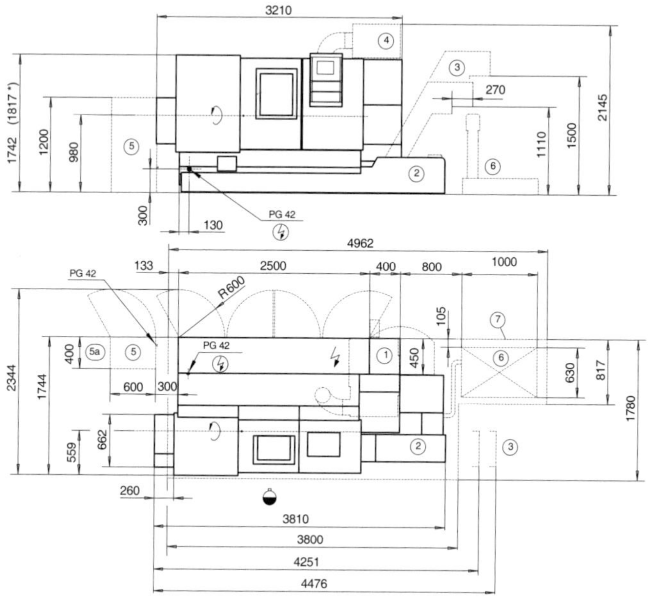

Abbildung 1-2 Maßstab 1:50 B1039824

ⓘ	Schaltschrankanschluß rückseitig	③	Späneförderer
ϟ	Schaltschrank	④	Ölnebelabscheider (Option)
↻	Drehmitte	⑤	Vortrafo (Option)
◓	Bedienungsseite	⑤a	Hauptschalter am Vortrafo
①	Hydraulik-Aggregat	⑥	Kühlmitteltank (Option)
②	Spänewanne mit Kühlmittelbehälter	⑦	Ölwanne (Option)

* Nur Maschinen mit Y-Achse

Seite 8 V 2.1 Doku.-Nr.: AAF002D1 Planungsunterlage CTX 400 E /Serie 2

Die Maßzeichnung dient z.B. zur Planung der Maschine. Bei dieser Drehmaschine kann der Aufstellungsort entsprechend dem Platzbedarf ausgesucht und vorbereitet werden. Quelle: Gildemeister Drehmaschinen GmbH

Beispiel: Technische Unterlagen

Ersatzteilliste / Spare Parts List / Catalogue de pièces **GEORG**

Schiebezylinder
Sliding cylinder
Cylindre coulissant

85S51102

Ausgabe: / Edition: / Edition:
G0007 / 09.94 / GHL 22 TN

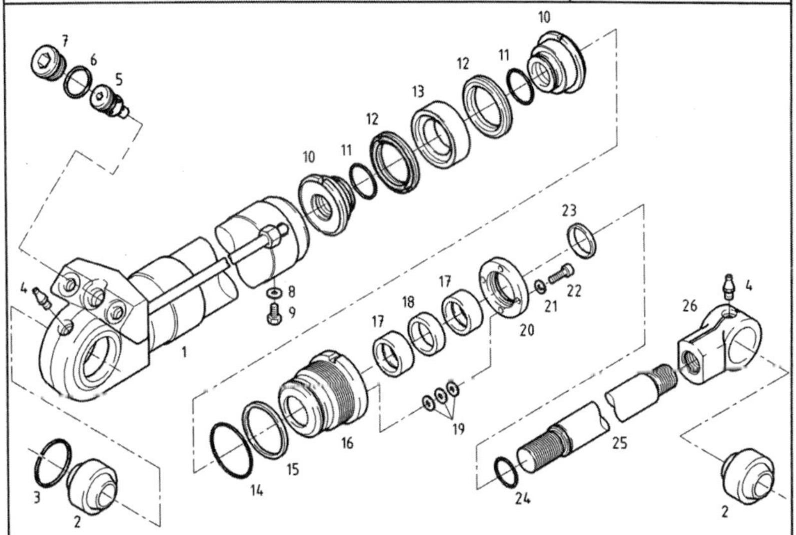

Note Note Nota	Nr. No. No.	Sach-Nr. Part-No. No. pièces	Stk. Qty. Qté.	Benennung	Part Name	Désignation
	1	75008382	1	**Zylindermantel**	outer cylinder	cylindre extérieur
	2	375105	2	**Buchse**	bushing	douille
	3	322640	1	**Sprengring**	retainer ring	anneau de blocage
	4	380240	2	**Schmiernippel**	grease fitting	graisseur
	5	2533663	1	**Rückschlagventil**	non-return valve	soupape de retenue
	6	322884	1	**Dichtring**	seal	bague d'étanchéité
	7	308015	1	**Verschlußschraube**	screw plug	bouchon fileté
	8	322817	1	**Dichtring**	seal	bague d'étanchéité
	9	303469	1	**Sechskantschraube M8x8**	hexagon screw	vis hexagonale
	10	75008376	2	**Kolbenmutter**	piston nut	piston écrou
	11	330405	2	**O-Ring 54x3**	O-ring	joint torique
	12	332875	2	**Nutring**	groove ring	joint à lèvres
	13	75008377	1	**Kolbenmittelstück**	piston guide ring	baque de guidage piston
	14	330890	1	**O-Ring 82x4**	O-ring	joint torique
	15	3326075	1	**Backring**	ring	anneau
	16	75008375	1	**Führungsmutter**	guide nut	guide écrou
	17	75004627	2	**Buchse**	bushing	douille
	18	335500	1	**Dichtring**	seal	bague d'étanchéité
	19	3223525	12	**Ausgleichscheibe**	washer	rondelle
	20	75008378	1	**Spannplatte**	clamping plate	plaquette de serrage
	21	321557	4	**Federring**	lock washer	rondelle-ressort
	22	300414	4	**Zylinderschraube M8x30**	cheese head screw	vis à tête cylindrique
	23	336260	1	**Abstreifring**	oil wiper	segment racleur d'huile
	24	330390	1	**O-Ring 49x3**	O-ring	joint torique
	25	75004684	1	**Kolbenstange**	piston rod	tige de piston
	26	75004630	1	**Kolbenstangenauge**	lug, piston rod	oreille, tige de piston

GEORG Fahrzeugbau GmbH & Co. KG · Rheinstraße 13 · D-57638 Neitersen/Ww · Tel.: (0 26 81) 8 04 - 0 · Fax: (0 26 81) 8 04 10

Aus der Ersatzteilliste können diverse Informationen entnommen werden: Aufbau der Baugruppe, z.B. für die Demontage/Montage, genaue Benennung der Ersatzteile, die Bestellnummer, ggf. Verpackungseinheiten usw.
Quelle: Mix Logistik GmbH

Beispiel: Technische Unterlagen

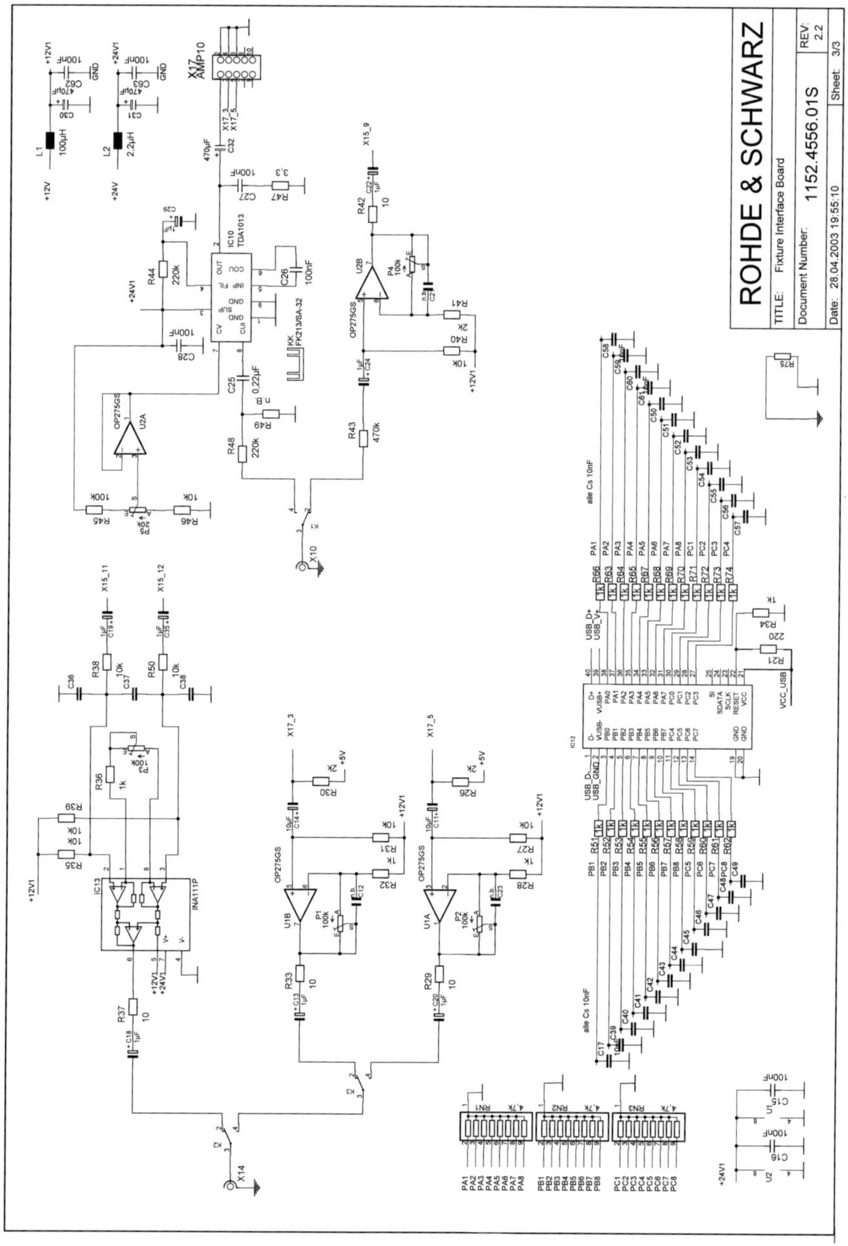

Elektronik-Schaltplan . Der Fachmann kann den Schaltplan „lesen“, um z.B. die Funktionsweise zu verstehen, Fehler zu suchen, Messpunkte zu ermitteln oder Informationen zum Austausch von Teilen zu entnehmen. Quelle: Rohde & Schwarz

Beispiel: Technische Unterlagen

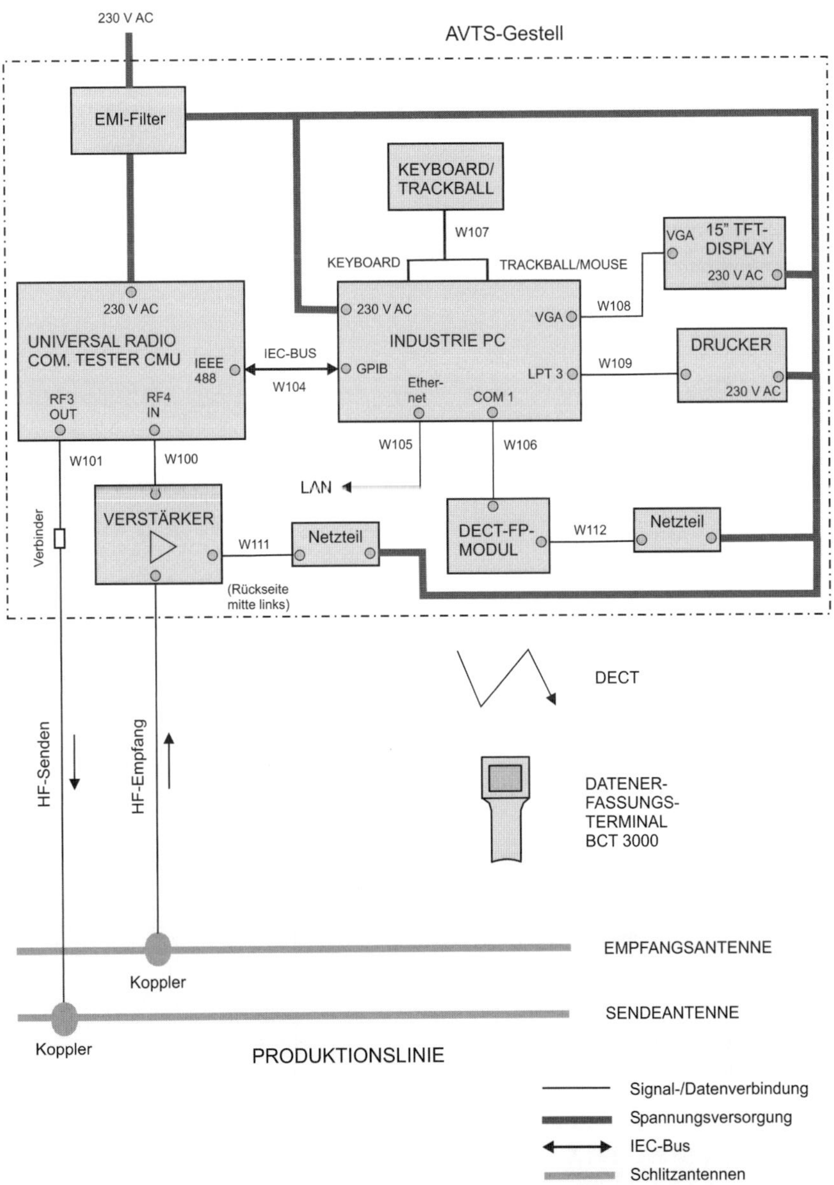

Das Blockschaltbild zeigt die Funktionseinheiten. Aus ihm kann der Techniker die Funktionsweise entnehmen, um z.B. Fehler zu suchen. Das Beispiel zeigt ein Automotive Verification Test System AVTS zur Endkontrolle von Mobiltelefonkomponenten (Antenne, Antennenverstärker und Telefon) in der KFZ-Produktion.
Quelle: Rohde & Schwarz

Beispiel: Technische Unterlagen

IB IL MUX UM

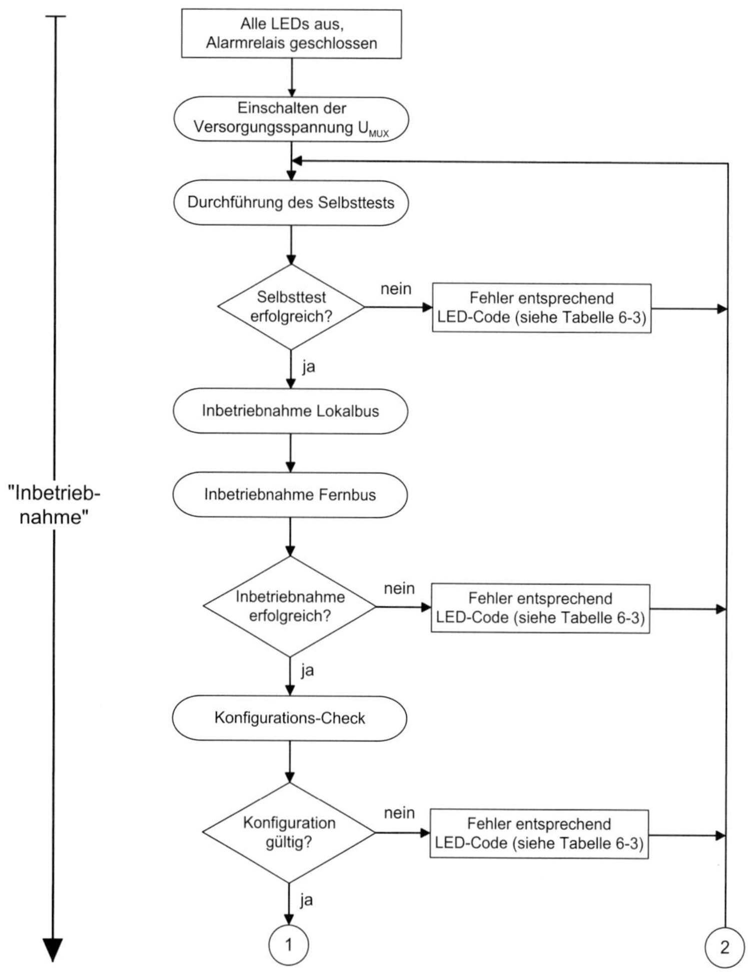

6-14 PHOENIX CONTACT 5981A

Dieses Flowchart zeigt den Ablauf der Inbetriebnahme (Funktionsweise). Dem Servicetechniker hilft diese Information z.B. bei der Fehlerdiagnose.
Quelle: Phoenix Contact GmbH & Co.

Ordnungselemente

Ordnungselemente

Ordnungselemente dienen dem Benutzer dazu, die Reihenfolge in der Bedienungsanleitung zu verstehen und gewünschte Informationen schnell zu finden.

Ordnungselemente helfen bei unterschiedlichen Lesearten

Die gedruckte Anleitung kann vom Anwender auf unterschiedliche Weise benutzt werden:

- Er kann sie von vorne bis hinten lesen (➔ Seitenzahlen).
- Er kann sich orientieren: „in welchem Zusammenhang / Kapitel bin ich gerade?“ (➔ lebender Kolumnentitel).
- Er kann etwas Bestimmtes suchen (➔ Inhaltsverzeichnis, Index).
- Er kann versuchen, nur Kapitel mit neuer Information zu lesen (➔ Zusammenfassung am Anfang des Kapitels).
- Er kann versuchen, die Systematik der Anleitung zu verstehen, um schneller und gezielter vorzugehen (➔ Zu dieser Anleitung).
- Er kann ein bestimmtes Bild oder eine erweiternde Literatur suchen (➔ Bildverzeichnis, Literaturverzeichnis).

Für all diese Fälle gibt es Ordnungselemente, die Sie in Ihre Anleitung einbauen können, um Ihren Benutzer gezielt zu unterstützen.
Im Folgenden sind die Ordnungselemente einzeln beschrieben.

Titelblatt

Das Titelblatt ist die sichtbare Vorderseite der Anleitung.

Zweck

Das Titelblatt dient dem Benutzer für folgende Zwecke:
- schnelles Finden der richtigen Anleitung,
- Identifikation (Die Anleitung passt zum Gerät).

Ausführung

Das Titelblatt besteht meistens aus folgenden Elementen:

Struktur: Titelblatt	
	Beispiele, Hinweise
Titel	*Bedienungsanleitung*
genaue Gerätebezeichnung	*SP660, SP661*
ggf. Sprache der Anleitung	*Deutsch*
Abbildung des Gerätes als Foto oder Zeichnung	
Firma als Schriftzug oder Logo	*Siemens*
ggf. Zielgruppe der Anleitung	*Anwender*
ggf. Ziel der Anleitung	*Inbetriebnahme, Benutzung, Wartung*
ggf. Leseaufforderung	*Unbedingt Bedienungsanleitung vor erster Inbetriebnahme lesen! Sicherheitshinweise beachten!*

Das Titelblatt kann zusätzlich dekorativ gestaltet sein.
Titelblätter sind meistens nach einer CI gestaltet.

Beispiel: Titelblatt

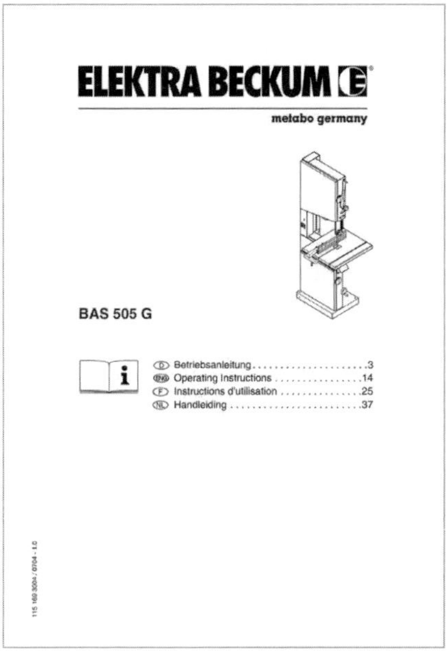

Unterschiedliche Titelblätter. Gut ist es, wenn die Anleitung schnell und eindeutig dem Gerät zugeordnet werden kann. Quellen: Olympus Europa GmbH; ZINDEL AG, Metabo - Elektra Beckum; Riedel GmbH, Metso Lindemann GmbH; Moeller GmbH

Inhaltsverzeichnis

Das Inhaltsverzeichnis ist die übersichtliche Zusammenstellung der Kapitelüberschriften.

Zweck

Das Inhaltsverzeichnis erfüllt mehrere Aufgaben:
- Es bietet einen inhaltlichen Überblick.
- Es zeigt die vom Autor gewählte Struktur.
- Es ermöglicht, einen Inhalt zu suchen und direkt aufzuschlagen.

Ausführung

Struktur: Inhaltsverzeichnis	
	Beispiele, Hinweise
Überschrift	*Inhaltsverzeichnis*
ggf. Kapitelnummer	*1.3.15*
Kapitelüberschrift	
ggf. Füllzeichen	. . . . .
Seitenzahl	*15*

Tipps

- Das Inhaltsverzeichnis sollte alle Kapitelüberschriften bis zur zweiten oder dritten Ebene enthalten.
- Weitere Ebenen können im Text vorkommen, sollten aber im Inhaltsverzeichnis nicht erscheinen.
- Das Inhaltsverzeichnis enthält sich selbst („Inhaltsverzeichnis") nicht.
- Das Inhaltsverzeichnis sollte möglichst kurz sein (wenige Seiten), um einen guten Überblick über den Inhalt zu geben.
- Das Inhaltsverzeichnis wird typografisch gestaltet, so dass die hierarchische Gliederung deutlich wird.
- Die Verwendung von Kapitelnummern (z.B. 1.3.15) wird unterschiedlich bewertet.
  - **Contra Nummerierung:**
    „Nummerierung ist nicht mehr nötig, weil die Ordnung über die typografische Gestaltung der Kapitelüberschriften gezeigt werden kann." Außerdem: Die Nummerierung wird von vielen Benutzern nicht verstanden.
  - **Pro Nummerierung:**
    „Die Nummerierung ist wichtig, um zwischen Kapiteln verweisen zu können." Außerdem: Die Nummerierung ermöglicht eindeutige Verweise zwischen Papier und Online-Dokumentation, z.B. beim Telefonat mit der Hotline: Schlagen Sie bitte Kapitel 1.3.15 auf.
- Bei kurzen Anleitungen (mit weniger als 30 Seiten) kann auf ein Inhaltsverzeichnis verzichtet werden.

Verwenden Sie aussagekräftige Kapitelüberschriften. Nicht gut sind Überschriften wie: Einleitung, Allgemeines, Anmerkungen...

Praktische Tipps

- Erstellen Sie das Inhaltsverzeichnis immer automatisch mit Hilfe der entsprechenden Textverarbeitungs-Funktion (bzw. DTP). Voraussetzung: Die Überschriften müssen entsprechende Formate haben.
- Nur wenn das Inhaltsverzeichnis automatisch generiert ist, werden auch andere Automatiken wirksam, z.B.: Links in PDF, Verlinkung beim Generieren von HTML usw.

Beispiel: Inhaltsverzeichnis

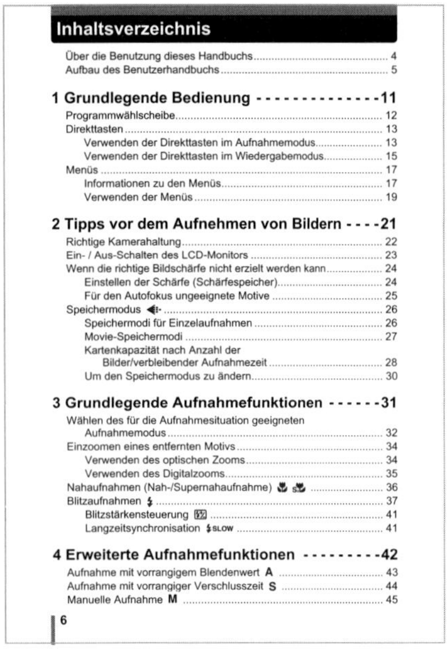

Inhaltsverzeichnis

6

DEUTSCH

Inhaltsverzeichnis

2. Zuerst lesen!

Diese Betriebsanleitung wurde so erstellt, dass Sie schnell und sicher mit Ihrem Gerät arbeiten können. Hier ein kleiner Wegweiser, wie Sie diese Betriebsanleitung lesen sollten:

- Lesen Sie diese Betriebsanleitung vor der Inbetriebnahme ganz durch. Beachten Sie insbesondere die Sicherheitshinweise.
- Diese Betriebsanleitung richtet sich an Personen mit technischen Grundkenntnissen im Umgang mit Geräten wie dem hier beschriebenen. Wenn Sie keinerlei Erfahrung mit solchen Geräten haben, sollten Sie zunächst die Hilfe von erfahrenen Personen in Anspruch nehmen.
- Bewahren Sie alle mit diesem Gerät gelieferten Unterlagen auf, damit Sie sich bei Bedarf informieren können. Bewahren Sie den Kaufbeleg für eventuelle Garantiefälle auf.
- Wenn Sie das Gerät einmal verleihen oder verkaufen, geben Sie alle mitgelieferten Geräteunterlagen mit.
- Für Schäden, die entstehen, weil diese Betriebsanleitung nicht beachtet wurde, übernimmt der Hersteller keine Haftung.

Die Informationen in dieser Betriebsanleitung sind wie folgt gekennzeichnet:

Gefahr!
Warnung vor Personenschäden oder Umweltschäden.

Stromschlaggefahr!
Warnung vor Personenschäden durch Elektrizität.

Einzugsgefahr!
Warnung vor Personenschäden durch Erfassen von Körperteilen oder Kleidungsstücken.

Achtung!
Warnung vor Sachschäden.

Hinweis:
Ergänzende Informationen.

- Zahlen in Abbildungen (1, 2, 3, ...)
  - kennzeichnen Einzelteile;
  - sind fortlaufend durchnummeriert;
  - beziehen sich auf entsprechende Zahlen in Klammern **(1)**, **(2)**, **(3)** ... im benachbarten Text.
- Handlungsanweisungen, bei denen die Reihenfolge beachtet werden muss, sind durchnummeriert.
- Handlungsanweisungen mit beliebiger Reihenfolge sind mit einem Punkt gekennzeichnet.
- Auflistungen sind mit einem Strich gekennzeichnet.

3. Sicherheit

3.1 Bestimmungsgemäße Verwendung

Das Gerät ist geeignet für das Schneiden von Holz, holzähnlichen Werkstoffen und Kunststoffen.

Runde Werkstücke dürfen nur mit geeigneter Haltevorrichtung quer zur Längsachse gesägt werden, da sie durch das umlaufende Sägeblatt verdreht werden können.

Beim Hochkantsägen von flachen Werkstücken muss ein geeigneter Anschlagwinkel zur sicheren Führung verwendet werden.

Jede andere Verwendung gilt als bestimmungswidrig. Für Schäden, die durch bestimmungswidrige Verwendung entstehen, übernimmt der Hersteller keine Verantwortung.

Umbauten an diesem Gerät oder der Gebrauch von Teilen, die nicht vom Hersteller geprüft und freigegeben sind, können beim Betrieb zu unvorhersehbaren Schäden führen.

3.2 Allgemeine Sicherheitshinweise

- Beachten Sie beim Gebrauch dieses Gerätes die folgenden Sicherheitshinweise, um Gefahren für Personen oder Sachschäden auszuschließen.
- Beachten Sie die speziellen Sicherheitshinweise in den jeweiligen Kapiteln.
- Beachten Sie gegebenenfalls gesetzliche Richtlinien oder Unfallverhütungs-Vorschriften für den Umgang mit Bandsägen.

Allgemeine Gefahren!

- Halten Sie Ihren Arbeitsbereich in Ordnung – Unordnung im Arbeitsbereich kann Unfälle zur Folge haben.
- Seien Sie aufmerksam. Achten Sie darauf, was Sie tun. Gehen Sie mit Vernunft an die Arbeit. Benutzen Sie das Gerät nicht, wenn Sie unkonzentriert sind.
- Berücksichtigen Sie Umgebungseinflüsse. Sorgen Sie für gute Beleuchtung.
- Vermeiden Sie abnormale Körperhaltung. Sorgen Sie für sicheren Stand und halten Sie jederzeit das Gleichgewicht.
- Benutzen Sie bei langen Werkstücken geeignete Werkstückauflagen.
- Benutzen Sie dieses Gerät nicht in der Nähe von brennbaren Flüssigkeiten oder Gasen.
- Das Gerät darf nur von Personen in Betrieb gesetzt und benutzt werden,

4

metso minerals

Inhalt

Metso Lindemann GmbH V-1

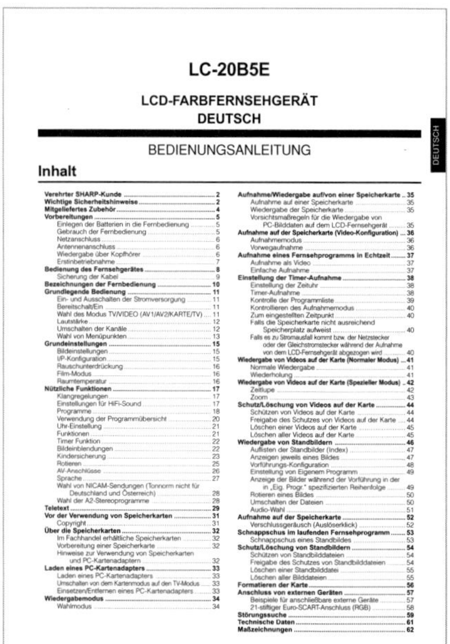

LC-20B5E

LCD-FARBFERNSEHGERÄT
DEUTSCH

BEDIENUNGSANLEITUNG

DEUTSCH

Inhalt

Unterschiedlich gestylte Inhaltsverzeichnisse. Wichtig ist die Übersichtlichkeit und die deutliche Struktur.
Quellen: Olympus Europa GmbH, Camedia C-70 ZOOM; ZINDEL AG, Metabo - Elektra Beckum;
Riedel GmbH, Metso Lindemann GmbH; Sharp Electronics Europe GmbH, Bedienungsanleitung LC-20B5E

Zu dieser Anleitung

Das Kapitel „Zu dieser Anleitung" ist eine Anleitung zur Anleitung. Hier wird erklärt, wie die Anleitung aufgebaut ist und wie sie sinnvoll benutzt werden kann.

Zweck

Eine Anleitung zur Anleitung erfüllt folgende Aufgaben:

- Der Benutzer bekommt einen Überblick über den Zweck der Anleitung.
- Der Benutzer erhält praktische Tipps, z.B. was er unbedingt lesen muss, wie die Anleitung geordnet ist usw.
- Die Schreibweise wird erklärt.
- Die verwendeten Symbole werden erklärt.

Ausführung

Struktur: Zu dieser Anleitung	
	Beispiele, Hinweise
Zielgruppe	*...wendet sich an Service-techniker...*
Ziel der Anleitung	*Anleitung zur schnellen Fehler-suche und -behebung.*
Überblick über den Aufbau der Anleitung	*Lernlogische Reihenfolge, so dass Sie sich sukzessive einarbeiten können.* *oder* *Die Befehle sind alphabetisch sortiert dargestellt.*
Praktische Tipps zur Benutzung der Anleitung	*Für eilige Leser:* *Lesen Sie die Seiten 7-12 um die Grundfunktionen kennen zu lernen.*
Erklärung der Schreibweise	
Zeichenerklärung	

Tipps

- Eigentlich sollte die Anleitung selbsterklärend sein und keine Anleitung zur Anleitung benötigen!
- Halten Sie die Anleitung zur Anleitung kurz, sie sollte maximal zwei Seiten umfassen.
- Lange Erklärungen, warum die Anleitung so aufgebaut ist und nicht anders, sind hier unangebracht (stellen Sie solche Informationen ins Vorwort).

Beispiele Anleitung zur Anleitung

Einzelbeispiele ohne Zusammenhang

Für eilige Leser:

Lesen Sie die Seiten 7–12, um die Grundfunktionen kennen zu lernen.

Ordnungssystem:

Alle Befehle sind alphabetisch sortiert dargestellt.

Hinweis für Querleser:

Sie brauchen die Anleitung nicht von vorne bis hinten zu lesen.
Am Anfang jedes Kapitels steht eine Einleitung. Wenn Sie diese Einleitung lesen, können Sie entscheiden, ob das Kapitel für Sie interessant ist.

Erste Schritte:

Wenn Sie zunächst nur telefonieren wollen: Lesen Sie die Seiten 12 und 13. Die weiteren Funktionen können Sie sich später ansehen.

Schreibweise:

Alle Handlungsschritte sind als Punktaufzählung gestaltet.
Sie können sie direkt ausführen, z.B.:

- Drücken Sie die Taste „Menü“.
- Im Display erscheint „Mitteilungen“.
- Blättern Sie bis zum Menüpunkt „Profile“ (Taste „Runter“ mehrmals drücken).

Zeichenerklärung:

Hinweise sind mit einer Hand markiert.

 Dies ist ein Hinweis, der Ihnen helfen soll, die Software ...

Quelle: Dietrich Juhl, für dieses Buch erstellt

Beispiel: Anleitung zur Anleitung

Zu diesem Handbuch

Ziel des Handbuches Die vorliegenden Informationen ermöglichen es Ihnen, eine Inline-Station entsprechend Ihren Anforderungen aufzubauen.

Leserkreis Dieses Handbuch richtet sich an alle, die ein Inline-System innerhalb des INTERBUS projektieren und installieren. Kenntnis des INTERBUS wird dabei vorausgesetzt.

Zusätzliche Literatur Spezielle Informationen
zugehörigen klemmens

Die klemmenspezifisch
im Internet enthalten o

Aktuelle Dokumentation im Internet Stellen Sie sicher, dass
Änderungen oder Ergä
Sie im Internet unter d
Internet wird täglich akt
Datenblätter als die bei

5520B

PH
CO

Inline

Orientierung im Handbuch Um Ihnen die Suche nach bestimmten Informationen zu erleichtern, enthält das Buch folgende Orientierungshilfen:

- Am Anfang des Buches gibt Ihnen das Hauptinhaltsverzeichnis einen Überblick über alle Themen.
- Am Anfang jedes Kapitels finden Sie ein Kapitelinhaltsverzeichnis.
- In den Kapiteln finden Sie in den linken Spalten Stichworte zu den behandelten Themen im Abschnitt.
- Am Ende des Handbuches sind INTERBUS-typische Fachwörter und verwendete Abkürzungen und Symbole erklärt.
- Im Verzeichnisanhang finden Sie jeweils eine Liste aller Abbildungen und Tabellen. Außerdem erleichtert Ihnen das Stichwortverzeichnis das Suchen nach speziellen Begriffen.

Inhalt dieses Handbuches Zu Beginn des Handbuches erhalten Sie eine Einführung in die Grundlagen von Inline.

In den weiteren Kapiteln erhalten Sie allgemeine Informationen, die für alle Klemmen oder Klemmengruppen der Produktfamilie Inline gelten. Dazu gehören folgende Themen:

- Übersicht über die Inline-Produktgruppen
- Aufbau der Klemmen
- Montage und Verdrahtung der Klemmen
- Gemeinsame technische Daten

Gültigkeit der Dokumentation Dieses Handbuch enthält hauptsächlich eine Beschreibung der Klemmen des Inline-Systems, die zum Zeitpunkt der Herausgabe verfügbar sind.

Phoenix Contact behält sich Erweiterungen des Systems und Änderungen, die dem technischen Fortschritt dienen, vor. Diese werden bis zur Veröffentlichung einer neuen Revision des Handbuches im Internet unter der Adresse *http://www.phoenixcontact.com* dokumentiert.

PHOENIX CONTACT

5520B

In diesem Kapitel (hier „Zu diesem Handbuch“) sind alle Informationen zum Umgang mit der Anleitung zusammengefasst.
Quelle: Phoenix Contact GmbH & Co.

Beispiel: Anleitung zur Anleitung

2. Zuerst lesen!

Diese Betriebsanleitung wurde so erstellt, dass Sie schnell und sicher mit Ihrem Gerät arbeiten können. Hier ein kleiner Wegweiser, wie Sie diese Betriebsanleitung lesen sollten:

- Lesen Sie diese Betriebsanleitung vor der Inbetriebnahme ganz durch. Beachten Sie insbesondere die Sicherheitshinweise.
- Diese Betriebsanleitung richtet sich an Personen mit technischen Grundkenntnissen im Umgang mit Geräten wie dem hier beschriebenen. Wenn Sie keinerlei Erfahrung mit solchen Geräten haben, sollten Sie zunächst die Hilfe von erfahrenen Personen in Anspruch nehmen.
- Bewahren Sie alle mit diesem Gerät gelieferten Unterlagen auf, damit Sie sich bei Bedarf informieren können. Bewahren Sie den Kaufbeleg für eventuelle Garantiefälle auf.
- Wenn Sie das Gerät einmal verleihen oder verkaufen, geben Sie alle mitgelieferten Geräteunterlagen mit.
- Für Schäden, die entstehen, weil diese Betriebsanleitung nicht beachtet wurde, übernimmt der Hersteller keine Haftung.

Die Informationen in dieser Betriebsanleitung sind wie folgt gekennzeichnet:

Gefahr!
Warnung vor Personenschäden oder Umweltschäden.

Stromschlaggefahr!
Warnung vor Personenschäden durch Elektrizität.

Einzugsgefahr!
Warnung vor Personenschäden durch Erfassen von Körperteilen oder Kleidungsstücken.

Achtung!
Warnung vor Sachschäden.

Hinweis:
Ergänzende Informationen.

- Zahlen in Abbildungen (**1**, **2**, **3**, ...)
  - kennzeichnen Einzelteile;
  - sind fortlaufend durchnummeriert;
  - beziehen sich auf entsprechende Zahlen in Klammern **(1)**, **(2)**, **(3)** ... im benachbarten Text.
- Handlungsanweisungen, bei denen die Reihenfolge beachtet werden muss, sind durchnummeriert.
- Handlungsanweisungen mit beliebiger Reihenfolge sind mit einem Punkt gekennzeichnet.
- Auflistungen sind mit einem Strich gekennzeichnet.

Dieses Kapitel gibt Hinweise zum Lesen der Anleitung.
Quelle: ZINDEL AG, Metabo - Elektra Beckum, Betriebsanleitung BAS 505 G

Seitenzahlen

Zweck

Seitenzahlen helfen dem Leser, eine bestimmte Seite schnell zu finden.

Ausführung

- Normalerweise stehen die Seitenzahlen in der Fußzeile außen (linke Seite: linksbündig, rechte Seite: rechtsbündig).
- Die Anleitung ist kontinuierlich durchnummeriert. Auch leere Seiten haben eine Nummer.
  (Leere Seiten müssen als solche erkenntlich sein, da sonst der Leser nicht weiß, ob die Seite absichtlich oder versehentlich leer ist. Das erreicht man z.B. durch Fortführung der Kopf- und Fußzeilen.)
- Die Zählung beginnt immer auf einer rechten Seite mit 1.
  Dadurch haben alle rechten Seiten ungerade Seitenzahlen.
- Titelblatt, Vorwort und Inhaltsverzeichnis werden nicht mitnummeriert. Sie können separat gezählt werden. Gebräuchlich ist es, sie mit römischen Zahlen zu nummerieren (I, II, III, IV ...).

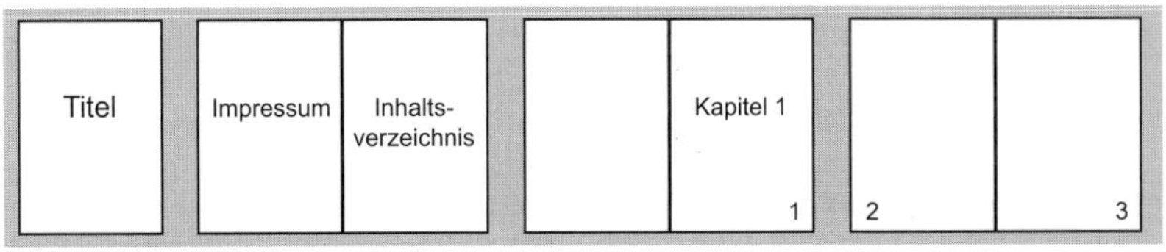

Nummerierung bei einseitigem Druck

Bei einseitigem Druck gibt es nur rechte Seiten.

- Die Seitenzahlen stehen rechts außen in der Fußzeile.
- Alle Seiten sind nummeriert (die Rückseiten sind leer und nicht nummeriert).
- Titelblatt, Vorwort und Inhaltsverzeichnis werden nicht mitnummeriert.

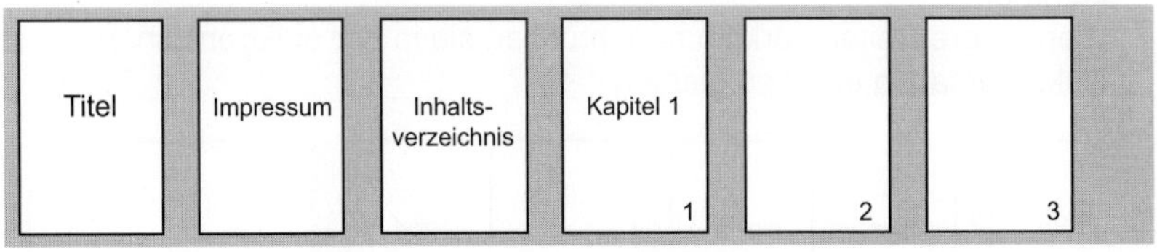

Kapitelweise Seitennummerierung

Eine kapitelweise Nummerierung kann in folgenden Fällen sinnvoll sein:

- Bei umfangreicher Dokumentation.
- Bei Loseblattsammlungen, die auch seitenweise ergänzt werden.
- Wenn die Anleitung änderungsanfällig ist.
- Beispiel: 1-1, 1-2, 1-3 ... 2-1, 2-2 ...
  - **Vorteil**
    Bei Änderungen (mehr oder weniger Seiten) ändern sich nur die Seitenzahlen in diesem Kapitel. Dadurch muss nur das eine Kapitel ausgetauscht werden.
  - **Nachteile**
    Die „zweiteilige“ Seitenzahl ist für den Anwender schwieriger zu handhaben.
    Es kann Probleme bei elektronischer Dokumentation geben, weil die aufgedruckten Seitenzahlen und die Seitenanzeige im elektronischen Dokument nicht übereinstimmen.

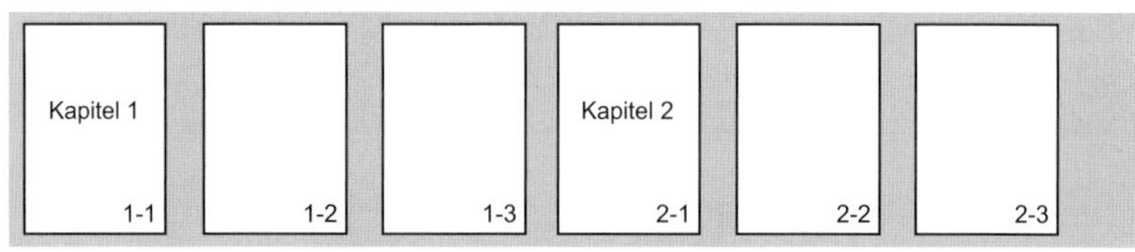

Nummerierung bei elektronischer Dokumentation

Wenn eine Anleitung als Papier- und gleichzeitig als elektronische Anleitung (PDF) erstellt wird, sollten die aufgedruckten Seitenzahlen den im elektronischen Dokument angezeigten Seitenzahlen entsprechen.
Daraus folgt:

- Die Anleitung sollte von vorn durchnummeriert werden (Titelblatt = Seite 1).
- In der Papieranleitung sollten möglichst keine leeren Seiten vorkommen.
- Wenn leere Seiten vorkommen, müssen sie in der elektronischen Dokumentation erhalten bleiben.

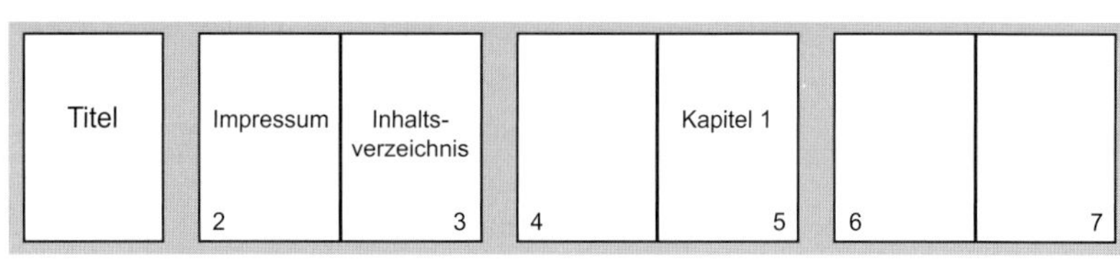

Register

Register sind ausgeführte oder mitgedruckte Zugriffshilfen für Kapitel.

Zweck

Register heben die Kapitelunterteilung für den Leser deutlicher hervor, und ermöglichen ihm einem schnelleren Zugriff auf bestimmte Kapitel.

Ausführung

Registerübersicht am Anfang

Auf der ersten Seite steht eine Kapitelübersicht. Die Überschriften stehen auf der richtigen Höhe der Register, so dass der Benutzer direkt auf das Kapitel zugreifen kann (siehe Beispiel).

Telefonbuchregister

Telefonbuchregister sind aufgedruckte Register (schwarzer Kasten am Papierrand). Dabei ist erforderlich, dass der Drucker bis zum Papierrand druckt oder das Papier nach dem Drucken beschnitten wird.

Kartonregister

Beim Kartonregister steht die Zugriffslasche über den Papierrand hervor. Die Verwendung ist nur in Ringbüchern möglich.

Gestanzte Register

Bei gestanzten Registern sind die Seiten kapitelweise beschnitten. Solche Register sind teuer in der Herstellung.

Tipps

Kartonregister können bei manchen Schnelldruckern automatisch bedruckt und einsortiert werden.

Beispiel: Register

Das mitgedruckte Register macht die Einteilung deutlich und ermöglicht einen schnellen Zugriff. Quelle: BMW AG, Betriebsanleitung BMW 520

Beispiel: Register

• Lesehinweise und Inhalt vertauschen! • Bessere graf. Zuordnung.

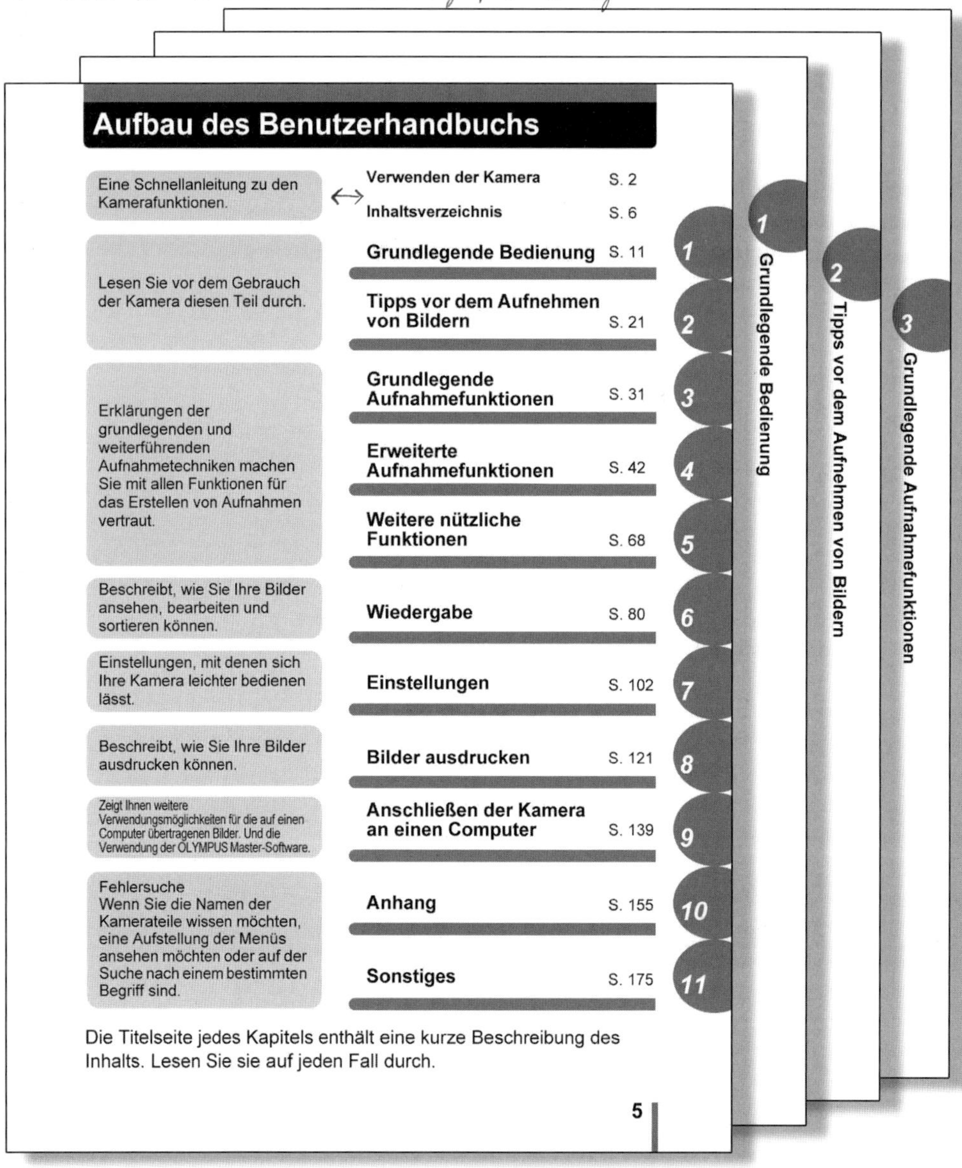

Aufbau des Benutzerhandbuchs

Eine Schnellanleitung zu den Kamerafunktionen. ↔	Verwenden der Kamera	S. 2
	Inhaltsverzeichnis	S. 6
Lesen Sie vor dem Gebrauch der Kamera diesen Teil durch.	1 Grundlegende Bedienung	S. 11
	2 Tipps vor dem Aufnehmen von Bildern	S. 21
Erklärungen der grundlegenden und weiterführenden Aufnahmetechniken machen Sie mit allen Funktionen für das Erstellen von Aufnahmen vertraut.	3 Grundlegende Aufnahmefunktionen	S. 31
	4 Erweiterte Aufnahmefunktionen	S. 42
	5 Weitere nützliche Funktionen	S. 68
Beschreibt, wie Sie Ihre Bilder ansehen, bearbeiten und sortieren können.	6 Wiedergabe	S. 80
Einstellungen, mit denen sich Ihre Kamera leichter bedienen lässt.	7 Einstellungen	S. 102
Beschreibt, wie Sie Ihre Bilder ausdrucken können.	8 Bilder ausdrucken	S. 121
Zeigt Ihnen weitere Verwendungsmöglichkeiten für die auf einen Computer übertragenen Bilder. Und die Verwendung der OLYMPUS Master-Software.	9 Anschließen der Kamera an einen Computer	S. 139
Fehlersuche Wenn Sie die Namen der Kamerateile wissen möchten, eine Aufstellung der Menüs ansehen möchten oder auf der Suche nach einem bestimmten Begriff sind.	10 Anhang	S. 155
	11 Sonstiges	S. 175

Die Titelseite jedes Kapitels enthält eine kurze Beschreibung des Inhalts. Lesen Sie sie auf jeden Fall durch.

5

Das mitgedruckte Register ermöglicht einen schnellen Zugriff auf die Kapitel.
Gut ist auch diese Übersicht über die Kapitel mit den Lesehinweisen links.
Quelle: Olympus Europe GmbH, Bedienungsanleitung Camedia C-70 ZOOM

Lebende Kolumnentitel

Lebende Kolumnentitel sind die Wiederholungen der aktuellen Kapitelüberschrift in der Kopf- oder Fußzeile.

Zweck

Lebende Kolumnentitel dienen dem Leser zur Orientierung, in welchem Kapitel er sich gerade befindet.

Ausführung

- Lebende Kolumnentitel werden meistens in der Kopfzeile außen dargestellt.
- Viele Text- und DTP-Programme ermöglichen, dass lebende Kolumnentitel automatisch gesetzt werden.
- Je nach Struktur erscheint die erste, zweite oder dritte Kapitelebene als lebender Kolumnentitel.
- Der lebende Kolumnentitel erscheint auf der ersten Seite des Kapitels nicht, damit man beim Durchblättern die Kapitelanfänge deutlich erkennt.

Praktische Tipps

- Lebende Kolumnentitel sind problematisch bei langen Überschriften, da sie nicht mehr in die Kopfzeile passen.
- Lebende Kolumnentitel sind überflüssig, wenn das Buch nur aus zwei Kapiteln besteht.

- Generell: - Kolumnentitel (Kopfzeile) sollten eher dezent gehalten werden
  - Einsatz von Symbolen (kl. Grafiken), wenn diese aussagekräftig sind

⇓

Anlegen einer Symbolbibliothek sinnvoll!
(speziell beim Kunden)

Beispiel: Lebende Kolumnentitel

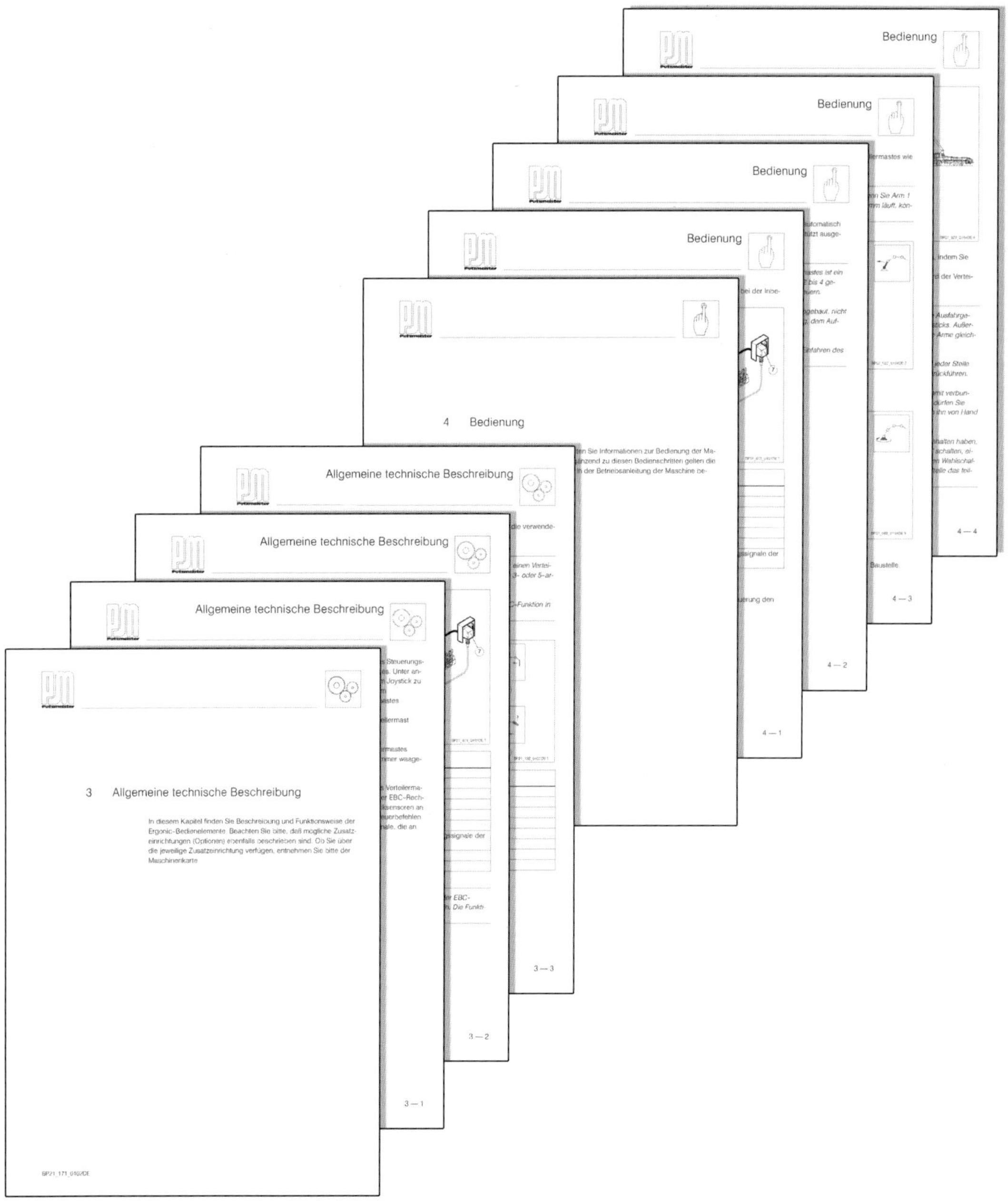

Der lebende Kolumnentitel zeigt, in welchem Kapitel man sich gerade befindet. Er ist auf der ersten Seite des Kapitels ausgeblendet!
Quelle: Putzmeister AG

Beispiel: Lebende Kolumnentitel

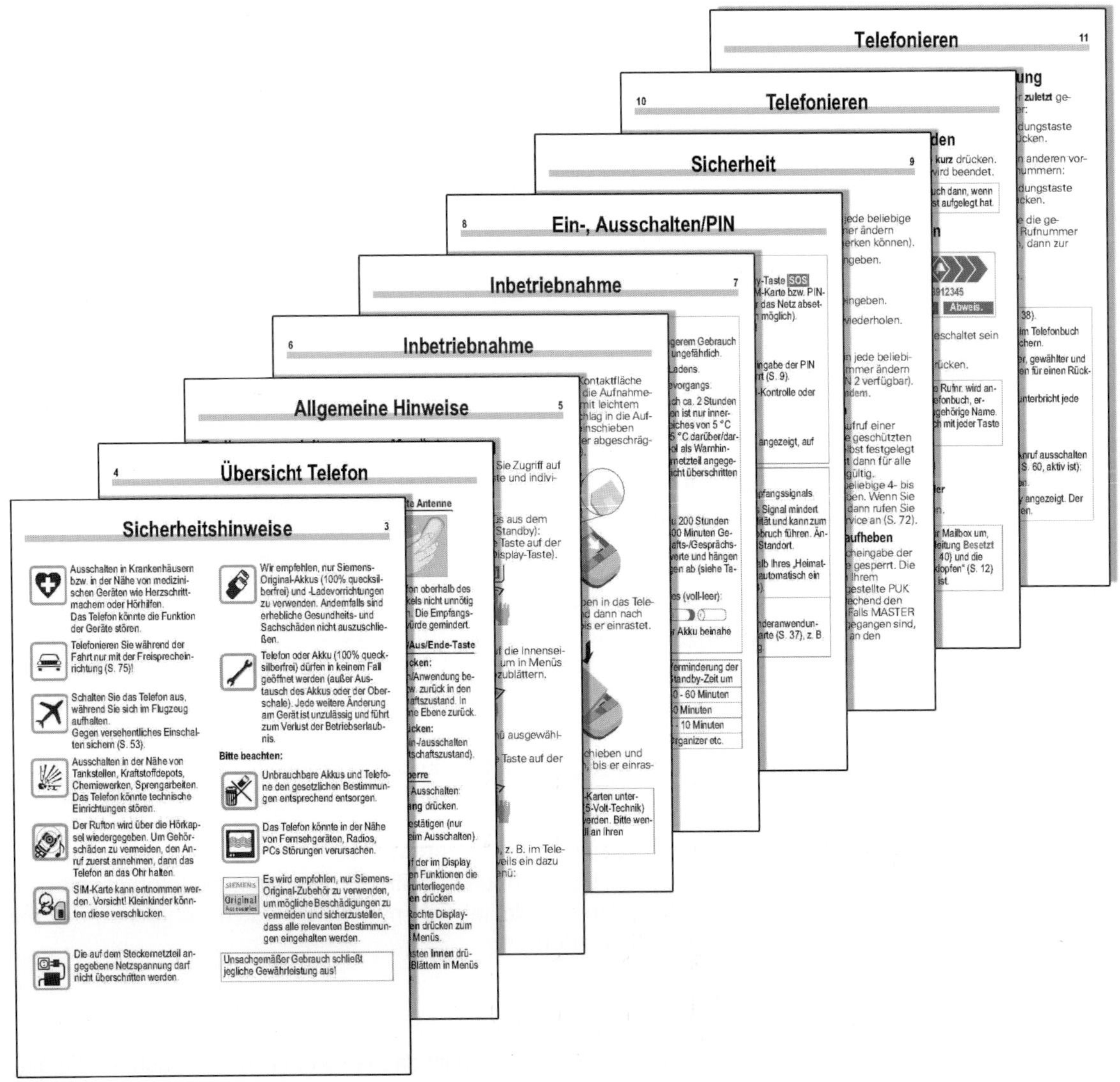

In vielen Anleitungen ist es üblich, nur lebende Kolumnentitel zu setzen und keine Überschriften.
Nachteil: Der Anfang des Kapitels ist nicht sofort erkennbar. Beachten Sie jeweils die beiden Seiten „Inbetriebnahme" und „Telefonieren".
Quelle: Siemens AG, C45

Bildverzeichnis

Ein Bildverzeichnis ist die übersichtliche Auflistung aller verwendeten Bilder.

Zweck

Es dient dem Leser zu folgenden Zwecken:
- schnell eine gewünschte Abbildung zu finden,
- Rechte zu einzelnen Bildern nachzuschlagen.

Meines Erachtens sind Bildverzeichnisse meistens überflüssig.

Ausführung

Struktur: Bildverzeichnis	
	Beispiele, Hinweise
Überschrift	*Bildverzeichnis, Abbildungsverzeichnis*
ggf. Kapitelnummer	*3*
ggf. Kapitelüberschrift	*Bedienteile*
Bild-Nummer	*3-2*
Bildtitel	*Steuerpult*
ggf. Rechteinhaber	*(Foto: C. Meyer)*
Seitenzahl	*33*

Praktische Tipps

Ein Bildverzeichnis ist nur sinnvoll, wenn die Bildunterschrift „kurz und knackig" und geeignet ist, das gesuchte Bild zu finden.

Exkurs: Interessante Bildunterschriften

Bildtitel könnten viel mehr dazu beitragen, Anleitungen interessanter zu machen. So sollte ein Bildtitel nicht nur trocken das beschreiben, was man sowieso sieht, sondern:
- den Blick lenken,
- Schwerpunkte setzen,
- Zusatzinformation geben,

In Zeitungen und Zeitschriften ist das längst üblich. Bitte achten Sie einmal darauf, wie dort Bildtitel benutzt werden. ◆

Beispiel: Bildverzeichnis

Anhang B

B Verzeichnisse

B 1 Abbildungsverzeichnis

Kapitel 1

Kapitel 2

Kapitel 3

5520B PHŒNIX CONTACT B-1

In diesem Bildverzeichnis sind alle Bildtitel nach Kapiteln und Bildnummern geordnet dargestellt.
Quelle: Phoenix Contact GmbH & Co.

Literaturverzeichnis

Ein Literaturverzeichnis ist die übersichtliche Zusammenstellung von benutzter und weiterführender Literatur.

Zweck

Sie dient dem Leser zu folgenden Zwecken:

- Auf welchen Grundlagen hat der Autor die vorliegende Anleitung zusammengestellt?
- Wo kann ich das Wissen zu bestimmten Themen weiter vertiefen?

Ein Literaturverzeichnis ist in „normalen" Anleitungen sicher nicht nötig. Bei spezielleren Geräten, z.B. bei einer Anleitung zu einem Messgerät, kann es aber angebracht sein.

Ausführung

Struktur: Literaturverzeichnis	
	Beispiele, Hinweise
Autorname	*Birkenbihl,*
Vorname	*Vera F.*
Titel	*Kommunikationstraining: zwischenmenschliche Beziehungen erfolgreich gestalten*
Verlag	*mvg-Verlag* (Die Verlagsangabe kann weggelassen werden.)
Ort	*Landsberg am Lech*
Erscheinungsjahr	*1986*

Das Literaturverzeichnis ist autorenweise alphabetisch sortiert.
Es wird folgendermaßen gesetzt:

Birkenbihl, Vera F.: *Kommunikationstraining:* zwischenmenschliche Beziehungen erfolgreich gestalten. mvg-Verlag, Landsberg am Lech, 1986

Index, Stichwortverzeichnis

Der Index ist eine alphabetisch sortierte Liste ausgewählter Suchworte.

Zweck

Der Index erfüllt folgende Aufgabe:

- schnelles Finden eines Inhaltes.

Ausführung

Struktur: Index	
	Beispiele, Hinweise
Überschrift	*Index, Stichwortverzeichnis*
Buchstabe	*S*
Suchwort	*Service*
ggf. Untereintrag	*- Wartungsplan*
ggf. Füllzeichen	. . . .
Seitenzahl	*82*

Der Index ist alphabetisch sortiert.
Er ist meistens in einem anderen Layout gestaltet, mit mehreren Spalten und in einer kleineren Schrift.

Tipps

- Deutliche Trennung zwischen den Buchstaben (Abstand, Linie, großer Buchstabe...)
- Seitenzahlen: mehrere Seitenzahlen durch Komma getrennt, Seite mit der Hauptinformation fett
- Folgende Stichworte sollten enthalten sein:
  - besondere Worte, die im Text vorkommen,
  - Synonyme dazu,
  - alle (!) Begriffe, die am Gerät stehen oder angezeigt werden. (Wenn bei einem PKW das Wort „Inspection" in der Armatur angezeigt wird, sollte auch das Wort „Inspection" im Index stehen.)

Praktische Tipps

- Erstellen Sie den Index erst ganz zum Schluss!
- Benutzen Sie für die Indexerstellung die im Text- bzw. DTP-Programm vorhandene Funktion.
- Tragen Sie die Suchworte als Index-Markierung im Text ein und generieren Sie den Index.
- Die Erstellung eines guten Index ist viel Arbeit und nicht „mal schnell" zu machen.

Beispiel: Index

Stichwortverzeichnis

Index

Fettgedruckte Seitenangaben kennzeichnen einen primären Eintrag, Angaben in normaler Druckweise kennzeichnen einen sekundären Eintrag. *Eine alphabetische Auflistung der Funktionen finden Sie im Funktionsindex, der diesem Index vorangeht.*

Sonderzeichen

Index 299

Links: Der Index in einem Sachbuch zeigt, wie eng die Suchworte gesetzt sein können.
Quelle: Springer-Verlag, Handbuch der Printmedien.
Rechts: Gut: Auch die im Display erscheinenden Symbole sind in den Index aufgenommen.
Quelle: Hewlet Packard, Taschenrechner HP 32S

Exkurs: Volltextsuche bei elektronischen Anleitungen

Wenn die Dokumentation elektronisch vorliegt, kann die schnelle Suche über einen Index oder die Volltextsuche erreicht werden.
Im Windows-Hilfesystem sind meistens beide Möglichkeiten vorhanden.

Index

Vom Autor festgelegte Worte, die als Suchworte zu diesem Kapitel dienen und dieses Kapitel charakterisieren.

Volltext

Der gesamte Text wird nach der eingegebenen Buchstabenfolge abgesucht. Die Groß- und Kleinschreibung wird meistens ignoriert. Das Wort wird aber nur gefunden, wenn es genauso geschrieben ist (die Suche nach „Mann" findet „Männer" nicht).
Der Umgang mit der Volltextsuche (z.B. auch bei den Suchmaschinen im Internet) zeigt, dass diese universelle Methode zu guten Ergebnissen führt. Sinnvoll ist, wenn die Suchbegriffe auch boolesch kombiniert werden können: z.B. +Seminar +Perl -Universität findet alle Textstellen, in denen die Worte Perl und Seminar vorhanden sind, das Wort Universität aber nicht.

Technische Lösungen der Volltextsuche

Es gibt zwei technische Lösungen:

- **Normale Volltextsuche**
  Das Dokument wird beim Suchen nach dem Suchbegriff durchsucht. So arbeitet z.B. die Suchfunktion in Word oder die Suche in Acrobat. Diese Suche ist relativ langsam, da der gesamte Text abgesucht werden muss.
- **Indizierte Volltextsuche**
  Bei der indizierten Volltextsuche wird beim Erstellen ein Index erstellt, in dem alle Worte (!) mit Fundstelle registriert sind. Die Suchmaschine prüft nur diese Liste und „weiß" sofort, wie oft und an welchen Stellen der Suchbegriff vorkommt.
  Diese Form der Suche ist wesentlich schneller. Internet-Suchmaschinen arbeiten nach diesem Prinzip.

Ranking

Wenn sehr viele Textstellen gefunden werden, sollten die Ergebnisse nach Relevanz geordnet dargestellt werden.
Hierfür verfügen moderne Suchsysteme über eine „Ranking" genannte Beurteilungsmethode, die die Treffer nach bestimmten Kriterien mit Punkten versieht. Das Suchergebnis wird nach diesen Punkten sortiert dargestellt, so dass die relevanten Fundstellen oben stehen.

Beispiel: Elektronische Dokumentation

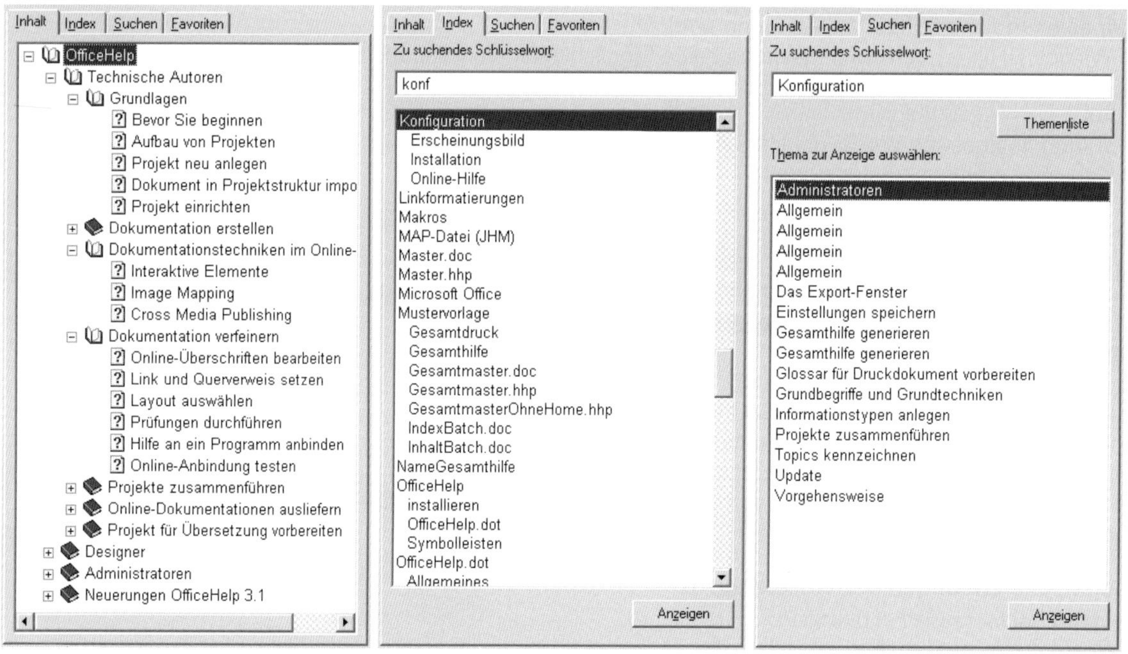

Inhaltsverzeichnis, Index und Volltextsuche bei einer Onlinehilfe.

Bei dieser Onlinehilfe im Format HTML-Help gibt es beides:

- "Index“: Das sind vom Autor festgelegte Begirffe.
- "Suchen“: Hier wird tatsächlich in allen Texten nach der eingegebenen Buchstabenfolge gesucht.

Index

Ein guter Index ist der Volltextsuche überlegen, weil der Autor die Suchworte und Synonyme in den Index aufnehmen kann, die wirklich wichtig sind. Dadurch ergeben sich für den Leser wenige Fundstellen (häufig nur eine).
Leider aber enthält ein Index häufig nicht die Einträge, die man sucht. Aus dieser Erfahrung greifen viele Anwender lieber zur Volltextsuche.

Suche

Bei der Volltextsuche ergeben sich häufig viele Fundstellen, so dass der Leser eher überfordert ist, welche Fundstelle ihm helfen wird. Allerdings kommt man mit der Kombination von Suchworten häufig zum Ziel.
Ein Vorteil der Volltextsuche: Die gefundenen Worte sind im Text markiert, so dass man schnell zur richtigen Stelle auf der Seite findet.

Quelle: Dokay GmbH, Onlinehilfe zu OfficeHelp 2003. ◆

Rückseite

Die Rückseite ist die sichtbare Rückseite der Anleitung.

Zweck

Die Rückseite wird häufig nur für logistische Zwecke des Herstellers verwendet, z.B.:

- Zugehörige Geräte- und Versionsnummer
- Drucknummer
- Ausgabedatum

Sie kann außerdem wichtige Kontakte zeigen:

- Adresse
- Hotline-Nummer

Ausführung

Die Rückseite wird meistens mit viel Weißraum gestaltet: Alle Elemente stehen oben oder unten am Rand.

Struktur: Rückseite	
	Beispiele, Hinweise
Logo	
Adresse	
ggf. Hotline-Nummer	*0800 / 100 101*
Drucknummer, Druckdatum	*07-601-40800, 4/2001*

Beispiel: Rückseite

www.olympus-europa.com

OLYMPUS

THE VISIBLE DIFFERENCE

1AG6P1P0684A-

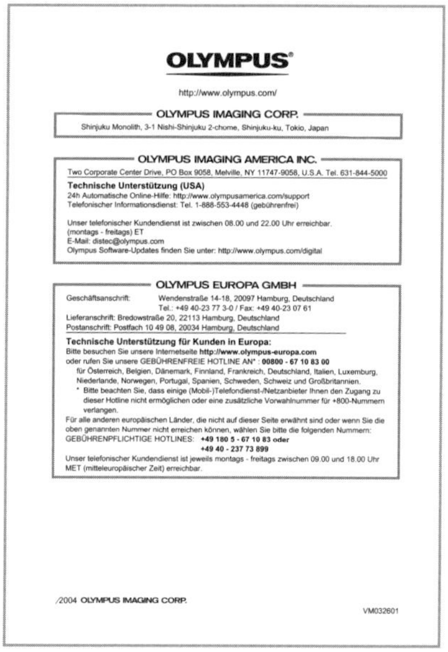

OLYMPUS®

http://www.olympus.com/

OLYMPUS IMAGING CORP.

Shinjuku Monolith, 3-1 Nishi-Shinjuku 2-chome, Shinjuku-ku, Tokio, Japan

OLYMPUS IMAGING AMERICA INC.

Two Corporate Center Drive, PO Box 9058, Melville, NY 11747-9058, U.S.A. Tel. 631-844-5000

Technische Unterstützung (USA)
24h Automatische Online-Hilfe: http://www.olympusamerica.com/support
Telefonischer Informationsdienst: Tel. 1-888-553-4448 (gebührenfrei)

Unser telefonischer Kundendienst ist zwischen 08.00 und 22.00 Uhr erreichbar.
(montags - freitags) ET
E-Mail: distec@olympus.com
Olympus Software-Updates finden Sie unter: http://www.olympus.com/digital

OLYMPUS EUROPA GMBH

Geschäftsanschrift: Wendenstraße 14-18, 20097 Hamburg, Deutschland
Tel.: +49 40-23 77 3-0 / Fax: +49 40-23 07 61
Lieferanschrift: Bredowstraße 20, 22113 Hamburg, Deutschland
Postanschrift: Postfach 10 49 08, 20034 Hamburg, Deutschland

Technische Unterstützung für Kunden in Europa:
Bitte besuchen Sie unsere Internetseite **http://www.olympus-europa.com**
oder rufen Sie unsere GEBÜHRENFREIE HOTLINE AN* : **00800 - 67 10 83 00**
für Österreich, Belgien, Dänemark, Finnland, Frankreich, Deutschland, Italien, Luxemburg, Niederlande, Norwegen, Portugal, Spanien, Schweden, Schweiz und Großbritannien.
* Bitte beachten Sie, dass einige (Mobil-)Telefondienst-/Netzanbieter Ihnen den Zugang zu dieser Hotline nicht ermöglichen oder eine zusätzliche Vorwahlnummer für +800-Nummern verlangen.
Für alle anderen europäischen Länder, die nicht auf dieser Seite erwähnt sind oder wenn Sie die oben genannten Nummer nicht erreichen können, wählen Sie bitte die folgenden Nummern:
GEBÜHRENPFLICHTIGE HOTLINES: **+49 180 5 - 67 10 83 oder**
+49 40 - 237 73 899
Unser telefonischer Kundendienst ist jeweils montags - freitags zwischen 09.00 und 18.00 Uhr MET (mitteleuropäischer Zeit) erreichbar.

/2004 OLYMPUS IMAGING CORP.

VM032601

CREATIVE®
www.creative.com

May
© 2004 Creative Technology Ltd. All rights reserved. The Creative logo and I-Trigue are registered trademarks and MuVo is a trademark of Creative Technology Ltd. in the United States and/or other countries. iMac is a trademark or registered trademark of Apple computer Inc. All other logos, brand or product names are trademarks or registered trademarks of their respective holders and are hereby recognised as such. All specifications are subject to change without notice. Use of this product is subject to a limited warranty. Actual contents may differ slightly from those pictured.

P/N 03MF024600000 Rev. A

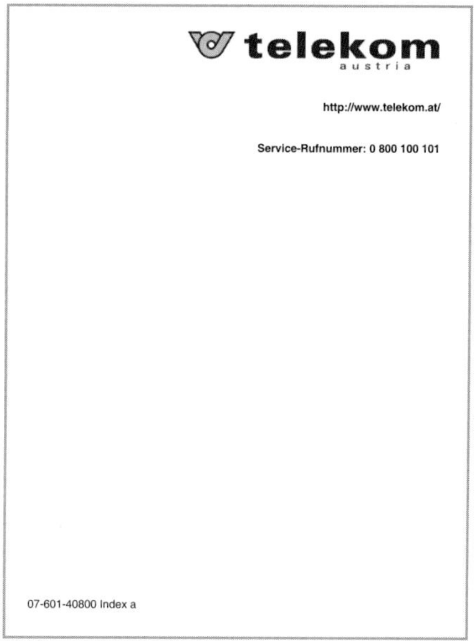

telekom
austria

http://www.telekom.at/

Service-Rufnummer: 0 800 100 101

07-601-40800 Index a

Die Rückseite enthält meistens wenig Information.
Quellen: Olympus Europe GmbH, Camedia C-2020ZOOM, Camedia C-70;
Creative Technology Ltd., Schnellstart I-Trigue L3450; tecteam GmbH - Telekom Austria.

Verständniselemente

Verständniselemente

Der Benutzer kann beim Verstehen der Anleitung unterstützt werden.

- Vielfach versteht der Benutzer neue Inhalte besser, wenn er richtig eingestimmt wird (➔ Advance Organizer).
- Manche Dinge lassen sich leichter merken, wenn sie in einem Merksatz zusammengefasst sind (➔ Merksatz),
  (z.B. „Die Schärfentiefe ist umso größer, je kleiner die Blende ist.").
- Die meisten Anwender verstehen die Anleitung besser, wenn sie etwas praktisch ausprobieren können (➔ Beispiele, Übungen).
- Manchmal hilft es dem Benutzer, wenn die wichtigen Inhalte am Ende des Kapitels noch einmal zusammengefasst werden (➔ Zusammenfassung).
- In der Anleitung werden Fachausdrücke verwendet, die nicht alle Benutzer kennen (➔ Glossar).

Im Folgenden werden die einzelnen Verständniselemente näher beschrieben.

• Sollte nicht zu langatmig sein.
• Anwendung und Einsatz gut überlegen.

Advance Organizer

Ein Advance Organizer ist eine vorwegnehmende Einstimmung auf den Inhalt des Kapitels.

Zweck

Der Advance Organizer dient dem Leser zu folgenden Zwecken:

- Einstimmung, Vorabinformation,
- Vorstrukturierung,
- Bei Bekanntem abgeholt werden,
- Antwort auf die Frage: Soll ich das Kapitel lesen?

Ausführung

- An Bekanntes anknüpfen.
- Spannung aufbauen (der Leser soll motiviert werden, das Kapitel zu lesen).
- Gestalten Sie die Advance Organizer grafisch deutlich. Setzen Sie den Advance Organizer z.B. in einen Kasten, der grau oder farbig unterlegt ist. Dadurch kann sich der Leser an die praktische Funktion gewöhnen.

Praktische Tipps

Ein Advance Organizer kann unterschiedlich formuliert werden (siehe Beispiel).

Beispiel A	Beispiel B
In diesem Kapitel erfahren Sie, wie Sie mit 'Regulären Ausdrücken' fast beliebige Suchmuster formulieren können.	Wer schon mal in einem Textprogramm mit Suchen und Ersetzen „Bild“ gegen „Abbildung“ ersetzt hat, weiß, wie praktisch diese Funktion ist. Was aber ist, wenn Sie alle leeren Zeilen löschen möchten oder unterschiedliche HTML-Tags (zwischen spitzen Klammern) entfernen wollen? Mit 'Regulären Ausdrücken' können Sie fast beliebige Suchmuster formulieren, um solche Such- und Ersetzungsfunktionen zu automatisieren.

Links: Herkömmlich formulierter Advance Organizer. **Rechts:** Advance Organizer, in dem Spannung aufgebaut wird.
Quelle: Dietrich Juhl, für dieses Buch erstellt

Beispiel: Advance Organizer

Winzip 8.0

Möchten Sie eine Datei vor dem Komprimieren mit einem Kennwort versehen, damit sie vor dem Zugriff durch unberechtigte Personen geschützt ist? Mit „Winzip 8.0“ ist das problemlos möglich. Und wer das Kennwort nicht kennt, kann die in dem geschützten Archiv vorhandenen Dateien nicht dekomprimieren.

In Zeitschriften ist es üblich, einen Advance Organizer voranzustellen, um dem Leser den Artikel „schmackhaft“ zu machen.
Quelle: Computerbild, 22/2001

Beispiel: Advance Organizer

Allgemeine technische Beschreibung

Putzmeister

3.2.1 Ergonic Boom Control

Die Ergonic Boom Control (EBC = computergestütztes Steuerungssystem zur Steuerung und Regelung des Verteilermastes) hilft Ihnen, den Verteilermast mit nur einem Joystick zu fahren. Nachfolgend sind die Bedienelemente für die EBC-Funktionen auf dem Sendegerät der Proportional-Funkfernsteuerung beschrieben.

Hinweis

Nachfolgend ist das Sendegerät für einen Verteilermast mit 4 Armen dargestellt. Die Funktionen für einen 3- oder 5-armigen Verteilermast sind dazu analog.

EBC–Bedienelemente

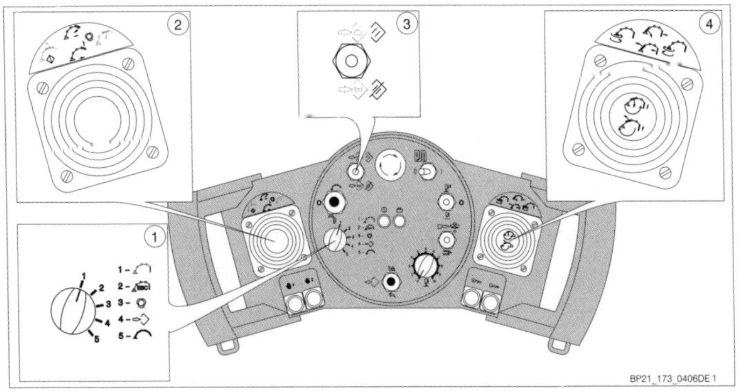

Pos.	Bedien–/ Kontrollelement	Wahl-schalter	Bedeutung/Funktion
1	Wahlschalter	1	Einzelachsbetrieb: Einzelfunktion der Mastarme
		2	Endschlauch fahren
		3	Teilautomatik
		4	Programmierbetrieb
		5	entspricht Schaltstellung 1

3—6 BP21_173_0406DE

In dieser Anleitung werden Advance Organizer systematisch eingesetzt. Der Advance Organizer holt bei Bekanntem ab und leitet zum Thema hin.
Quelle: Putzmeister AG, Betriebsanleitung EBC

Merksatz

Zweck

Ein Merksatz dient dem Leser dazu, sich wichtige Aussagen kompakt zu merken (z.B. auswendig zu lernen).
Sie helfen Ihrem Leser, wenn Sie Wichtiges als Merksatz zusammenfassen und hervorheben.

Ausführung

- Ein Merksatz muss kurz sein, damit der Leser ihn sich gut merken kann.
- Der Merksatz muss hervorgehoben und als „Merksatz" gekennzeichnet sein oder in einem Kasten stehen.

Beispiel: Merksatz

Bild 2.31: Über diese Symbolschaltflächen der Symbolleiste wird das aktuelle Projekt gestartet, angehalten oder beendet

Um ein Programm zu starten, genügt es im allgemeinen, die F5-Taste zu drücken. Allerdings gibt es eine wichtige Eigenheit zu beachten. Ist die Option »Bei Bedarf« im Registerdialogfeld »Allgemein« der IDE-Optionen gesetzt, führt das Drücken der F5-Taste dazu, daß nur ein Teil des Programms (in Zwischencode) übersetzt wird. Zwar wird das Programm dadurch relativ schnell gestartet, ein Nachteil ist jedoch, daß nicht alle Programmfehler angezeigt werden. Möchten Sie daher vermeiden, daß während der Programmausführung unter Umständen nicht deklarierte Variablen beanstandet werden, müssen Sie das Programm statt dessen mit Strg F5 starten.

MERKSATZ

Der Programmstart über die Tastenkombination Strg F5 führt dazu, daß das komplette Programm übersetzt wird.

Der Merksatz fasst das Wichtige in einem merkbaren Satz zusammen.
Quelle: Peter Monadjemi, Jetzt lerne ich Visual Basic, Markt und Technik Verlag, München, 1999

Beispiele, Übungen

Zweck
Wenn in der Anleitung Tätigkeiten vermittelt werden, die besser erlernt werden können, wenn der Benutzer die Tätigkeit übt, ist es sinnvoll, ihm Beispiele oder Übungen zu liefern, die er handelnd nachvollziehen kann. Zum Beispiel:

Gerät	Mitgelieferte Beispiele bzw. Übungsmaterial
CD-Player	mitgelieferte Muster-CD
Programmierbarer Taschenrechner	Programmierbeispiel im Handbuch und als Programm
XML-Editor	Musterdokument, in dem der Anwender die Prinzipien nachvollziehen kann. Als Datei und in der Anleitung erklärt. Außerdem ein leeres Musterdokument mit DTD als Grundlage für eigene Versuche.
Datenbank	Musterdatenbank, mit der man die DB-Operationen ausprobieren kann.

Ausführung
Das Beispiel und die Übungen sollten gut gewählt sein:
- Das Beispiel sollte einfach sein, sodass der Leser nicht viel Denkarbeit in das Verstehen investieren muss.
- Es sollte exemplarisch sein, so dass die wesentlichen Leistungsmerkmale und Tätigkeiten erklärt werden können.
- Optimal ist, wenn das Beispiel aus dem Umfeld des Benutzers stammt und er es leicht nachvollziehen kann.
- Das Beispiel muss erklärt werden.

Beispiel: Übungen

Übungen

1. Schreiben Sie eine `SELECT`-Anweisung, welche die aktuelle Zeit im Format »Stunde:Minute am /pm Wochentag nth Monat Jahr« ausgibt.
2. Schreiben Sie eine `SELECT`-Anweisung, um herauszufinden, auf welchen Wochentag der 13. Oktober 2010 fällt.
3. Schreiben Sie eine `SELECT`-Anweisung, die 1000 Tage auf den 1. April 2000 addiert und das Datum zurückgibt. Auf welchen Wochentag wird der folgende Tag fallen?

Übungen aus einem Buch über die Programmiersprache MySQL. Am Ende jedes Kapitels kann der Leser das Gelernte in Übungen festigen. Die Lösungen stehen im Anhang. Quelle: Maslakowski, Mark: *MySQL in 21 Tagen*, Markt und Technik-Verlag, München, 2001

Zusammenfassung

Zusammenfassungen geben einen kurzen Überblick über den Inhalt des Kapitels.

Zweck

Zusammenfassungen dienen dem Leser zu folgenden Zwecken:

- Querlesen
  Der Leser kann die Zusammenfassung lesen und entscheiden, ob das Kapitel für ihn interessante Informationen enthält. Die Zusammenfassung steht dann sinnvollerweise am Kapitelanfang.
- Rekapitulieren
  Wenn der Leser das Kapitel gelesen hat, kann er anhand der Zusammenfassung das Wichtigste noch einmal gedanklich durchgehen. Dabei kann er auch überprüfen, ob er alles richtig verstanden hat. Die Zusammenfassung steht in diesem Fall besser am Kapitelende.

Kombination aus beiden kann sinnvoll sein.
zB: am Anfang: Abstract
am Schluß: Zusammenfassung

Ausführung

- Die Zusammenfassung sollte kurz und sachlich formuliert sein.
- Die Zusammenfassung sollte wirklich nur zusammenfassen und nicht weitere Inhalte vermitteln.
- Die Zusammenfassung sollte deutlich als solche erkennbar sein (z.B. Überschrift „Zusammenfassung“, abgetrennte Gestaltung, z.B. in einem Kasten, grau unterlegt).

Praktische Tipps

- Überlegen Sie, welche Information für den Leser wirklich wichtig ist. Reduzieren Sie Inhalt und Sprache so lange, bis Sie eine aussagekräftige Zusammenfassung erhalten.

Beispiel: Zusammenfassung

Zusammenfassung

In diesem Kapitel haben Sie die verschiedenen Formate kennengelernt, die MySQL benutzt, um Datums- und Zeitangaben zu formatieren. MySQL ist sehr flexibel, wenn es um das Akzeptieren von Datums- und Zeiteingaben geht. Es ermöglicht eine Reihe von Trennzeichen und Feldlängen und interpretiert Ihre Eingaben nach einem festen Regelwerk. Wie auch immer - MySQL gibt die gleichen Daten in einem aussagekräftigen Format aus und passt Zeichenketten wie auch nummerische Formate an, je nachdem wie Sie diese Werte in dem Ergebnis benutzen.

Sie haben verschiedene Formate kennen gelernt:

> DATETIME: für kombinierte Datums- und Zeitinformationen
> DATE: für Datumsinformationen
> TIME: für Zeitinformationen
> YEAR: für Jahresinformationen
> TIMESTAMP: speichert Datum und Zeit und setzt sich selbst automatisch auf den Erstellungs- bzw. letzten Modifikationszeitpunkt eines Datensatzes

Zudem wurde eine Reihe von Funktionen vorgestellt, die sowohl nummerisch als auch textliche Informationen aus einer Datums- bzw. Zeitangabe extrahieren. Sie haben gelernt, wie man zeitliche arithmetische Operationen anwenden kann, indem Sie MySQLs Werkzeuge zur Addition bzw. Subtraktion für Zeitintervalle verwenden. Letztendlich haben Sie erfahren, wie man die Differenz zwischen zwei Zeitpunkten ausrechnet.

Anhand dieser Zusammenfassung kann der Leser das Kapitel noch einmal Revue passieren lassen und überlegen, ob er die Inhalte jetzt alle beherrscht. Quelle: Maslakowski, Mark: *MySQL in 21 Tagen*, Markt und Technik-Verlag, München, 2001

Glossar

Ein Glossar ist eine Zusammenstellung der verwendeten Fachausdrücke mit Erklärung.

Zweck

Ein Glossar dient dem Benutzer zu folgenden Zwecken:

- unbekannte Wörter oder Abkürzungen nachschlagen,
- Wortbedeutungen nachlesen und vertiefen.

Ausführung

Das Glossar enthält alle erklärungsbedürftigen Worte:

- Fachbegriffe,
- Fremdworte,
- Abkürzungen.

Die Erklärung der Begriffe kann nach folgendem Schema erfolgen:

Struktur: Glossar	
	Beispiele, Hinweise
Fachausdruck	*GPS*
ggf. ausgeschriebene Abkürzung	*Global Positioning System*
ggf. Herkunft	*USA*
ggf. Übersetzung	
Oberbegriff	*Satellitennavigationssystem*
Merkmale / Nutzen	*Zur Bestimmung der Position auf bis zu 5 m genau. Vom US-Militär betrieben.*
ggf. Beispiel	*GPS wird in Fahrzeug-Navigationssystemen verwendet, um die aktuelle Position zu bestimmen.*

• Glossar wie bei Beispiel (1) (nächste Seite) + Bildern
⇒ Umsetzung aber nur wenn für jeden Begriff ein Bild / Symbol verfügbar ist.
+ auch nur wenn es Sinn macht, d.h. die Zielgruppe es erfordert bzw. ein Verständnisgewinn erzielt werden könnte.

Ein Glossar ist alphabethisch sortiert, damit der Benutzer den Fachausdruck schnell findet.

Das Glossar kann wie ein Lexikon gestaltet werden:

- schmale Spalten,
- kleine Schrift,
- Suchwort fett,
- ggf. codierte Information (z.B. Aussprache oder Herkunft in eckigen Klammern, Pfeilsymbol für „siehe auch").

Vergleiche auch: Nachschlagewerk Seite 199.

Beispiel: Glossar

▸ **Doppeltuner** UKW-Tuner, der doppelt ausgeführt ist. Er ermöglicht den gleichzeitigen Empfang des normalen Radioprogramms und eines Senders mit TMC-Verkehrsinformationen.

▸ **Dynamische Navigation** Navigation, die außer den Kartendaten auch aktuelle Verkehrsinformationen einbezieht.

▸ **GPS** Global Positioning System. Satellitennavigationssystem zur Bestimmung der Position auf bis zu 5 m genau. Vom US-Militär betrieben.

▸ **Navigationssystem** Computersystem, das die Route von der aktuellen Position zu einem Ziel berechnet und dem Autofahrer kontinuierlich ansagt oder anzeigt, welchen Weg er nehmen soll.

▸ **Offboard Navigationssystem** Navigationssystem, bei dem die Kartendaten vom Provider gespeichert werden. Auch die Routenberechnung erfolgt dezentral und wird via Telekommunikation – z.B. über SMS – ins Fahrzeug gesendet.

▸ **Text-to-Speech** Software, die Textdaten in Sprache umwandelt.

▸ **TMC** Traffic Message Channel. Verkehrskanal, der permanent Verkehrsinformationen über UKW aussendet. Die Informationen werden angezeigt oder für die dynamische Navigation verwendet.

Ein Glossar kann wie ein Lexikon gestaltet sein: mehrere schmale Spalten, kleine Schrift, hervorgehobene Suchworte. Quelle: Dietrich Juhl, für dieses Buch erstellt

Beispiel: Gestaltung eines Lexikons

Enzyklopädisches Register

oder Feuerwehrgerät mit einer Schlauchhaspel, auf die, beim Gartengerät, bis zu 60 m Wasserschlauch gerollt werden können. Die Haspel hat einen Mittelanschluß zur Wasserleitung
Schlegel 375
Schleifer 414, 416
Schleifgerät 387
Schleifklotz Holz- oder Korkblock, um den das Schleifpapier gelegt wird, damit die ganze Papierfläche mit der abzuschleifenden Fläche in Berührung kommt 121, 349
Schleifmaschinen 78–80, 303, 483
Schleifpapier 121
Schleifscheibe Runde Schleifpapier- oder Schleifleinenscheibe, die auf dem Gummiteller der Handbohrmaschine befestigt wird. In allen gängigen Körnungen erhältlich 483

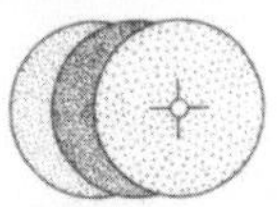

Schleifscheibenschärfer Werkzeug

Schornstein-Reinigungsöffnung Vorgeschriebene Öffnung am Fuß von Schornsteinen, die der Reinigung und Inspektion dient. Die Öffnung muß rauchdicht und wärmedämmend verschlossen sein; dazu dient eine Tür aus Stahlblech oder Beton
Schornsteinverband (Läuferverband) 133
Schornsteinverwahrung Aus verschiedenen Materialien aufgebaute Verkleidung des unteren Schornsteinteils 19, 20
Schränkzange Zange zum Schränken von Sägezähnen vor dem Schärfen. Die Zangen haben verstellbare Anschläge für verschiedene Zahngrößen. Zuerst wird jeder zweite, dann die ungeradzähligen Zähne ausgebogen 441

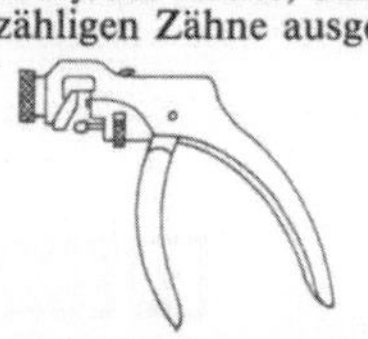

Schraubenschlüssel, verstellbarer Werkzeug, das zu vielen Mutter-

Schraubzwingen sind in Spannweite von 5 bis 40 cm, Schraubknechte von 50 bis 200 cm erhältlich

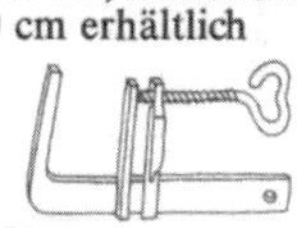

Schraubzwinge

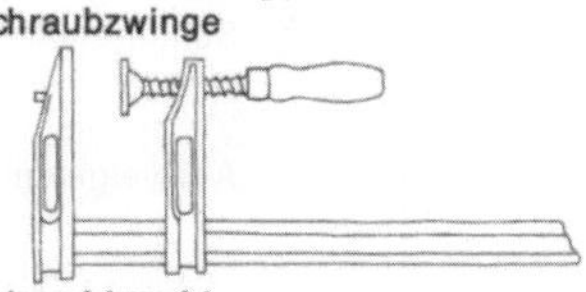

Schraubknecht

Schraubstock Vorrichtung zum Einspannen von Werkstücken aus Holz und anderen Materialien. Die eine der beiden Backen, die das Werkstück fassen, wird durch eine Schraubenspindel gegen die andere bewegt. Das geschieht entweder über ein Gelenk, wie beim Schmiedeschraubstock, oder über eine Parallelführung beim Parallelschraubstock. Es gibt zwei Arten von Schraubstöcken: den auf der Werkbank festgeschraubten

Interessant: Bei diesem Buch sind Index und Glossar gemischt. Außerdem werten die Bilder die Erklärungen deutlich auf. Quelle: © Reader's Digest Deutschland, Schweiz, Österreich, Verlag Das Beste GmbH Stuttgart, Zürich, Wien

Beispiel: Glossar

Anhang B

B 4 Erklärung der Fachwörter

1-Leiteranschluss Anschlussmethode für E/A-Module mit einem Anschluss pro E/A-Kanal. Dieser Leiter überträgt das Signal. E/A-Modul und Sensor bzw. Aktor müssen ein gemeinsames Potential besitzen.

2-Leiteranschluss Anschlussmethode für E/A-Module mit zwei Anschlüssen pro E/A-Kanal. Ein Leiter überträgt das Signal, der andere das gemeinsame Potential.

3-Leiteranschluss Anschlussmethode für E/A-Module mit drei Anschlüssen pro E/A-Kanal. Ein Leiter überträgt das Signal, einer das gemeinsame Potential und der dritte ein weiteres gemeinsames Potential (z. B. Schirm oder Masse).

4-Leiteranschluss Anschlussmethode für E/A-Module mit vier Anschlüssen pro E/A-Kanal. Ein Leiter überträgt das Signal, einer das gemeinsame Potential, der dritte und vierte sind für den Anschluss von Schirm und Masse vorgesehen.

Abschlussplatte Die mechanische Abschlussplatte bildet den Abschluss einer → INTERBUS-Inline-Station. Sie hat elektrisch keine Funktion. Sie schützt die Station vor ESD-Impulsen und den Benutzer vor gefährlichen Berührungsspannungen. Die Abschlussplatte liegt der Busklemme bei und muss somit nicht separat bestellt werden.

Abzweig Ein Abzweig ist eine Erweiterung des Lokalbusses. Er wird über eine Abzweigklemme in einen Lokalbus integriert und ermöglicht das Anschließen eines Lokalbusses in einer anderen physikalischen Ausführung. Der Abzweig befindet sich in der gleichen Teilnehmerebene wie der Lokalbus und ist nicht schaltbar. Ein Beispiel hierfür ist die Integration eines INTERBUS-Loop in eine INTERBUS-Inline-Station.

Abzweigende Schnittstelle Die INTERBUS-Schnittstelle eines INTERBUS-Teilnehmers, über welche die Daten diesen Teilnehmer in eine andere Teilnehmerebene (Stich) oder in die gleiche Teilnehmerebene (Abzweig) verlassen.

Abzweigklemme Die Abzweigklemme ermöglicht das Anschließen eines Abzweigs. Sie ist kein INTERBUS-Teilnehmer.

Adresse Durch die Adresse wird ein bestimmter Speicherplatz definiert. Mit einem Zugriff auf den Speicherplatz können Daten auf diesen Platz geschrieben oder von diesem gelesen werden.

5520B PHOENIX CONTACT B-15

Für die Übersichtlichkeit und das schnelle Finden sind die Fachwörter hier als Marginalien links rausgestellt.
Quelle: Phoenix Contact GmbH & Co.

Spezielle Inhalte

Spezielle Inhalte

Außer den bisher beschriebenen Inhalten müssen, je nach Gerät und Anleitung, spezielle Inhalte aufgenommen werden.

- Beim Umgang mit dem Gerät kann man sich verletzen (➔ Sicherheitshinweise).
- Es muss vor missbräuchlicher Benutzung gewarnt werden (➔ Bestimmungsgemäßer Gebrauch).
- Das Gerät besteht aus mehreren Teilen (➔ Lieferumfang).
- Die Technischen Daten sollen festgelegt werden (➔ Technische Daten).
- Das Gerät muss regelmäßig gewartet werden (➔ Wartungsanleitung).

Im Folgenden sind solche speziellen Inhalte einzeln beschrieben.

Impressum

Das Impressum enthält Daten zur Verwaltung des Druckwerkes, z.B. Drucknummer, Druckdatum, Herausgeber.

Ausführung

Struktur: Impressum	
	Beispiele, Hinweise
Titel	*Betriebsanleitung BMW 316, 316i*
Hersteller, Ort (bzw. Herausgeber und Ort)	*BMW AG München*
Gültig für...	*BMW 316, 316i*
Auflage	*2. Auflage Januar 2001: 200.000*
ggf. Mitwirkende (Autoren, Illustratoren, Lektoren, Übersetzer...)	*Text: Dietrich Juhl* *Zeichnungen: Guido Leuck*
ggf. verwendete Software und Produktionsmittel	*Verwendete Software:* *MS Word, Adobe Illustrator*
Copyright-Hinweis	*© 2001 Bayrische Motoren Werke (BMW) AG München*
Nachdruckverbot	*Nachdruck, auch auszugsweise, nur mit schriftlicher Genehmigung.*
Drucknummer und Druckdatum	*Bestell-Nr. 01 40 9 781 8/2002*
Hinweis auf Markenzeichen und Warenzeichen...	*Alle in diesem Handbuch genannten Bezeichnungen von Erzeugnissen sind Warenzeichen der jeweiligen Firmen.*
Hinweis auf Papierqualität	*Gedruckt auf chlorfreiem Papier...*
Änderungshinweis	*Technische Änderungen vorbehalten.*

Das Impressum steht bei Anleitungen häufig auf der Innenseite des Titelblattes.

Impressum bei Online-Dokumentation

Leider gibt es bei Online-Dokumentationen häufig kein Impressum. Dadurch fehlen wichtige Informationen, wie Hersteller, Adresse, Version, Erscheinungsjahr ...

Beispiel: Impressum

Prof. Dr.-Ing. habil. Helmut Kipphan
Heidelberger Druckmaschinen AG
Kurfürsten-Anlage 52–60
69115 Heidelberg

ISBN 3-540-66941-8 Springer Verlag Berlin Heidelberg New York

Die Deutsche Bibliothek – CIP-Einheitsaufnahme

Handbuch der Printmedien : Technologien und Produktionsverfahren /
Hrsg.: Helmut Kipphan. – Berlin ; Heidelberg ; New York ; Barcelona ;
Hongkong ; London ; Mailand ; Paris ; Singapur ; Tokio : Springer, 2000
ISBN 3-540-66941-8

Dieses Werk ist urheberrechtlich geschützt. Die dadurch begründeten Rechte, insbesondere die der Übersetzung, des Nachdrucks, des Vortrags, der Entnahme von Abbildungen und Tabellen, der Funksendung, der Mikroverfilmung oder der Vervielfältigung auf anderen Wegen und der Speicherung in Datenverarbeitungsanlagen, bleiben, auch bei nur auszugsweiser Verwertung, vorbehalten. Eine Vervielfältigung dieses Werkes oder von Teilen dieses Werkes ist auch im Einzelfall nur in den Grenzen der gesetzlichen Bestimmungen des Urheberrechtsgesetzes der Bundesrepublik Deutschland vom 9. September 1965 in der jeweils geltenden Fassung zulässig. Sie ist grundsätzlich vergütungspflichtig. Zuwiderhandlungen unterliegen den Strafbestimmungen des Urheberrechtsgesetzes.

Springer-Verlag Berlin Heidelberg New York
ein Unternehmen der BertelsmannSpringer Science+Business Media GmbH
© Springer-Verlag Berlin Heidelberg 2000
Printed in Germany

Die Wiedergabe von Gebrauchsnamen, Handelsnamen, Warenbezeichnungen usw. in diesem Werk berechtigt auch ohne besondere Kennzeichnung nicht zu der Annahme, daß solche Namen im Sinne der Warenzeichen- und Markenschutz-Gesetzgebung als frei zu betrachten wären und daher von jedermann benutzt werden dürften.

Sollte in diesem Werk direkt oder indirekt auf Gesetze, Vorschriften oder Richtlinien (z.B. DIN, VDI, VDE) Bezug genommen oder aus ihnen zitiert worden sein, so kann der Verlag keine Gewähr für Richtigkeit, Vollständigkeit oder Aktualität übernehmen. Es empfiehlt sich, gegebenenfalls für die eigenen Arbeiten die vollständigen Vorschriften oder Richtlinien in der jeweils gültigen Fassung hinzuzuziehen.

Einbandgestaltung: de'blik, Berlin
Satz und Gestaltung: MEDIO, Berlin
Druck: Zechner Datenservice und Druck, Speyer; Bogenoffset, Heidelberg Speedmaster SM 102-6-P
Weiterverarbeitung: Fikentscher, Darmstadt
SPIN: 10707905 62/3020 – Gedruckt auf säurefreiem Papier – 5 4 3 2 1 0

Alle Marken- und Produktnamen sind Warenzeichen oder eingetragene Warenzeichen der jeweiligen Titelhalter.

1. Auflage 2000, Redaktionsdatum 02/00
2. Auflage 2000, Redaktionsdatum 05/00
3. Auflage 2001, Redaktionsdatum 04/01
siehe Änderungsprotokoll im Kapitel „Zu diesem Handbuch"

© Moeller GmbH, Bonn

Autoren: Jörg Randermann, Mario Sadowski
Redaktion: Michael Kämper

Alle Rechte, auch die der Übersetzung, vorbehalten.
Kein Teil dieses Handbuches darf in irgendeiner Form (Druck, Fotokopie, Mikrofilm oder einem anderen Verfahren) ohne schriftliche Zustimmung der Firma Moeller GmbH, Bonn, reproduziert oder unter Verwendung elektronischer Systeme verarbeitet, vervielfältigt oder verbreitet werden.

Änderungen vorbehalten.

Gedruckt auf Papier aus chlor- und säurefrei gebleichtem Zellstoff.

Links: Das Impressum eines Buches ist weitgehend standardisiert. Quelle: Springer-Verlag.
Rechts: Das Impressum einer Anleitung zeigt alle Daten zur Anleitung. Hier enthält das Impressum auch Angaben zu den Autoren. Quelle: Moeller GmbH

Sicherheitshinweise

Wenn von einem Gerät Gefahren für Personen oder Sachen ausgehen, muss in der Anleitung deutlich vor diesen Gefahren gewarnt werden.
Das können sein:

- Gefahren bei der Bedienung
  z.B. Teile sind heiß und man kann sich verbrennen,
- Gefahren durch falsche Handlung
  z.B. durch falsche Montage einer Sicherheitseinrichtung,
- Gefahren durch missbräuchliche Verwendung
  z.B. Verwenden einer Spielzeugpistole mit Steinen,
- Gefahren durch das laufende Gerät
  z.B. drehende Teile an einer Maschine,
- Gefahren durch das stehende Gerät
  z.B. durch Restspannung im Inneren eines Fernsehers.

Zweck

Die Sicherheitshinweise dienen dem Benutzer dazu, Gefahren und daraus resultierende Verletzungen zu vermeiden.

Grundsatz: Zuerst Gefahren konstruktiv beseitigen

Soweit möglich und wirtschaftlich vertretbar, müssen Gefahren konstruktiv vermieden werden (z.B. durch Sicherheitseinrichtungen).
Nur wenn dies nicht möglich ist, muss durch einen entsprechenden Sicherheitshinweis gewarnt werden.

Gefahrenanalyse

Es ist sinnvoll, das Gefährdungspozential in einer Gefahrenanalyse zu ermitteln, um dann Warnhinweise gezielt einzusetzen.
Die Gefahrenanalyse ist in der Maschinen-Richtlinie vorgeschrieben.

Ausführung

Sicherheitshinweise gesammelt am Anfang

Es hat sich eingebürgert und ist in den USA zwingend erforderlich, die Sicherheitshinweise noch einmal gesammelt am Anfang der Dokumentation unterzubringen.

- alle Sicherheitshinweise gesammelt,
- ganz vorne in der Anleitung,
- ggf. auffällig markiert (z.B. farbiges Papier),
- thematisch sortiert (mit Zwischenüberschriften).

Sicherheitshinweise im Sinnzusammenhang

Für Sicherheitshinweise gibt es eine feste Struktur (siehe unten).
Die Sicherheitshinweise sind Teil der Handlungsanweisungen und müssen **vor dem gefährlichen Handlungsschritt** stehen!
Seltener kann der Sicherheitshinweis auch unabhängig von jeglicher Handlung sein, dann wäre er **vor allen Tätigkeitsbeschreibungen** richtig aufgehoben. Beispiel: „Die Sicherheitseinrichtungen dürfen nicht demon-

tiert oder außer Betrieb gesetzt werden."

Klassische Form eines Sicherheitshinweises: **SAFE-Methode**

Sicherheitshinweise sollten nach der SAFE-Methode formuliert werden:

- Signalwort
- Art der Gefahr und ihre Quelle
- Folge(n)
- Entkommen

Struktur: Sicherheitshinweise nach der SAFE-Methode	
	Beispiel
Aufmerksamkeitszeichen	 sollte an die Art der Gefahr angepasst sein.
Signalwort	Vorsicht! (je nach Gefährdungsgrad) Warnung! Gefahr!
Art der Gefahr und Quelle	Heiße Geräteteile
Mögliche **F**olgen	Verbrennungsgefahr
Entkommen: Maßnahmen zur Abwehr	Nicht berühren!

Abstufung wichtig!

Staffelung der Signalworte nach ANSI Z535.4	
Signalwort	**Schwere der Gefahr**
Achtung*	bezeichnet eine *möglicherweise schädliche Situation.* Wenn sie nicht gemieden wird, kann das Produkt oder etwas in der Umgebung beschädigt werden.
Vorsicht!	bezeichnet eine *möglicherweise gefährliche Situation.* Wenn sie nicht gemieden wird, können leichte oder geringfügige Verletzungen die Folge sein. Darf auch für die Warnung von Sachschäden verwendet werden.
Warnung!	bezeichnet eine *möglicherweise gefährliche Situation.* Wenn sie nicht gemieden wird, können Tod oder schwerste Verletzungen die Folge sein.
Gefahr!	bezeichnet eine *unmittelbar drohende Gefahr.* Wenn sie nicht gemieden wird, sind Tod oder schwerste Verletzungen (Verkrüppelung) die Folge.

* nicht Bestandteil der ANSI Z535.4

Zitiert aus: Andrea Rögner, Der Weg zur „haftungssicheren Dokumentation, GFT Verlag, 2003

ANSI Z535.4

Die Ausführung von Sicherheitshinweisen ist in der ANSI Z535.4 detailliert geregelt.

Beispiel	
	**Vorsicht beim Bohren über Kopf!** Herabfallende Späne! Späne können ins Auge fallen! Schutzbrille tragen!
	**Warnung!** Heiße Oberfläche! Verbrennungsgefahr! Abstand halten!
	**Gefahr!** Ausfahrende Maschinenteile! Quetschgefahr! Gefahrenraum nicht betreten!

Diese Sicherheitshinweise sind streng nach der Struktur formuliert.
Sie zeigen die Abstufung der Gefahren.
Quelle: Dietrich Juhl, für dieses Buch erstellt

Beispiel: Sicherheitshinweise

Putzmeister

Bedienung

Kabelfernsteuerung

Mit der Kabelfernsteuerung können Sie die Mastbewegungen nur schwarz/weiß durchführen, d. h. der Mast bewegt sich immer mit Maximalgeschwindigkeit, egal, wie stark Sie den Hebel zur Maststeuerung bewegen.

Gefahr

Schwarz/weiß-Steuern kann zu ruckartigen Bewegungen und starkem Schaukeln des Mastes führen, was ein hohes Unfallrisiko für den Schlauchführer bedeutet. Stellen Sie vor Inbetriebnahme der Fernsteuerung den Kippschalter auf Sinnbild Schnecke und den Drehregler auf „0“.

Kippschalter und Drehregler zur Veränderung der Mastgeschwindigkeit.

Inbetriebnahme

Um die Maschine mit der Kabelfernsteuerung in Betrieb zu nehmen, müssen Sie wie folgt vorgehen:

Hinweis

Bei einigen Steuerschränken befindet sich die Buchse zum Anschließen der Kabelfernsteuerung am Gehäuse des Steuerschrankes. Bei einigen Steuerschränken ist die Buchse am Fahrzeugaufbau befestigt und über ein Kabel mit dem Steuerschrank verbunden.

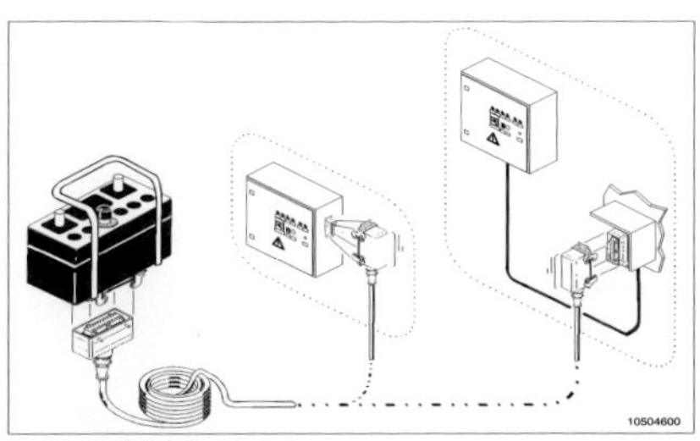

Anschließen der Kabelfernsteuerung

- ☐ Stecken Sie den Stecker der Kabelfernsteuerung am Steuerschrank ein und sichern Sie ihn.
- ☐ Stecken Sie den Stecker am Kabelfernsteuergerät ein und sichern Sie ihn.
- ☐ Schalten Sie am Steuerschrank den Ort-Fern-Schalter auf Fern.
- ☐ Entriegeln Sie durch Drehen den NOT-AUS-Taster.
- ☐ Betätigen Sie die Hupe.

Erst jetzt können Sie jede weitere Funktion der Fernsteuerung ausführen.

Der Sicherheitshinweis steht vor dem Handlungsschritt. Quelle: Putzmeister AG

Beispiel: Sicherheitshinweise

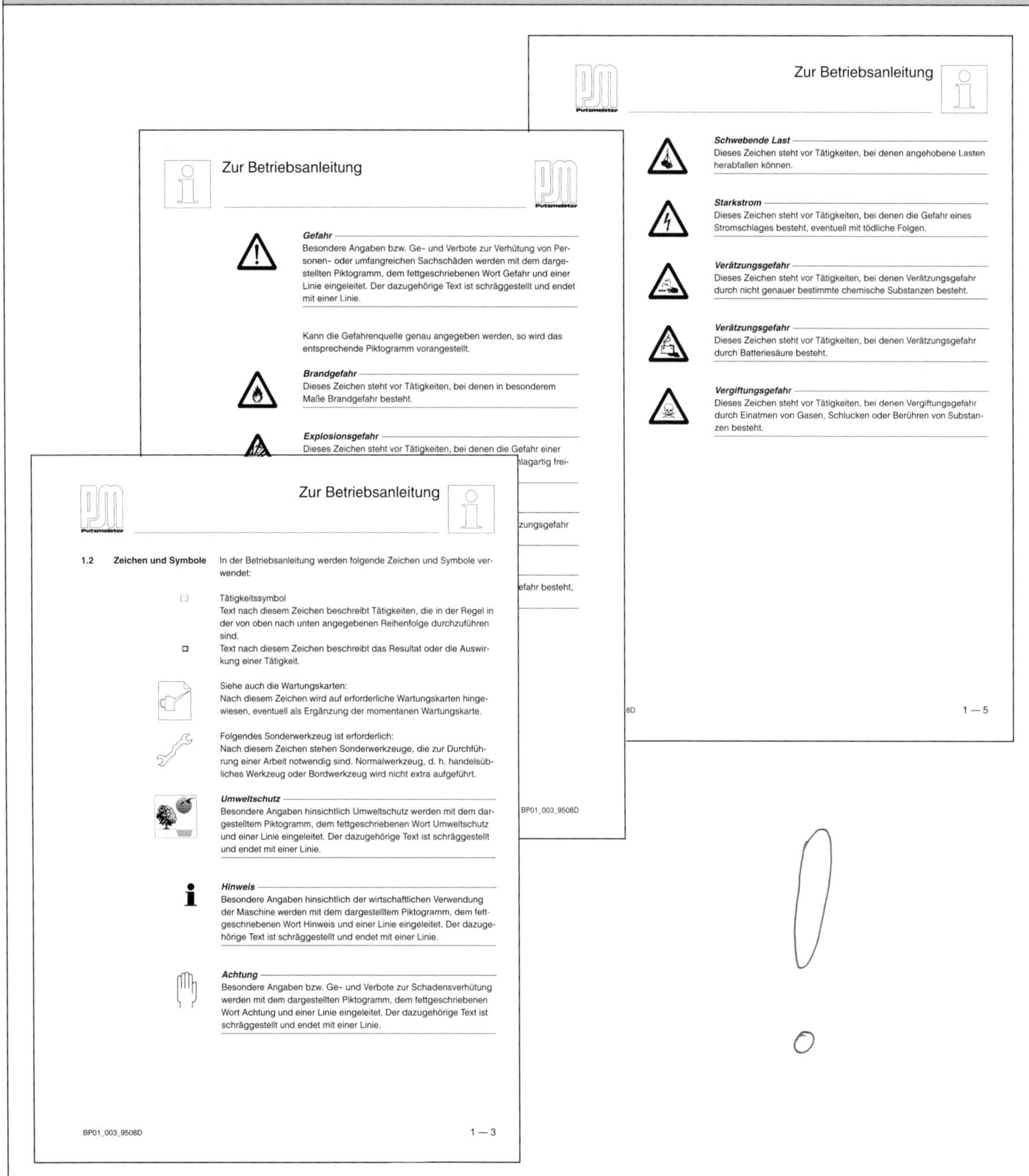
Zur Betriebsanleitung

Schwebende Last
Dieses Zeichen steht vor Tätigkeiten, bei denen angehobene Lasten herabfallen können.

Starkstrom
Dieses Zeichen steht vor Tätigkeiten, bei denen die Gefahr eines Stromschlages besteht, eventuell mit tödliche Folgen.

Verätzungsgefahr
Dieses Zeichen steht vor Tätigkeiten, bei denen Verätzungsgefahr durch nicht genauer bestimmte chemische Substanzen besteht.

Verätzungsgefahr
Dieses Zeichen steht vor Tätigkeiten, bei denen Verätzungsgefahr durch Batteriesäure besteht.

Vergiftungsgefahr
Dieses Zeichen steht vor Tätigkeiten, bei denen Vergiftungsgefahr durch Einatmen von Gasen, Schlucken oder Berühren von Substanzen besteht.

8D 1—5

Zur Betriebsanleitung

Gefahr
Besondere Angaben bzw. Ge- und Verbote zur Verhütung von Personen- oder umfangreichen Sachschäden werden mit dem dargestellten Piktogramm, dem fettgeschriebenen Wort Gefahr und einer Linie eingeleitet. Der dazugehörige Text ist schräggestellt und endet mit einer Linie.

Kann die Gefahrenquelle genau angegeben werden, so wird das entsprechende Piktogramm vorangestellt.

Brandgefahr
Dieses Zeichen steht vor Tätigkeiten, bei denen in besonderem Maße Brandgefahr besteht.

Explosionsgefahr
Dieses Zeichen steht vor Tätigkeiten, bei denen die Gefahr einer ... hlagartig frei-

... zungsgefahr

... efahr besteht,

BP01_003_9508D

Zur Betriebsanleitung

1.2 Zeichen und Symbole In der Betriebsanleitung werden folgende Zeichen und Symbole verwendet:

Tätigkeitssymbol
Text nach diesem Zeichen beschreibt Tätigkeiten, die in der Regel in der von oben nach unten angegebenen Reihenfolge durchzuführen sind.

Text nach diesem Zeichen beschreibt das Resultat oder die Auswirkung einer Tätigkeit.

Siehe auch die Wartungskarten:
Nach diesem Zeichen wird auf erforderliche Wartungskarten hingewiesen, eventuell als Ergänzung der momentanen Wartungskarte.

Folgendes Sonderwerkzeug ist erforderlich:
Nach diesem Zeichen stehen Sonderwerkzeuge, die zur Durchführung einer Arbeit notwendig sind. Normalwerkzeug, d. h. handelsübliches Werkzeug oder Bordwerkzeug wird nicht extra aufgeführt.

Umweltschutz
Besondere Angaben hinsichtlich Umweltschutz werden mit dem dargestelltem Piktogramm, dem fettgeschriebenen Wort Umweltschutz und einer Linie eingeleitet. Der dazugehörige Text ist schräggestellt und endet mit einer Linie.

Hinweis
Besondere Angaben hinsichtlich der wirtschaftlichen Verwendung der Maschine werden mit dem dargestelltem Piktogramm, dem fettgeschriebenen Wort Hinweis und einer Linie eingeleitet. Der dazugehörige Text ist schräggestellt und endet mit einer Linie.

Achtung
Besondere Angaben bzw. Ge- und Verbote zur Schadensverhütung werden mit dem dargestellten Piktogramm, dem fettgeschriebenen Wort Achtung und einer Linie eingeleitet. Der dazugehörige Text ist schräggestellt und endet mit einer Linie.

BP01_003_9508D 1—3

Richtig: Zu den verschiedenen Gefahrenquellen werden spezielle Piktogramme verwendet.
Quelle: Putzmeister AG

Vorwort

Zweck

Ein Vorwort dient dem Leser dazu, den Hintergrund oder spezielle Beweggründe der Autoren zu verstehen.

Ausführung

In einem Vorwort können persönliche Umstände oder Motive der Erstellung beschrieben werden.
Ein Vorwort ist in Anleitungen eher unüblich.

Tipp

Vermeiden Sie auf jeden Fall Formulierungen, wie „Herzlichen Glückwunsch zum Erwerb...", denn häufig wird eine Anleitung in die Hand genommen, wenn Probleme aufgetaucht sind, und dann wird dieser Satz nicht positiv aufgenommen.

Bestimmungsgemäßer Gebrauch

Zweck

Die Produzentenhaftung erfordert, den bestimmungsgemäßen Gebrauch des Gerätes zu beschreiben und ggf. vor missbräuchlicher Verwendung zu warnen.

Ausführung

Der bestimmungsgemäße Gebrauch ist in der Leistungsbeschreibung normalerweise ausreichend beschrieben (siehe dort).
Besteht die Gefahr einer missbräuchlichen Verwendung, muss zusätzlich explizit davor gewarnt werden. Hierfür ist es auch erforderlich, den Markt zu beobachten, um auf solche missbräuchliche Verwendung aufmerksam zu werden.

Beispiel: Bestimmungsgemäßer Gebrauch
Spielzeugpistole Tako 11 Tako 11 ist eine Spielzeugpistole für Kinder zwischen 6 und 10 Jahren. Mit Tako 11 können Schaumgummikugeln verschossen werden. Tako 11 hat eine besonders große Reichweite und ermöglicht besonderen Spielspaß. Tako 11 darf auf keinen Fall mit Steinen oder anderen harten Gegenständen benutzt werden! Beim Verschießen von Steinen oder harten Gegenständen können Personen verletzt werden.
Mikrowelle P88 P88 ist ein Mikrowellenherd zum Erwärmen und Kochen von Speisen. Durch die hohe Leistung und den großen Innenraum eignet sich P88 auch für die Zubereitung großer Mengen, wie z.B. zum Garen eines Bratens. P88 kann auch zum Trocknen von Kleidungsstücken (z.B. Badehose, Handtuch) verwendet werden. P88 darf auf keinen Fall mit lebenden Tieren betrieben werden, da schon eine kurze Einwirkung von Mikrowellen zu schweren gesundheitlichen Folgen oder Tod führen kann.

In der Leistungsbeschreibung wird der „bestimmungsgemäße Gebrauch" festgelegt und, wenn nötig, vor missbräuchlicher Verwendung gewarnt.
Quelle: Dietrich Juhl, für dieses Buch erstellt

Tipp

Der Hinweis „Das Gerät darf nur für seinen bestimmungsgemäßen Gebrauch verwendet werden", genügt nicht, wenn der „bestimmungsgemäße Gebrauch" nicht beschrieben ist.
Vergleiche auch Kapitel „Leistungsbeschreibung" Seite 25.

Beispiel: Bestimmungsgemäßer Gebrauch

metso minerals

3. Bestimmungsgemäßer Einsatz

3.1 Materialien

Im Rotorreißer können folgende Materialien zerkleinert werden:

- Holz
- Rindenabfälle
- Grünschnitt
- Hausmüll
- Sperrgut
- Baumstämme bis zu einem Durchmesser von 400 mm
- Matratzen
- Monochargen von Gewebe und Faserstoffen
- Teppiche (Minderung der Durchsatzleistung)
- Rollen aus Plastikfolie (Minderung der Durchsatzleistung)
- große aufgerollte Papier- oder Kartonbahnen (Minderung der Durchsatzleistung)
- Wurzelstöcke.

3.2 Gewässerschutz

Umweltschädigung!

Durch Einleiten von Hydraulik-Flüssigkeiten in Gewässer kann es zu schwerer Umweltschädigung kommen.

Der Betreiber hat die Dichtheit und die Funktionsfähigkeit der Hydraulik-Anlage ständig zu überwachen.

Wenn der Betreiber nicht über sachkundiges Personal verfügt, sind Kontrollarbeiten, Instandhaltungs- und Reinigungsarbeiten von einer zugelassenen Fachfirma für Hydraulik durchzuführen.

METSO LINDEMANN ist eine nach dem Wasserhaushaltsgesetz zugelassene Fachfirma für Hydraulik, die hydraulische Anlagen einbauen, aufstellen, instandhalten und reinigen darf.

3.3 Sachwidriger Einsatz

Nicht für die Zerkleinerung im Rotorreißer geeignet sind:

- Drahtspulen, Maschendraht
- langes Material wie Drähte und Seile

  Diese Materialien können die Rotoren blockieren oder verklemmen.
- Bauschutt, Steine und andere Mineralien

  Diese Materialien führen zu erheblichem Verschleiß an der Anlage.
- Schrott

  Schrott führt zu Beschädigungen und zum Verschleiß der Kämme sowie zu Ausbrüchen an den wirksamen Kanten.
- Bahnschwellen mit eingelegten Metallteilen, die in einer Dimension größer sind als der Abstand zwischen zwei Brammen.

In den Rotorreißer dürfen nicht eingebracht werden:

- Gefahr- oder Explosivstoffe,
- selbstentzündliche oder brandfördernde Abfälle wie Feuerwerkskörper, Leinöl, Metallpulver, Munition, Nitrate, Peroxide, oder Sprengstoffe
- giftige oder ätzende Stoffe
- Kältemittel
- Trafoöle
- Asbest
- Gasflaschen, Flüssigkeitsbehälter oder sonstige verschlossene Hohlkörper
- Batterien
- pyrotechnische Airbags und Gurtstraffer.

Der bestimmungsgemäße Einsatz wird hier genau festgelegt. Außerdem ist beschrieben, was mit dem Gerät nicht gemacht werden darf.
Quelle: Riedel GmbH, Metso Lindemann GmbH, Bedienungsanleitung Rotorreißer CR 225-8

Technische Daten

Technische Daten sind die Zusammenstellung der wichtigsten Daten. Hierdurch wird die Leistung des Gerätes spezifiziert.

Zweck

Die Technischen Daten dienen dem Benutzer zu folgenden Zwecken:
- genaue Auswahl des Gerätes,
- Prüfung auf die Leistungsfähigkeit (z.B. „Kann dieses Gerät zum Heben der Last verwendet werden?“).

Ausführung

Tabellarische Darstellung
- in der Leistungsbeschreibung oder
- im Anhang der Anleitung

Struktur: Technische Daten	
	Beispiele, Hinweise
Überschrift	*Technische Daten*
ggf. Gruppe	*Elektrische Daten*
Kategorie	*Versorgungsspannung*
Wert	*230*
Einheit	*V*

Beispiel: Technische Daten

GILDEMEISTER
Drehmaschinen GmbH

4.4 Technik
4. Beschreibung der Maschine und technische Daten

4.4 Technik

4.4.1 Technische Daten, Maschine mit Reitstock

Arbeitsbereich		
Umlauf -Ø über Bettbahnabdeckung	mm	570
Umlauf -Ø über Planführungsabdeckung	mm	420
Planweg	mm	220
Längsweg	mm	635
Hauptspindel (Spindel H)		
Spindelkopf -Ø	mm	170 h5
Spindelkopf -Ø im vorderen Lager	mm	120
Spindelbohrung	mm	79
Spannfutter -Ø	mm	200/250 *
Antriebsleistung 100 % ED	kW	21
max. Drehmoment	Nm	240
Drehzahlbereich **	min^{-1}	25-5000
C-Achse (Hauptspindel)		
Drehzahl	min^{-1}	100
Haltemoment	Nm	200
Teilungsgenauigkeit	Grad	≤0,04
Vorschubantrieb Kreuzschlitten		
X-Vorschubkraft	kN	
Z-Vorschubkraft	kN	
Eilganggeschwindigkeit X	m/min	
Eilganggeschwindigkeit Z	m/min	
Kugelrollspindel X/Z (dxh)	mm	
Werkzeugträger		
Universal-Scheibenrevolver autom. schaltend mit Richtungslogik		
Anzahl der Werkzeugstationen		
Werkzeugaufnahme Zylinderschaft (DIN 69880)	mm	
Universal-Scheibenrevolver mit angetriebenen Werkzeugen (Variante)		
Anzahl der Werkzeugstationen		
davon max. angetriebene Werkzeuge		
max. Spanndurchmesser der angetr. Werkzeuge	mm	
Antriebsleistung 100% ED	kW	
Antriebsleistung 100% ED (Maschinen mit Y-Achse)	kW	
Reitstock		
Reitstockdurchmesser im vorderen Bereich	mm	
Reitstockverfahrweg	mm	
Reitstockaufnahme	Mk	
Reitstockkraft min./max.	KN	
Maschinenabmessungen		
Maße (LxBxH) ohne Späneförderer/Spänewanne	mm	3210 x
Gewicht ohne Späneförderer/Spänewanne	kg	
Geräuschemissionswerte (Dauerschalldruckpegel)		
Arbeitsplatzbezogener Dauerschalldruckpegel (DIN 45635 Teil 1-04.85 (ISO 3740-1980), gemessen als Zerspanvorgang nach DIN 45635 Teil 1601-07.78)	db(A)	
Beleuchtungsstärke an der Drehspindel	Lux	

* **Max. Zulässiger Drehzahl 3750 min^{-1} bei Serie 2 Maschinen und Spannfutter 250**

** Max. Zulässiger Drehzahlbereich der Maschine gilt nicht für die Bearbeitung von Stange (inklusiv Kurzteillader).

Betriebsanleitung V 4.0
CTX 400 Serie 2 /E /twin Doku.-Nr.: AAB004D0

Technische Daten

Elektrische Daten

Eingehaltene Sicherheitsstandards:	EN 60950 / VDE 0805 UL 1950 CSA 22.2 No.950
Schutzklasse:	I
Nennspannungsbereich: (umschaltbar)	100 V - 125 V / 200 V - 240 V
Nennfrequenz:	50 Hz - 60 Hz
Nennstrom maximal	
• PC mit Bildschirmsteckdose:	100 V - 125 V / 4,0 A 200 V - 240 V / 2,0 A
• Bildschirmsteckdose (Output)	100 V - 125 V / 3 A 200 V - 240 V / 1,5 A
Maximale Leistungsaufnahme im Betrieb: (mit Systest Programm unter W98)	66 W *)
Minimale Leistungsaufnahme im Betrieb: (W98 ohne zusätzliche Anwendungen)	33 W *)
Leistungsaufnahme im Energiesparmodus: (ACPI S3-Modus)	2,1 W *)
Leistungsaufnahme im Zustand 'betriebsbereit':	2,1 W *)
Leistungsaufnahme im ausgeschalteten Zustand: (Hauptschalter auf der Rückseite des Gerätes)	0 W
Geräuschemission:	
SCENIC S	
Betrieb:	Schall-Leistungspegel (L_{WAd}) 43 dB (A) *)
Betrieb (Nachbararbeitsplatz):	Schalldruckpegel (L_{LpAm}) 29dB (A) *)
Idle-Modus:	Schall-Leistungspegel (L_{WAd}) 38 dB (A) *)
Idle-Modus (Nachbararbeitsplatz):	Schalldruckpegel (L_{LpAm}) 24dB (A) *)
SCOVERY xS (mit geschlossener Abdeckung)	
Betrieb:	Schall-Leistungspegel (L_{WAd}) 36 dB (A)
Betrieb (Nachbararbeitsplatz):	Schalldruckpegel (L_{LpAm}) 21dB (A)
Idle-Modus:	Schall-Leistungspegel (L_{WAd}) 35 dB (A)
Idle-Modus (Nachbararbeitsplatz):	Schalldruckpegel (L_{LpAm}) 20dB (A)

*) Diese Werte gelten nur für einen SCENIC S / SCOVERY xS bei nachfolgender Konfiguration. Bei Einbau zusätzlicher oder anderer Komponenten kann die Leistungsaufnahme im Energiesparmodus bzw. die Geräuschemission (L_{WAd}) die Anforderungen für den "Blauen Engel" (30 W bzw. 55 dB) überschreiten.

A26361-K523-Z100-5-19 57

Links: Technische Daten zu einer Drehmaschine, Quelle: Gildemeister Drehmaschinen GmbH. **Rechts:** Technische Daten zu einem PC, Quelle: Betriebsanleitung zu einem Fujitsu Siemens PC, erstellt von cognitas GmbH

Lieferumfang

Zweck

Der Lieferumfang ist wichtig, wenn das Produkt aus mehreren Teilen besteht und der Benutzer die Möglichkeit haben soll, die Vollständigkeit der Lieferung zu überprüfen.

Ausführung

Idealerweise wird der Lieferumfang als Zeichnung mit Bezeichnungen dargestellt.

Struktur: Lieferumfang	
	Beispiele, Hinweise
Überschrift	*Lieferumfang*
Zeichnung mit allen Einzelteilen	
- Einzelteilzeichnung	
- ggf. Anzahl	*4 x*
- Bezeichnung	*Batterien*
- Zuordnung als Linie oder über Nummer	

In manchen Fällen genügt eine tabellarische Aufzählung der Teile.

Beispiel: Lieferumfang

AUSPACKEN DES VERPACKUNGSINHALTS

Sollte eines der unten aufgeführten Teile fehlen oder beschädigt sein, wenden Sie sich bitte an Ihren Fachhändler.

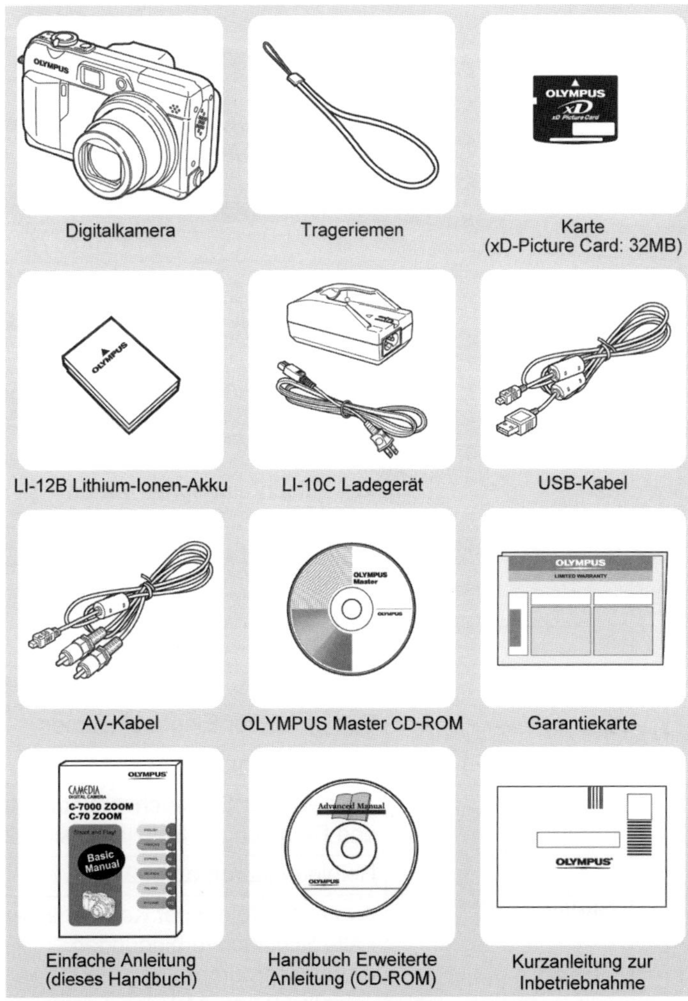

Der Verpackungsinhalt richtet sich nach der Region, in der Sie Ihre Kamera gekauft haben.

76

Bei dieser übersichtlichen Darstellung fällt es leicht, den Lieferumfang zu prüfen.
Quelle: Olympus Europe GmbH, Camedia C-70 ZOOM

Wartungsplan

Der Wartungsplan ist die tabellarische Darstellung aller Wartungsarbeiten.

Zweck

Der Wartungsplan dient dem Benutzer als Anleitung und Checkliste, um die erforderlichen Arbeiten termingerecht auszuführen.

Ausführung

Die Wartungsarbeiten sind nach Zeitintervallen bzw. Betriebsstunden geordnet.
Innerhalb der Intervalle stehen die Arbeiten in einer sinnvollen Reihenfolge, in der die Tätigkeiten ausgeführt werden können.

Struktur: Wartungsplan

	Beispiele, Hinweise
Überschrift	*Wartungsplan*
Wartungsintervall	*täglich,* *alle 100 Betriebsstunden*
- auszuführende Arbeit	*Sichtkontrolle der Schlauchverbindungen*
- ggf. Seite mit der Beschreibung der Arbeit	*Seite 18*

Beispiel: Wartungsplan

Wartungsplan		
Täglich	Sichtkontrolle der Schlauchverbindungen	S 18
	Reinigung der Eingabekammer	S 22
	Spülprogramm 1	S 23
Wöchentlich	Ausbau aller Schlauchverbindungen und Reinigung in Spezialflüssigkeit	S 28
	Reinigungsprogramm 2	S 40
Jährlich	Austausch folgender Komponenten: - alle Schlauchverbindungen - Abwasserpumpe - Ventil A2 und A14 - Eingabekammer	S 51
	Reinigungsprogramm 3	S 42

Beispiel-Wartungsplan für ein medizinisches Gerät. Der Wartungsplan zeigt übersichtlich die regelmäßig auszuführenden Arbeiten. Quelle: Dietrich Juhl, für dieses Buch erstellt

Fehlersuchtabelle

Die Fehlersuchtabelle fasst die häufigsten Fehler und Abhilfen übersichtlich zusammen.

Zweck

Die Fehlersuchtabelle hilft dem Benutzer, bei Fehlern gezielt nach Ursache und Abhilfe zu suchen.

Ausführung

Struktur: Fehlersuchtabelle	
	Beispiele, Hinweise
Überschrift	*Fehlersuche, Bei Störung, Fehlerbehebung*
ggf. einleitender Text	*Falls Fehler auftreten, können Sie hier den Fehler und die mögliche Ursache einkreisen.*
Tabelle	Sortierung: - nach Vorkommenshäufigkeit oder - bei Fehlermeldungen: alphabetisch sortiert
- Fehler	*Es wird nur grau gedruckt* *Fehlermeldung: K 700*
- mögliche Ursache	*Voreinstellung falsch*
- Behebung	*Voreinstellung des Druckers auf „Farbe" stellen*
- ggf. Seitenzahl für ausführliche Beschreibung der Arbeit	*Siehe Seite 66*

Beispiel: Fehlersuchtabelle Handy

Fehlerbehebung

69

Treten beim Gebrauch des Telefons Probleme auf, versuchen Sie bitte zuerst hier eine Lösung zu finden. Gelingt dies nicht, fragen Sie Ihren Dienstanbieter oder den Siemens-Service.

Problem	Mögl. Ursachen	Mögliche Abhilfemaßnahmen
Telefon lässt sich nicht einschalten.	Ein-/Austaste zu kurz gedrückt.	Ein-/Austaste min. zwei Sekunden drücken.
	Akku leer.	Akku laden. Ladeanzeige im Display prüfen.
	Akkukontakte verschmutzt.	Kontakte reinigen.
	Siehe unten bei: „Ladefehler"	
Standby-Zeit zu gering.	Häufige Nutzung des Organizers bzw. der Spiele.	Nutzung ggf. einschränken.
	Schnelle Suche aktiviert.	Schnelle Suche deaktivieren (S. 61).
	Displaybeleuchtung eingeschaltet.	Displaybeleuchtung ausschalten (S. 60).
	Unbeabsichtigter Tastendruck (Beleuchtung!).	Tastensperre einschalten (S. 60).
Ladefehler (kein Ladesymbol im Display).	Akku in Tiefentladung.	1) Ladekabel anstecken 2) Ca. 5 - 10 Min. warten, bis Ladesymbol erscheint 3) Ca. 5 Stunden laden (nur mitgeliefertes Ladegerät verwenden).
	Temp. außerhalb des Bereichs: 5 °C bis 40 °C.	Für passende Umgebungstemperaturen sorgen, etwas Zeit abwarten, dann erneut laden.
	Kontaktproblem.	Stromversorgung und Verbindung zum Telefon überprüfen. Akkukontakte und Geräteschnittstelle prüfen, ggf. säubern, dann Akku erneut einlegen.
	Keine Netzspannung vorhanden.	Andere Steckdose benutzen, Netzspannung überprüfen.
	Falsches Ladegerät.	Nur Original-Siemens-Zubehör benutzen.
	Akku defekt.	Akku ersetzen.
SIM-Fehler.	SIM-Karte nicht korrekt eingeschoben.	Sicherstellen, dass die SIM-Karte korrekt eingeschoben ist (S. 6).
	Kontakte der SIM-Karte verschmutzt.	SIM-Karte mit einem trockenen Tuch säubern.
	SIM-Karte mit falscher Voltzahl.	Nur SIM-Karten mit 3 Volt möglich.
	SIM-Karte beschädigt (z. B. gebrochen).	Sichtprüfung durchführen. SIM-Karte bei Dienstanbieter austauschen.

Fehlerbehebung

71

	gl. Ursachen	Mögliche Abhilfemaßnahmen
	ıstanbieter unterstützt diesen ıst nicht.	Beim Dienstanbieter nachfragen.
	ıummer des Service-Zentrums ıt oder falsch eingestellt.	Service-Zentrum einstellen (S. 29).
	·-Karten-Vertrag unterstützt diesen ıst nicht.	Dienstanbieter anrufen.
	vicezentrum überlastet.	Meldung wiederholen.
	ɔfänger hat kein kompatibles Tele-	Überprüfen.
	i falsche Eingaben.	Die mit dem SIM bereitgestellte MASTER PIN (PUK) entsprechend den Hinweisen eingeben. Falls MASTER PIN oder PIN verlorengegangen sind, wenden Sie sich an den Dienstanbieter.
	i falsche Eingaben.	Siemens-Service anrufen (S. 72).
Code-Fehler.	ıe Berechtigung für diesen Dienst.	Dienstanbieter anrufen.
Menüeinträge fehlen/sind zuviel.	Über die SIM-Karte können Funktionen vom Dienstanbieter hinzugefügt oder entfernt worden sein.	Beim Dienstanbieter nachfragen.
Kein Fax möglich.	Falsche Einstellungen im PC.	Einstellungen prüfen (S. 67).
	Keine Berechtigung für den Dienst.	Dienstanbieter anrufen.
Beschädigung		
Schwere Erschütterung.	Akku und SIM entfernen und wieder einlegen. Telefon nicht zerlegen!	
Telefon wurde nass.	Akku und SIM-Karte entnehmen. Sofort mit Tuch abtrocknen, nicht erwärmen. Stekkerkontakte gründlich trocknen. Gerät aufrecht stehend der Zugluft aussetzen. Telefon nicht zerlegen!	

Alle Einstellungen in den Lieferzustand zurücksetzen: * # 9 9 9 9 #

Weitere Informationen im Internet:

http://www.my-siemens.com/c45

Die Fehlersuchtabelle ermöglicht dem Benutzer, den beobachteten Fehler zu finden und die dazugehörige Ursache und Abhilfe zu ermitteln. Gut: Auf der letzten Seite steht eine Kurzanleitung für das Reset und die Quelle für weitere Hilfe im Internet. Quelle: Siemens AG, C45

Beispiel: Fehlersuchtabelle Rasenmäher

(D)

13. Störungsursachen und deren Beseitigung

Störungen	Mögliche Ursachen	Beseitigung
Motor springt nicht an	- Schaltbügel nicht umgeklappt. - Kein Benzin. - Zündkerzenstecker lose. - Zündkerze defekt bzw. verschmutzt oder Elektroden abgebrannt. - Motor bekommt zuviel Benzin (Zündkerze naß). - Luftfilter verschmutzt. - Zündung defekt.	- Schaltbügel auf das Holmoberteil drücken. - Nachtanken. - Kerzenstecker aufdrücken. - Zündkerze ersetzen bzw. reinigen, Elektrodenabstand auf 0,75 mm einstellen, ggf. Zündkerze erneuern. - Von der **SABO** -Service-Station prüfen lassen. - Luftfiltereinsatz reinigen bzw. erneuern. - Von der **SABO** -Service-Station prüfen lassen.
Motorleistung läßt nach	- Luftfilter verschmutzt. - Zündkerze verrußt. - Benzintank verunreinigt. - Vergaser verstopft. - Kühlluftwege verstopft.	- Luftfiltereinsatz reinigen bzw. erneuern. - Frisches Benzin verwenden. - Von der **SABO**-Service-Station reinigen lassen. - Von der **SABO**-Service-Station prüfen lassen. - Von der **SABO**-Service-Station prüfen lassen.
Motor läuft unregelmäßig	- Vergaser. - Zündanlage. - Reglergestänge.	- Von der **SABO**-Service-Station prüfen lassen. - Von der **SABO**-Service-Station prüfen lassen. - Von der **SABO**-Service-Station prüfen lassen.
Mäher fährt nicht	- Antriebskeilriemen lose oder gerissen. - Bowdenzug gerissen oder ausgehängt.	- Antriebskeilriemen ersetzen. - Bowdenzug ersetzen bzw. einhängen.
Fahrgeschwindigkeit kann nicht reguliert werden	- Zu viele Grasreste unter der Riemenabdeckung.	- Riemenabdeckung abnehmen und Grasreste entfernen. Schwenkarm auf Gängigkeit prüfen.
Starke Erschütterungen (Vibrieren)	- Motorbefestigung lose. - Messerbalken lose. - Messerkupplung exzentrisch eingelaufen. - Messerbalken beim Schleifen nicht ausgewuchtet.	- Von der **SABO**-Service-Station prüfen lassen. - Messerschraube anziehen. - Von der **SABO**-Service-Station prüfen lassen. - Von der **SABO**-Service-Station auswuchten lassen.

Die Fehlersuchtabelle zu einem Rasenmäher. Quelle: SABO-Maschinenfabrik GmbH

Beispiel: Fehlersuchtabelle nummerisch sortiert

11.3 PLS-Fehlertabelle

Ihr PLS führt kontinuierlich eine Vielzahl von Selbsttestroutinen durch, die die einwandfreie Funktion des Gerätes überprüfen sollen. Sollte ein solcher Selbsttest beim Start des Systems oder während des Betriebes fehlschlagen, schaltet der PLS aus Sicherheitsgründen seine Sicherheitsausgänge (OSSD) ab.

In dieser Tabelle können Sie feststellen, was die Fehlercodes der SICK-Diagnose bedeuten, und ob Sie den entsprechenden Fehler selbst beheben können. Wie Sie die SICK-Diagnose ausführen, ist im Kapitel 9.11 beschrieben.

Hinweis:
Falls Sie einen Fehlercode erhalten haben, den Sie nicht in dieser Tabelle finden, wenden Sie sich bitte an den SICK-Service.

Fehlercode:	**Ursache / Das können Sie tun:**
2–16	**Interner Fehler:** unterbrechen Sie die Versorgungsspannung zum PLS für mindestens 3 Sekunden. Bleibt das Problem bestehen, wenden Sie sich bitte an die Sick-Hotline.
17–20	**Verschmutzung der Frontscheibe:** Reinigen Sie die Frontscheibe bzw. tauschen Sie diese. Der Verschmutzungsabgleich muß nach jedem Wechsel der Frontscheibe durchgeführt werden!
24	**gegenseitige Beeinflussung mehrerer PLS:** Beseitigen Sie diese Beinflussung, indem Sie die Montage der PLS verändern. Beachten Sie hierzu die Montageanweisungen im Kapitel 7. **Motordrehzahl nicht korrekt:** Betrieb bei niedrigen Temperaturen. Beachten Sie die Einhaltung der Spezifikationen des Gerätes (siehe technische Daten).
27	**Äußere Beschaltung des Abschaltpfades 1 fehlerhaft:** Überprüfen Sie die Verdrahtung der externen Beschaltung. Prüfen Sie auf Kurzschluß des Abschaltpfades zu 0 Volt, zu 24 V und zum zweiten Abschaltpfad. Stellen Sie sicher, daß die ohmsche sowie die kapazitive Belastung des Abschaltpfades den Spezifikationen des Gerätes entspricht. Prüfen Sie auch die Stecker und die Crimpung der Verkabelung. **Unterspannung bei der Versorgung des Gerätes:** Stellen Sie sicher, daß die Spannungsversorgung des Gerätes den in den Spezifikationen technischen Daten entspricht. Messen Sie die Spannung direkt am PLS, um einen eventuellen Spannungsabfall aufgrund langer Versorgungsleitungen zu berücksichtigen.
28	**Äußere Beschaltung des Abschaltpfades 2 fehlerhaft:** siehe Error Code 27 **Unterspannung bei der Versorgung des Gerätes:** siehe Error Code 27
29	**Motordrehzahl nicht korrekt:** Betrieb bei niedrigen Temperaturen. Beachten Sie die Einhaltung der Spezifikationen des Gerätes (siehe technische Daten).
31	**Blendung des Sensors während einer Messung** Prüfen Sie, ob der PLS durch eine externe Lichtquelle geblendet wird, z. B. Scheinwerfer, Infrarot-Lichtquellen, Sonne usw. Gegebenenfalls kann auch durch leichtes Verändern des PLS-Anbaus das Problem behoben werden. (Hierfür sind die unter Kapitel 5 beschriebenen Montagehinweise zu beachten). Überprüfen Sie bei Einsatz an einem FTS, ob die Applikationssvariante "Fahrzeugabsicherung" angewählt wurde.

Bei diesem Gerät werden Fehlercodes angezeigt. Die Fehlersuchtabelle ist deshalb nummerisch sortiert. Mögliche Ursache und Behebung sind hier in einer Spalte zusammengefasst und nur typografisch unterschieden. Quelle: Sick AG

Alternative: Fehlersuche anhand eines Flowcharts

3 Störungssuche und -beseitigung

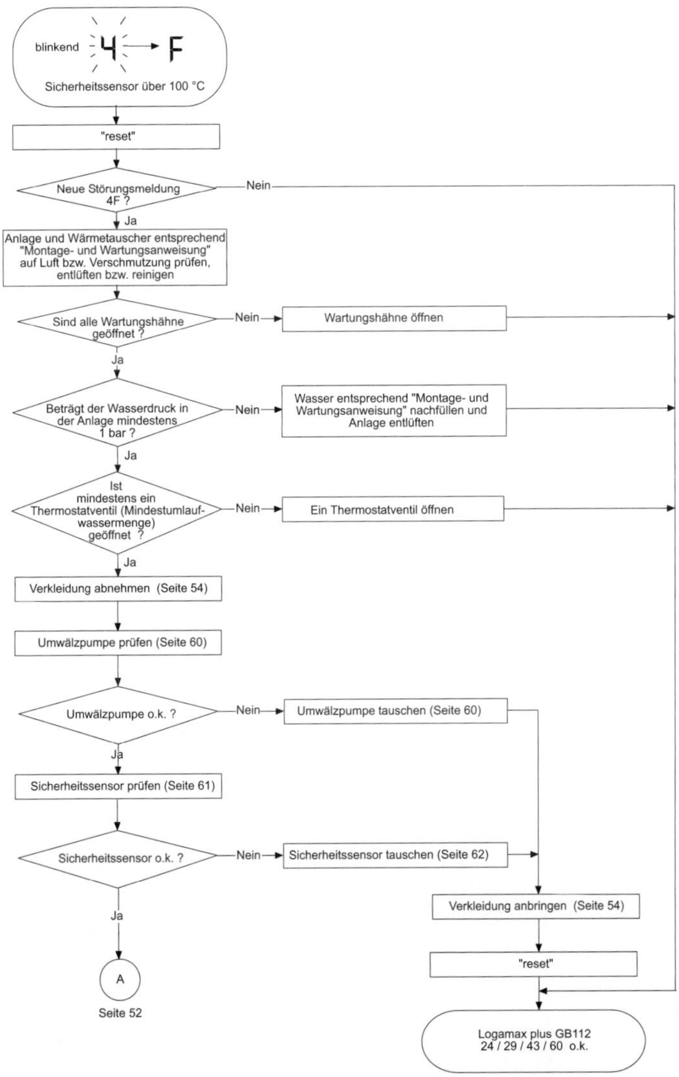

Änderungen aufgrund technischer Verbesserungen vorbehalten! Buderus Heiztechnik GmbH • http://www.heiztechnik.buderus.de

26 Serviceanleitung Logamax plus GB112 24/29/43/60 • Ausgabe 03/00

Alternativ zur Fehlersuchtabelle kann auch ein Flowchart eingesetzt werden. Im Flowchart können komplexe Fehlersuchabläufe dargestellt werden: „Prüfen Sie ob..., wenn ja, dann ... sonst..." Nachteil des Flowcharts: Es kann nicht von allen Lesern „gelesen" werden.
Quelle: Buderus Heiztechnik GmbH

Garantie

Zweck

Die Garantiebestimmungen dienen dem Hersteller dazu darzulegen, in welchen Fällen Anspruch auf Garantie besteht.
Gegebenenfalls kann hier auch erklärt werden, wie der Kunde im Garantiefall verfahren soll.

Ausführung

Lassen Sie die Garantiebestimmungen von Juristen verfassen und übernehmen Sie die Formulierungen wörtlich.

Struktur:	
	Beispiele, Hinweise
Überschrift	*Garantie, Herstellergarantie, Garantiebestimmungen...*
Garantiebestimmungen	Juristische Formulierungen.
ggf. Anleitung	Anleitung, wie im Garantiefall verfahren werden soll.
ggf. Adresse	Adresse, an die das Gerät im Garantiefall geschickt werden soll.

Beispiel: Garantie

Garantieerklärung

Für das EURACOM *P4* übernimmt der Hersteller eine Garantie von 12 Monaten, gerechnet ab Datum des Kaufbelegs des Händlers, unter Ausschluß von Schadensersatz, Wandlung oder sonstigen Ansprüchen. Bitte heben Sie zum Nachweis des Kaufdatums Ihren Kaufbeleg auf.
Im Rahmen dieser Garantie werden alle Teile, die durch Fabrikations- oder Materialfehler schadhaft geworden sind, kostenlos ersetzt oder instandgesetzt.

Von der Garantie ausgenommen sind Schäden oder Störungen, die durch unsachgemäßen Gebrauch, auf natürlichen Verschleiß oder auf Eingriff durch Dritte zurückzuführen sind. Für Schäden, die durch höhere Gewalt oder Transport entstehen, kommen wir nicht auf.

Durch eine Garantiereparatur tritt weder für die ersetzten Teile, noch für das Gerät eine Verlängerung der Garantiezeit ein.

Bedingungen für Garantieabwicklung über EURACOM Service-Center.

Mit dem EURACOM *P4* haben Sie sich für ein hochwertiges ISDN-Telefon entschieden, das den heutigen technischen Erfordernissen zum Anschluß an das öffentliche ISDN-Netz und an den EURACOM Systemen entspricht.

Sollten Sie dennoch Störungen am System haben, stellen wir Ihnen über das EURACOM Service - Center einen unbürokratischen Vorabtausch-Service zur Verfügung.

Ansprechpartner für Störungen am Gerät:
EURACOM Service-Center: Telefonnummer 0 18 05 / 22 87 43 (DM 0,48 / min)

Quelle: Ackermann

Beispiel: Garantie

12. Herstellergarantie

Für unsere Geräte leisten wir Gewähr - unbeschadet der Ansprüche des Endabnehmers aus Kaufvertrag gegenüber dem Händler - wie folgt:

1. Unsere Gewährleistung umfaßt nach unserer Wahl die Nachbesserung oder Neulieferung eines Gerätes, wenn die Funktionsfähigkeit des Gerätes aufgrund nachweisbarer Material- oder Fertigungsfehler beeinträchtigt oder nicht gegeben ist.
2. Die Anspruchsfrist richtet sich nach unseren allgemeinen Verkaufsbedingungen. Die Einhaltung der Anspruchsfrist ist durch Nachweis des Kaufdatums mittels beigefügter Rechnung, Lieferschein oder ähnlicher Unterlagen zu belegen.
3. Der Käufer trägt in jedem Fall die Transportkosten.

Bitte schicken Sie das Gerät portofrei mit einer Fehlerbeschreibung an unsere zentrale Kundendienststelle:

Gira
Giersiepen GmbH & Co. KG
Service Center
Dahlienstraße 12
42477 Radevormwald

Quelle: Gira GmbH & Co. KG

Credits

Zweck

Credits sind die Zusammenstellung der an der Herstellung beteiligten Personen und anderer Daten der Herstellung (ähnlich einem Abspann beim Film).

Ausführung

- übersichtliche Auflistung,
- meist am Schluss der Anleitung oder im Impressum.

Credits sind bei Anleitungen in Deutschland nicht üblich.

Beispiel: Credits

Autor:	Dietrich Juhl
Zeichnungen:	Guido Leuck
Fotos:	tecteam GmbH
DTP:	Adobe® Frame-Maker®
Grafikprogramm:	Adobe® Illustrator®

alle Rechte vorbehalten
© tecteam GmbH, Dortmund

Quelle: Dietrich Juhl, für dieses Buch erstellt

Adressen

Im Adressteil stehen die Adresse des Herstellers und ggf. die Adressen von Niederlassungen oder Servicestellen.

Zweck

Die Adressen dienen dem Benutzer dazu, sich mit dem Hersteller in Verbindung zu setzen. Die Gründe können vielfältig sein:
- Das Gerät ist defekt und der Benutzer will Ersatzteile bestellen.
- Der Benutzer will den Service bestellen.
- Der Benutzer will Verbesserungsvorschläge machen.
- Der Benutzer will sich beschweren.
- Der Benutzer will ein ähnliches Gerät kaufen.

Ausführung

Die Adressen sind meistens übersichtlich gestaltet.
Häufig wird eine einheitliche Adress-Seite in allen Publikationen verwendet.
Es kann sinnvoll sein, zweckgebundene Adressen und Telefonnummern anzugeben (z.B. Hotline, Kundendienst, Vertrieb).

Struktur: Adressen	
	Beispiele, Hinweise
Überschrift	*Adressen*
Hersteller	*Grohe AG & Co. KG*
Niederlassungen	ggf. mit Karte
Serviceadressen	geordnet nach Ländern
Spezielle Adressen	geordnet nach Anwendung
- Hotline	
- Kundendienst	
- Vertrieb	

Beispiel: Adressen

(A)
GROHE Ges.m.b.H.
Beichlgasse 6
A-1100 Wien
Tel.: 01 / 68060-0
Fax: 01 / 689 8747

(B)
GROHE N.V. - S.A.
Diependaalweg 4a
B-3020 Winksele
Tel.: 0 16 / 23 06 60
Fax: 0 16 / 23 90 70

(BG)
Vertretung Friedrich Grohe AG
Herrn Ralf Spiering
Klon 11
Postfach 35
BG-8011 Burgas
Tel.: 056 / 841585
Fax: 056 / 557766

(CDN)
GROHE Canada Inc.
1226 Lakeshore Road East
Mississauga, Ontario
Canada, L5E 1E9
Tel.: 905 / 271 2929
Fax: 905 / 271 9494

(CH)
Friedrich Grohe
AG & Co. KG
Zweigniederlassung Schweiz
Handelszentrum Wallisellen
Hertistr. 2
CH-8304 Wallisellen
Tel.: 01 / 877 7300
Fax: 01 / 877 7320

(CY)
Nicos Theodorou & Sons Ltd.
P.O. Box 1387
CY-Nicosia
Tel.: 2 / 447671
Fax: 2 / 459085

(CZ) (SK)
Zastoupení
Friedrich Grohe
AG & Co. KG
pro ČR a SR
Veronika Menšíková
Učňovská 100/1
190 00 Praha 9 - ČR
Tel./Fax: 02 / 66106262
Tel.: 0602 / 217747,
0602 / 311095,
0602 / 126317

(DK)
GROHE A/S
Walgerholm 9-11
DK-3500 Vaerloese
Tel.: 44 / 65 68 00
Fax: 44 / 65 02 52

(E)
GROHE España S.A.
C/ Botanica, 78 - 88
Poligono Pedrosa
E-08908 L'Hospitalet de
Llobregat (Barcelona)
Tel.: 93 / 3 36 88 50
Fax: 93 / 3 36 88 51

(EST) (LT) (LV)
ALPIGRO OÜ
Alar Pihlak
Jõe 5
EST-10151 Tallinn
Tel.: 00372 / 6261204
Fax: 00372 / 6261204

(F)
GROHE S.à.r.l.
11, Rue des Peupliers
F-92130 Issy-les-
Moulineaux
Tel.: 01 / 46 62 50 00
Fax: 01 / 46 62 61 10

(FIN)
OY Teknocalor AB
Sinikellonkuja 4
FIN-01300 Vantaa
Tel.: 09 / 8254600
Fax: 09 / 826151

(GB)
GROHE Limited
1, River Road
GB-Barking,
Essex, IG11 OHD
Tel.: 0208 / 5 94 72 92
Fax: 0208 / 5 94 88 98

(GR)
Nikos Sapountzis AG
3. September Str. 50
GR-10433 Athen
Tel.: 01 / 8 22 24 56
Fax: 01 / 8 22 83 23

(H)
GROHE KFT
Kereskedelmi Képviselet
H-2040 Budaörs, Liget u. 1.
Tel.: 23 / 422-468
Fax: 23 / 422-469

(HR)
Giersch GmbH
Damir Pavelić
Maksimirska ul. 98/
HR-10000 Zagreb
Tel.: 01 / 2331 442
Fax: 01 / 2331 966

(I)
GROHE S.p.A.
Via Castellazzo Nr. 9/B
I-20040 Cambiago (Milano)
Tel.: 02 / 959401
Fax: 02 / 95940263

(IS)
Metró-Normann EHF
Hallarmúli 4
IS-108 Reykjavik
Tel.: 354 / 553 3331
Fax: 354 / 581 2664

(J)
Grohe Japan Ltd.
TRC Building, 3F
1-1 Heiwajima 6-chome,
Ota-ku
Tokyo 143-0006
Tel.: 03 / 32 98-97 30
Fax: 03 / 37 67 38 11

(N)
Friedrich Grohe
AG & Co. KG
Salgskontor Norge
Karihaugveien 89
N-1086 Oslo
Tel.: 22 / 90 61 10
Fax: 22 / 90 61 20

(NL)
GROHE Nederland B.V.
Metaalstraat 2
NL-2718SW Zoetermeer
Tel.: 0793 / 68 01 33
Fax: 0793 / 61 51 29

(P)
GROHE Portugal Componentes
Sanitários, Lda.
Rua Eng. Ferreira Dias
910 / 924
P-4100 Porto
Tel.: 022 / 619 09 15
Fax: 022 / 619 08 74

(PL)
GROHE Polska Sp. Z.O.O.
ul. Migdałowa 4
PL - 02-796 Warszawa
Tel.: 022 / 645 12 55 - 57
Fax: 022 / 645 12 58

(RUS)
Представительство
Friedrich Grohe
AG & Co. KG
в России
ул.Садовая-Черногрязская,
13/3, стр. 3
103064 Москва
тел.: 095 / 9374901
факс.: 095 / 9374902
Сервисный центр Grohe
тел.: 095 / 2125758

(S)
Duschbyggarna
T&C Ljungqvist AB
Hammarby Kajväg 30
S-120 08 Stockholm
Tel.: 08 / 640 - 5260
Fax: 08 / 641 - 6850

(SLO)
Zastopstvo - ÖSPAG
Prodružnica za Slovenijo
Letališka c. 33
SLO-1000 Ljubljana
Tel.: 061 / 1404350
Fax: 061 / 1404350

(UA)
Представитель
Friedrich Grohe
AG & Co. KG
в УКРАЙНЕ
Н.И. Топольская
252186 Киев
тел.: 044 / 2430255
факс.: 044 / 2430255

(USA)
GROHE America Inc.
241 Covington Drive
Bloomingdale
Illinois, 60108
Tel.: 630 / 582 7711
Fax: 630 / 582 7722

Near and Middle East Area Sales Office:
GROME Marketing
(Cyprus) Ltd.
21. Academias Ave.
Kema Building, 9th Floor
Aglanja
P.O. Box 7048
Nicosia - Cyprus
Tel.: 00357 / 2 / 33 42 63
Tx.: 4332 Grome Cy
Fax: 00357 / 2 / 33 25 79

Far East Area Sales Office:
GROHE Pacific Pte. Ltd.
260 Orchard Road
08-03/04 The Heeren
Singapore 238855
Tel.: 00 65 / 7 38 55 85
Fax: 00 65 / 7 38 08 55

GROHE

Friedrich Grohe AG & Co. KG · Postfach 13 61 · 58653 Hemer
Tel. 0 23 72 / 93-0 · Fax: 0 23 72 / 93 13 22

Die Adressseite bei Grohe ist standardisiert und wird in vielen Dokumenten verwendet.
Quelle: Grohe AG & Co. KG

Exkurs: Reihenfolge beim Schreiben

Wenige Bücher werden in der Reihenfolge geschrieben, in der der Text später im Buch erscheint. So auch Anleitungen.
Meines Erachtens ist es sinnvoll, zuerst die Inhalte zu beschreiben und dann die weiteren Elemente „drumherum zu bauen".
Folgende Reihenfolge halte ich für sinnvoll:

Sinnvolle Reihenfolge:	
Gerätebeschreibung	Beginnen Sie mit einer vorhandenen Abbildung oder machen Sie eine Skizze. Legen Sie die Bezeichnungen und die Positionsnummern fest. Lassen Sie die Reinzeichnung erst ganz zum Schluss anfertigen.
Tätigkeitsbeschreibungen	Erstellen Sie eine Liste der Tätigkeiten. Formulieren Sie Überschriften. Schreiben Sie Handlungsanweisungen. Fügen Sie hier schon Sicherheitshinweise ein. Lassen Sie Zeichnungen anfertigen.
Leistungsbeschreibung	Schreiben Sie die Leistungsbeschreibung.
ggf. Funktionsweise	Formulieren Sie die Beschreibung der Funktionsweise.
ggf. Technische Unterlagen	Fügen Sie ggf. notwendige Technische Unterlagen hinzu.
Spezielle Inhalte	Fügen Sie die speziellen Inhalte dazu, die Sie brauchen. Vervollständigen und systematisieren Sie die Sicherheitshinweise.
ggf. Verständniselemente	Ergänzen Sie Ihre Texte, wenn nötig, mit Verständniselementen.
Ordnungselemente	Fügen Sie die notwendigen Ordnungselemente als letzten Schritt hinzu.
Fertig	Prüfen Sie, ob Sie alles haben. ◆

Komplette Anleitungen

Komplette Anleitungen

Je nach Gerät, Zielgruppe und Aufgabe der Anleitung gibt es viele verschiedene Anleitungen, z.B.:

- Normale Bedienungsanleitungen für Konsumgüter, wie Stereoanlagen oder Telefone.
- Softwareanleitung für eine umfangreiche Software, wie MS-Word.
- Montageanleitung für die Installation einer Heizungsanlage.
- Service-Anleitung für ein KFZ (Zielgruppe Mitarbeiter in einer KFZ-Werkstatt).

All diese unterschiedlichen Anleitungen lassen sich aus den beschriebenen Inhalten und zusätzlichen Elementen zusammensetzen.

Im Folgenden finden Sie eine Reihe von Anleitungstypen.
Die Beschreibungen setzen die Kenntnis der fünf Inhalte (Leistungsbeschreibung usw.) voraus. Auf dieser Basis können Sie sich die einzelnen Anleitungstypen schnell erschließen.

Sie müssen nicht alles lesen!

Wahrscheinlich schreiben Sie nur bestimmte Formen von Anleitungen und müssen (zumindest im Moment) nicht alle Anleitungstypen kennen und beherrschen.
Deswegen ist es für Sie sinnvoll, in diesem Kapitel nur die Anleitungstypen herauszusuchen und zu lesen, die bei Ihnen vorkommen.

Überblick

Normale Anleitung

Normale Anleitungen sind Anleitungen zu Geräten,
- die von Nicht-Technikern bedient werden,
- bei denen die Gerätebeschreibung übersichtlich ist,
- bei denen nicht zu viele einzelne Tätigkeiten vorkommen.

Normale Anleitungen bestehen aus den unten aufgeführten drei bis vier Inhalten, wobei die Tätigkeitsbeschreibungen oft als klassische Handlungsanweisungen ausgeführt sind.
Die Beschreibung der Funktionsweise entfällt meistens.

Struktur: Normale Anleitung
Leistungsbeschreibung
Gerätebeschreibung
Tätigkeitsbeschreibungen • mehrere • meist als Handlungsanleitung • Reihenfolge: normale Handlungen ➔ seltene Handlungen
Technischer Anhang • ggf. Fehlersuchtabelle und HA für Fehlerbehebung • ggf. Beschreibung der Funktionsweise • ggf. Ersatzteilliste

Praktische Tipps

Benutzen Sie die oben stehende Struktur!
Finden Sie eine einfache Gliederung!
Prüfen Sie, welche allgemeinen Erklärungen Sie wirklich brauchen!
Lassen Sie alles Unnötige weg!
Schreiben Sie zunächst wirklich nur die Inhalte!

Beispiel: Normale Anleitung

ROWI-Taschenstativ

Leistungs-beschreibung

Das ROWI-Taschenstativ ist ein Fotostativ zur universellen Befestigung von Fotoapparaten an unterschiedlichen Gegenständen, wie z.B.:

- Tischplatte (mit der Schraubzwinge)
- Schranktür (mit der Schraubzwinge)
- Holz (mit der Holzschraube)
- Auf geradem Untergrund (herausziehbare Füße)

Mit dem Kugelgelenk kann der Fotoapparat in einem weiten Bereich ausgerichtet werden.

Die Standard-Stativschraube passt bei den meisten Fotoapparaten.

Geräte-beschreibung

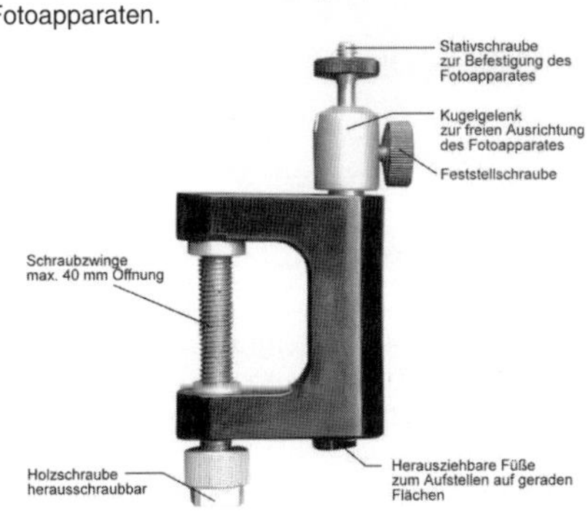

Tätigkeits-beschreibung

Befestigung an Holz

Sie können das Stativ mit der Holzschraube an Holz befestigen.

- Schrauben Sie die Holzschraube unten heraus.
- Setzen Sie den Kopf der Holzschraube in die Schraubzwinge ein.
- Drehen Sie die Schraubzwinge zu.
- Drehen Sie die Holzschraube am gewünschten Ort ein.
- Das Stativ ist jetzt sicher am Holz befestigt. ♦

Diese Anleitung zum Taschenstativ besteht nur aus den Standardinhalten: Leistungsbeschreibung, Gerätebeschreibung und Tätigkeitsbeschreibung (hier nur für eine Tätigkeit).
Quelle: Dietrich Juhl, für dieses Buch erstellt

Beispiel: Normale Anleitung

UHU-Korrekturstift Cover UP

Der UHU-Cover-UP ist ein Korrekturstift zum schnellen und einfachen Überdecken von Schrift auf weißem Untergrund.

Der UHU Cover-UP zeichnet sich besonders durch die einfache Verwendung aus.
Die abgedeckte Fläche kann sofort wieder beschriftet werden.

Leistungs-beschreibung

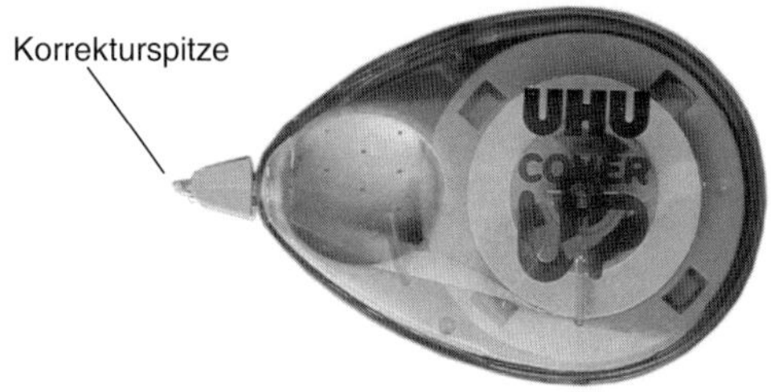

Geräte-beschreibung

Abdecken von Schrift

Sie können beliebige Zeichen auf weißem Untergrund korrigieren.

- Setzen Sie die Korrekturspitze auf die zu korrigierende Stelle.
- Ziehen Sie den Cover-UP mit leichtem Druck über den Text.
- Der Text ist weiß abgedeckt und die abgedeckte Fläche kann sofort wieder beschriftet werden. ♦

Tätigkeits-beschreibung

Die drei Inhalte ergeben eine vollständige Bedienungsanleitung.
Quelle: Dietrich Juhl, für dieses Buch erstellt

Beispiel: Normale Anleitung

Zündzeitpunkt-Stroboskop ETZ 309

Das Bosch ETZ 309 ist ein Zündzeitpunkt-Stroboskop und dient zum Prüfen und Einstellen des Zündzeitpunktes bei Ottomotoren.

Datenblätter

Die Daten des Zündzeitpunktes finden Sie in den Datenblättern der Motorenhersteller und in den Testwerteblättern der Fachverlage.

Broschüre zum Prüfen der Zündanlage

Im Heft „Prüfen der Zündanlage" (Best.Nr. 1 689 980 057) finden Sie weiter Informationen:

- Funktionsweise der Zündsysteme
- Gesamtablauf eines Zündungstests
- Auswerten der Ergebnisse
- Die Broschüre können Sie gegen eine Schutzgebühr bei den Bosch-Diensten bestellen.

Gerätebeschreibung

Anschlußklemme Triggerzange Blitzleuchte

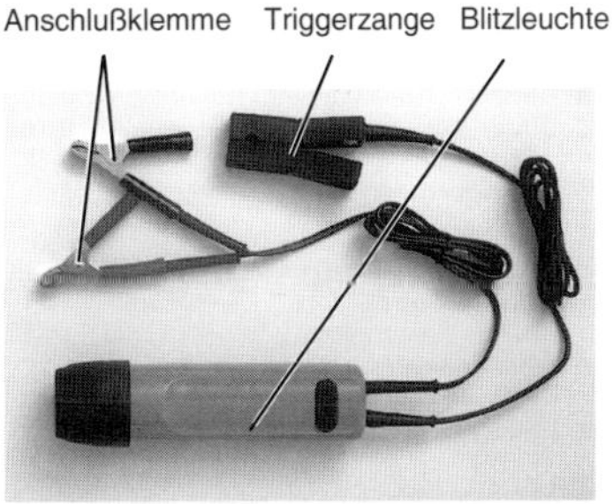

Technische Daten

Gehäuse - Länge - Durchmesser - Material	 ca. 210 mm ca. 48/54mm, oval Polyamid, schlag- und bruchfest, öl benzin- und alterungsbeständig
Anschlusskabel	Länge ca. 1,5 m
Gewicht	ca. 0,5 kg
Spannungsversorgung	8-15 V Gleichsp.
Blitzröhre	mit Xenon-Gasfüllung
Blitzauslösung	über Triggerzange
Blitzfrequenz	max. 4.500 pro min.
Schaltungsaufbau	volltransistorisiert
Gesamtwiderstand der Zündanlage	max. 20 kΩ min. 5 KΩ
Geräuschpegel	< 70 dB

Anschließen des Stroboskops

Sie können das Stroboskop an die Fahrzeugbatterie anschließen und mit Hilfe der Triggerzange triggern.

- Roten Klipp mit + der Batterie verbinden.
- Schwarzen Klipp mit - der Batterie.
- Triggerzange über Zündkabel des 1. Zylinders in Verteilernähe klemmen.
- Das Stroboskop blitzt jetzt bei jedem Zündimpuls.

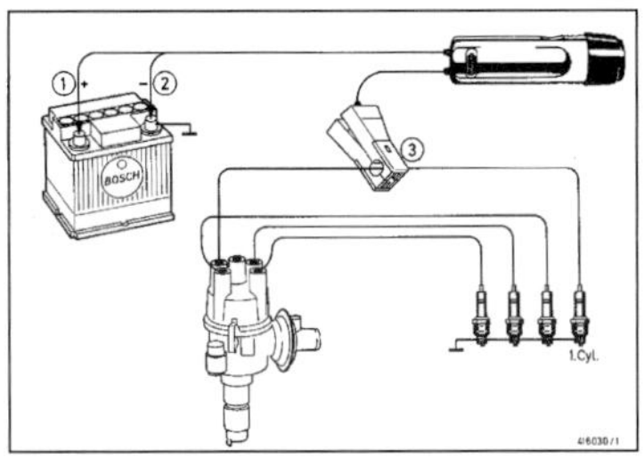

Dynamische Grundeinstellung vornehmen

Sie können den Zündzeitpunkt mit Hilfe des Stroboskops genau einstellen.

- Falls vorgeschrieben: Bei Zündverteilern mit Unterdruckverstellung Unterdruckschlauch abziehen.
- Stroboskop anschließen
- Motor mit Startdrehzahl laufen lassen, sofern vom Motorhersteller keine andere Drehzahl vorgeschrieben ist (siehe Testwertblätter).
- Zündzeitpunktmarke auf der Schwund- oder Riemenscheibe anblitzen.
  Die beiden Marken müssen übereinstimmen.
- Ggf. Zündzeitpunkt korrigieren:
  Bei entsprechender Motordrehzahl den Zündverteiler bis zur korrekten Stellung der Marken verdrehen.
  Zündverteiler wieder festziehen.

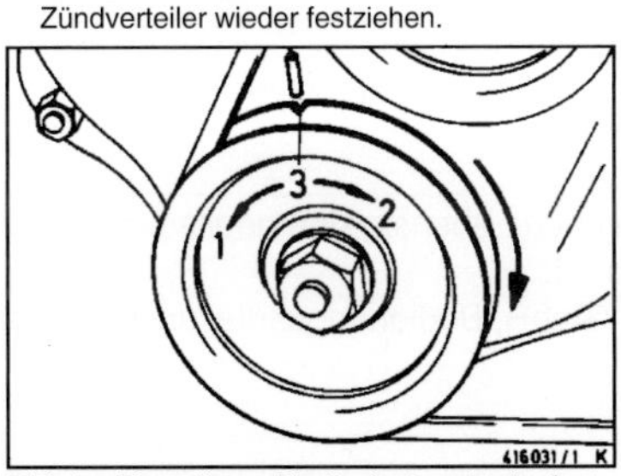

Richtige Einstellung: Die Kerbe 3 steht der festen Zündzeitpunktmake gegenüber.
Richtung 1: Frühzündung
Richtung 2: Spätzündung

Zündverstellwinkel messen

Bei Motoren mit Gradskala können Sie die Zündverstellung bei höheren Drehzahlen kontrollieren.

- Stellen Sie sicher, dass die Grundeinstellung stimmt.
- Erhöhen Sie die Motordrehzahl.
  Der Zündzeitpunkt wandert entgegen der Drehrichtung.
- Bringen Sie den Motor auf die gewünschte Drehzahl, z.B. 3000 min^{-1}
- Lesen Sie den Zündverstellwinkel ab, z.B. 31°.

Fehlerbehebung

Fehler	mögl. Ursache	Abhilfe
Die umlaufende Zündzeitpunkt-marke ist nicht zu sehen.	Triggerzange nicht angeklemmt	Triggerzange am Zündkabel anklemmen
Ungleichmäßige Blitze	Triggerzange nicht ganz angeschlossen	Triggerzange gegen das Licht halten. Es darf kein Lichtspalt zwischen den Auflageflächen des Ferritkerns sichtbar sein.
Kein Blitz	Triggerzange nicht ganz geschlossen.	siehe oben

Eine komplette Anleitung, hier aus Platzgründen stark verkleinert, ohne Sicherheitshinweise. Auch diese Anleitung besteht aus den klassischen Elementen: Leistungsbeschreibung, Gerätebeschreibung und Handlungsanweisungen, hier zusätzlich ergänzt um eine Fehlersuchtabelle.
Quelle: Robert Bosch GmbH, für dieses Buch von Dietrich Juhl überarbeitet

Beispiel: Normale Anleitung

metso
minerals

Rotorreißer CR 225-8

Bedienungsanleitung

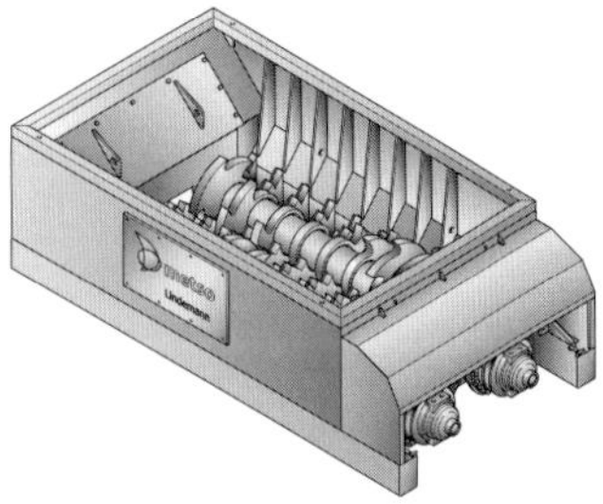

Metso Lindemann GmbH

Inhalt

Anleitungen sind meistens chronologisch nach Lebenszyklen gegliedert (Installation, Betrieb, Wartung, Störungsbehebung, Außer Betrieb setzen ...).
Quelle: Riedel GmbH, metso Lindemann GmbH, Bedienungsanleitung Rotorreißer CR 225-8

Beispiel: Normale Anleitung

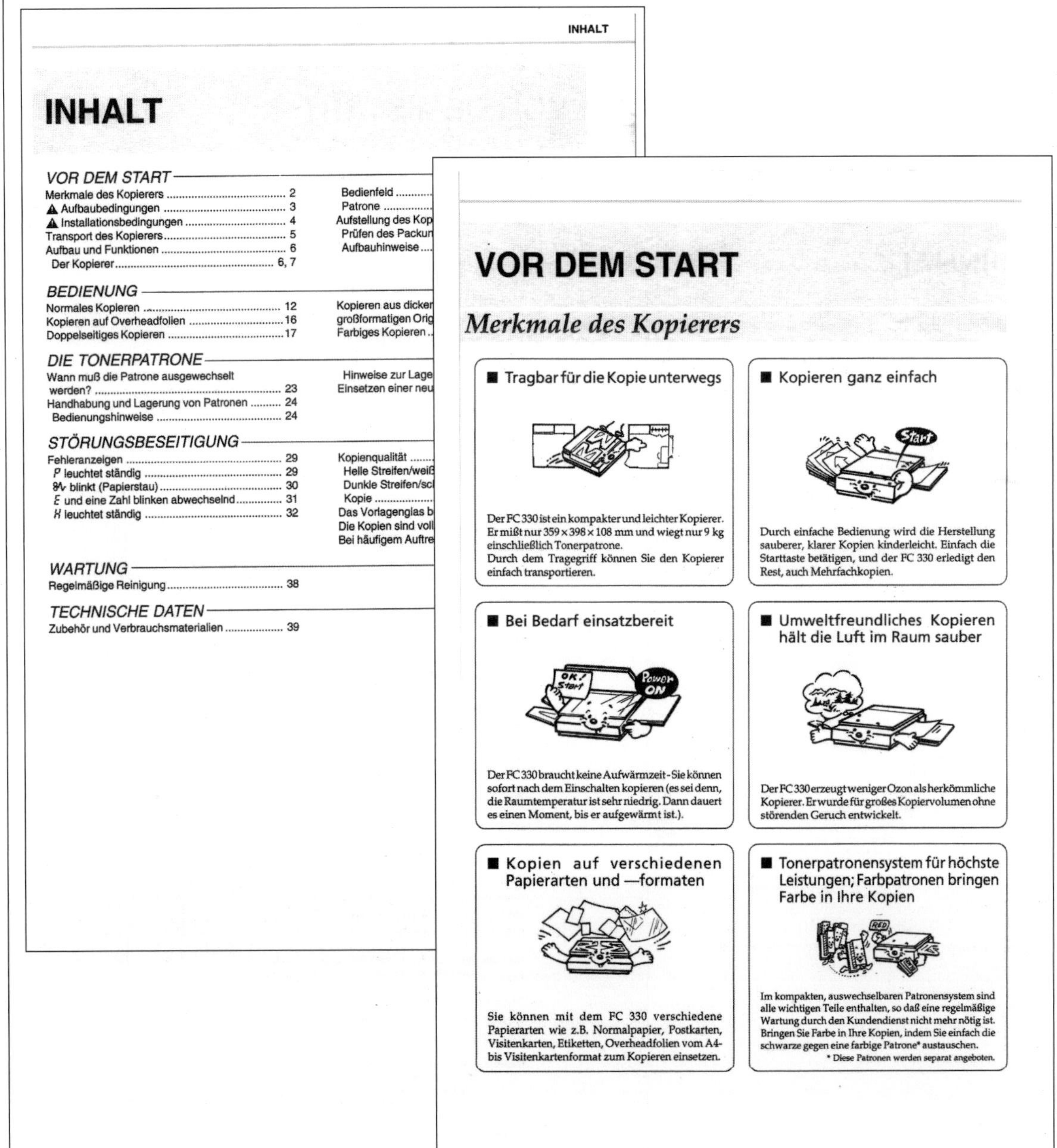
INHALT

INHALT

VOR DEM START

Merkmale des Kopierers

Tragbar für die Kopie unterwegs

Der FC 330 ist ein kompakter und leichter Kopierer. Er mißt nur 359 x 398 x 108 mm und wiegt nur 9 kg einschließlich Tonerpatrone. Durch dem Tragegriff können Sie den Kopierer einfach transportieren.

Kopieren ganz einfach

Durch einfache Bedienung wird die Herstellung sauberer, klarer Kopien kinderleicht. Einfach die Starttaste betätigen, und der FC 330 erledigt den Rest, auch Mehrfachkopien.

Bei Bedarf einsatzbereit

Der FC 330 braucht keine Aufwärmzeit - Sie können sofort nach dem Einschalten kopieren (es sei denn, die Raumtemperatur ist sehr niedrig. Dann dauert es einen Moment, bis er aufgewärmt ist.).

Umweltfreundliches Kopieren hält die Luft im Raum sauber

Der FC 330 erzeugt weniger Ozon als herkömmliche Kopierer. Er wurde für großes Kopiervolumen ohne störenden Geruch entwickelt.

Kopien auf verschiedenen Papierarten und —formaten

Sie können mit dem FC 330 verschiedene Papierarten wie z.B. Normalpapier, Postkarten, Visitenkarten, Etiketten, Overheadfolien vom A4- bis Visitenkartenformat zum Kopieren einsetzen.

Tonerpatronensystem für höchste Leistungen; Farbpatronen bringen Farbe in Ihre Kopien

Im kompakten, auswechselbaren Patronensystem sind alle wichtigen Teile enthalten, so daß eine regelmäßige Wartung durch den Kundendienst nicht mehr nötig ist. Bringen Sie Farbe in Ihre Kopien, indem Sie einfach die schwarze gegen eine farbige Patrone* austauschen.

* Diese Patronen werden separat angeboten.

Die Anleitung zu diesem Tisch-Fotokopierer ist handlungsorientiert aufgebaut (siehe Inhaltsverzeichnis). Die Leistungsbeschreibung (hier „vor dem Start“ genannt) arbeitet die Besonderheiten heraus.
Quelle: Canon Deutschland GmbH

Beispiel: Normale Anleitung

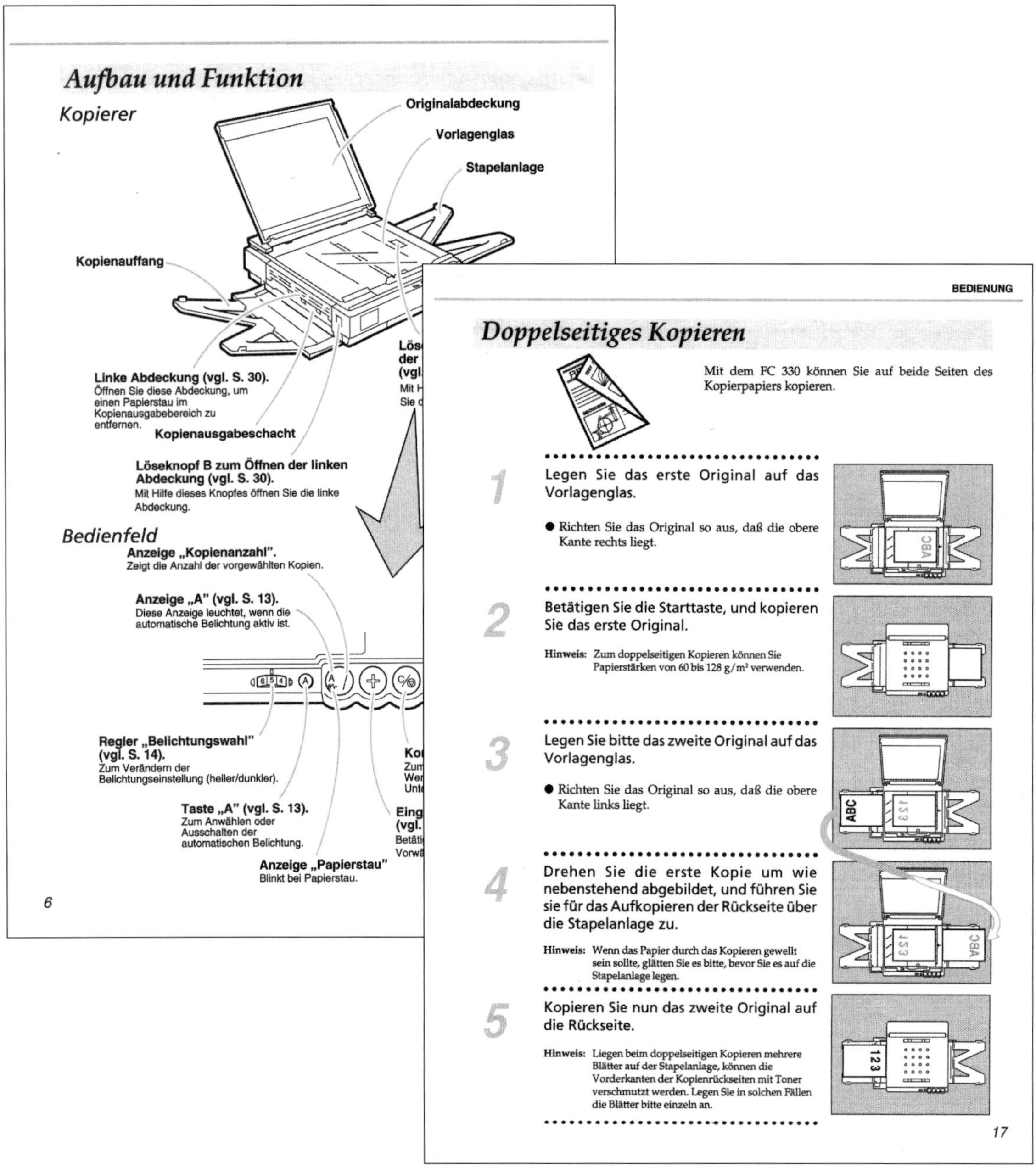

Aufbau und Funktion

Kopierer

Bedienfeld

6

BEDIENUNG

Doppelseitiges Kopieren

Mit dem FC 330 können Sie auf beide Seiten des Kopierpapiers kopieren.

1 Legen Sie das erste Original auf das Vorlagenglas.

- Richten Sie das Original so aus, daß die obere Kante rechts liegt.

2 Betätigen Sie die Starttaste, und kopieren Sie das erste Original.

Hinweis: Zum doppelseitigen Kopieren können Sie Papierstärken von 60 bis 128 g/m² verwenden.

3 Legen Sie bitte das zweite Original auf das Vorlagenglas.

- Richten Sie das Original so aus, daß die obere Kante links liegt.

4 Drehen Sie die erste Kopie um wie nebenstehend abgebildet, und führen Sie sie für das Aufkopieren der Rückseite über die Stapelanlage zu.

Hinweis: Wenn das Papier durch das Kopieren gewellt sein sollte, glätten Sie es bitte, bevor Sie es auf die Stapelanlage legen.

5 Kopieren Sie nun das zweite Original auf die Rückseite.

Hinweis: Liegen beim doppelseitigen Kopieren mehrere Blätter auf der Stapelanlage, können die Vorderkanten der Kopienrückseiten mit Toner verschmutzt werden. Legen Sie in solchen Fällen die Blätter bitte einzeln an.

17

Die Gerätebeschreibung („Aufbau und Funktion") benennt und erklärt die Bedienelemente. So bekommt der Leser einen ersten Eindruck vom Gerät. Die Tätigkeit ist als Handlungsanweisung ausgeführt. Alle Schritte sind bebildert, so dass auch schwierige Handlungen (wie das Wenden des Papiers) klar werden. Quelle: Canon Deutschland GmbH

Beispiel: Normale Anleitung

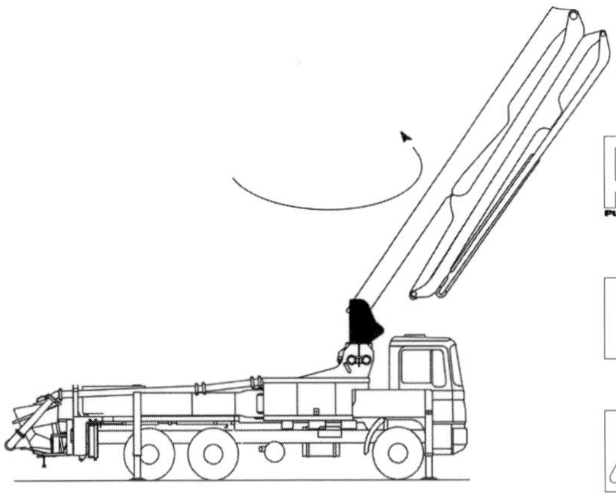

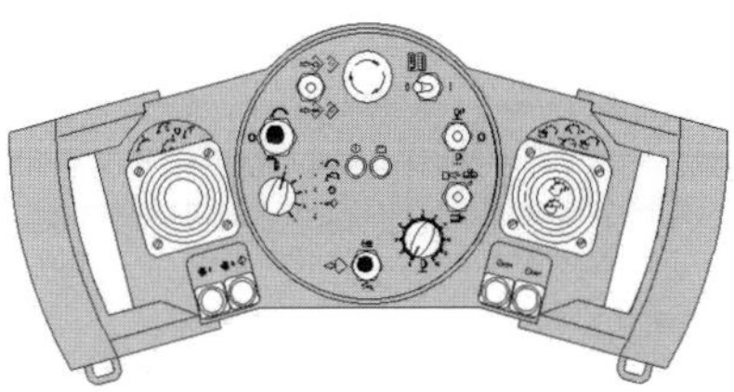

Putzmeister

Inhaltsverzeichnis

Bedienungsanleitung zu einem Steuergerät für die Armsteuerung einer Betonpumpe.
Eine Leistungsbeschreibung steht in Kap. 3.1, eine Gerätebeschreibung in Kap. 3.1.1 und folgende.
Die Tätigkeitsbeschreibungen finden sich in Kap. 4.
Quelle: Putzmeister AG, Betriebsanleitung EBC

Sofort-Anleitung

Die Sofort-Anleitung ist eine Anleitung zu einer Tätigkeit, die nur einmal (aber sofort) ausgeführt werden soll, z.B.:

- Feuerlöscher
- Parkscheinautomat
- Software-Installation

Die Sofort-Anleitung besteht nur aus einer Handlungsanweisung. Sie wird vom Benutzer (wahrscheinlich) schrittweise, ohne viel Nachdenken ausgeführt, d.h. lesen, handeln, lesen, handeln usw.

Ausführung

Für die Sofort-Anleitung gelten strenge Kriterien:

- Deutliche Überschrift mit Handlungsziel.
  Der Benutzer muss schnell erkennen, dass dies das richtige Gerät ist, um sein Anliegen zu lösen.
- Schritt für Schritt.
  Direkte Handlungsaufforderung.
  Nach Möglichkeit mit Bild.
- Führendes Layout.
  Deutlich von oben nach unten oder von links nach rechts.
- ggf. nummerierte Schritte.
- Schritte optisch getrennt, so dass der Benutzer schrittweise lesen und handeln kann und nach dem Handeln leicht zum nächsten Schritt der Anleitung zurückfindet.
- Keine unnötigen Informationen!
- Keine Entscheidungen!
- Keine unnötigen Erklärungen!
- Starke Handlungsführung, ggf. mit erforderlichem Feedback.

Bei Geräten, die mit einer Sofort-Anleitung bedient werden sollen, ist es sinnvoll, das Produktdesign und die Anleitung gemeinsam auf diesen Zweck auszurichten. Teilweise kann die Anleitung ins Produktdesign integriert werden, z.B.:

- Bei Software-Installationen ist die Anleitung komplett in die Benutzerführung integriert, so dass bei jedem Schritt die Anleitung auf dem Bildschirm erscheint.
- Bei Parkscheinautomaten ist die Schrittfolge durch große aufgedruckte Nummern gezeigt. Gut ist es, wenn die Bedienelemente zusätzlich von links nach rechts angeordnet sind.

Struktur: Sofort-Anleitung

	Beispiel, Hinweise
Überschrift	Aus der Überschrift sollte das Ziel der Handlung klar hervorgehen, z.B. Seenot-Rettungsinsel benutzen.
Schritt für Schritt	Die Schritte sollten: - eine klare Reihenfolge haben, - deutlich getrennt sein, - keine Entscheidungen fordern.
- ggf. Bild	
- Handlungsaufforderung	„Lösen Sie die Schraube..." oder "Schraube lösen"
- ggf. Feedback	„Jetzt sehen Sie..."
Ergebnis der Handlung	

Beispiel: Normale Sofort-Anleitung

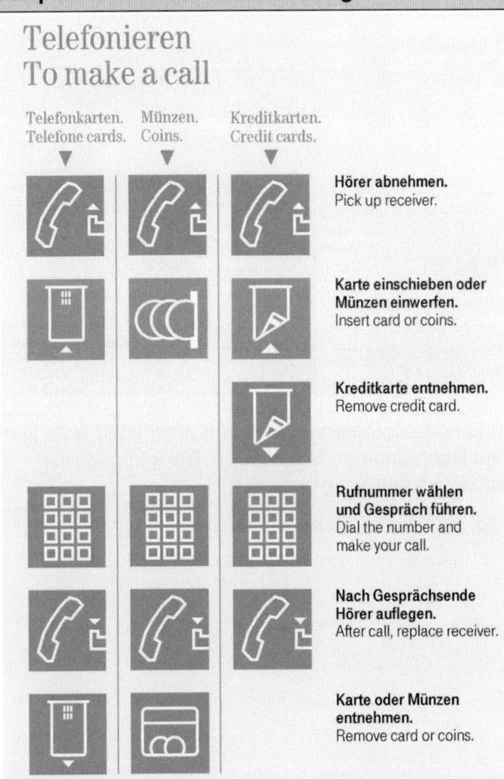

Die Anleitung für öffentliche Telefone ist eine typische Sofort-Anleitung.
Quelle: Deutsche Telekom AG

Beispiel: Grenzen der Sofort-Anleitung

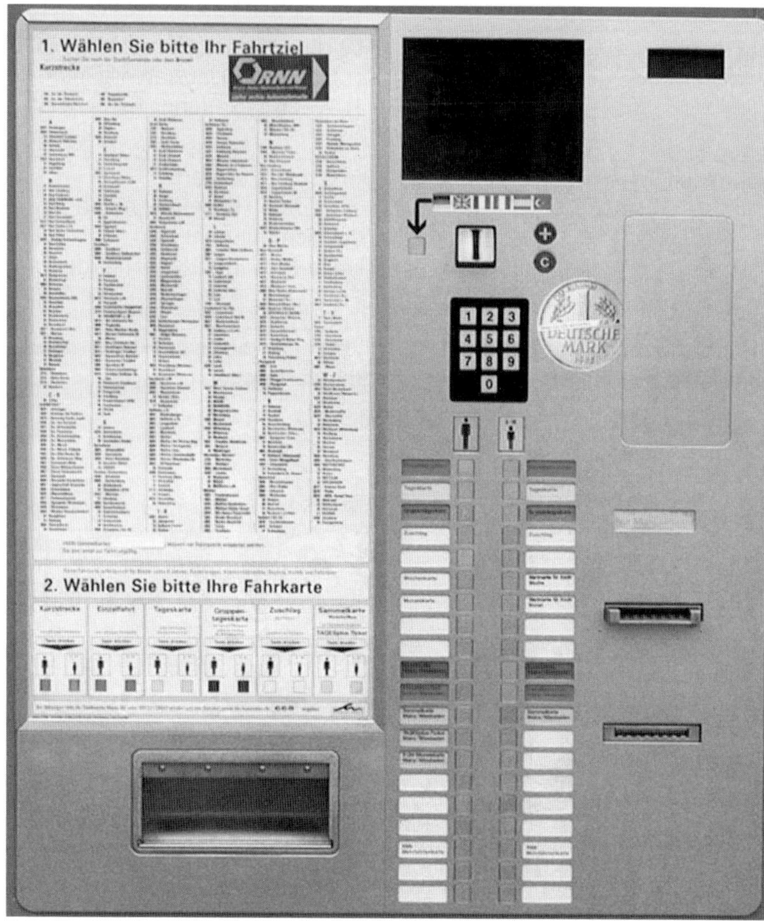

Die Anleitung auf einem Fahrkartenautomaten muss sofort umsetzbar sein. Der Bediener soll Schritt für Schritt lesen und handeln können. Bei komplizierten Tarifsystemen funktioniert die Sofort-Anleitung nicht mehr.
Foto: Dietrich Juhl

Beispiel: Kassenautomat

Ideal: Die Anleitung ist in das Gerätedesign integriert. Der Benutzer wird durch die großen Ziffern von Schritt zu Schritt geleitet. Hier sind die Bedienelemente zusätzlich so angebracht, dass von links nach rechts gehandelt werden kann.
Quelle: Scheidt & Bachmann GmbH

Beispiel: In das Produkt integrierte Anleitung

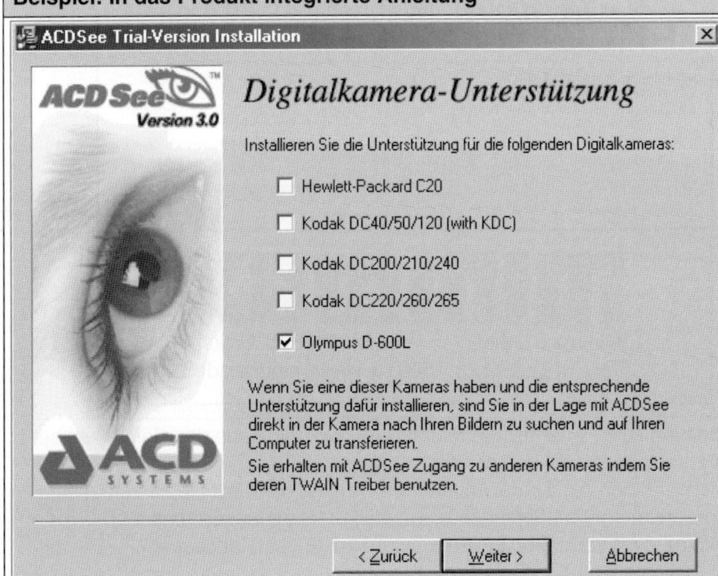

Bei Software-Installationsprogrammen ist die Sofort-Anleitung in das Produkt integriert. Der Benutzer wird geführt und bekommt für jeden Schritt die dazugehörige Anleitung.
Quelle: ACD Systems Ltd., Installationsprogramm

Beispiel: Sofort-Anleitung

FEUERLÖSCHER

6 kg ABC-Pulver

34 A 233 B C

Sicherung ziehen.

Schlauch fassen, Druckhebel kurz niederdrücken und loslassen.

Düse auf Brand richten, Druckhebel niederdrücken.

Vorsicht bei elektrischen Anlagen.
Nur bis 1000 V; Mindestabstand 1 m.

Nach jeder Betätigung neu füllen! Löscher längstens alle 2 Jahre auf Einsatzbereitschaft überprüfen. Nur solche Lösch-, Treibmittel und Ersatzteile verwenden, die mit dem anerkannten Muster übereinstimmen.

Typ	:	PU 6an	Zulassungskennzeichen:
Löschmittel	:	EURO-TROXIN PL-1/96	P1-1/96 DIN EN 3
Treibmittel	:	0,130 kg CO_2	TÜV-A-WS/TPH-1/99/0105
Funktionsbereich	:	-30 °C bis +60 °C	

MINIMAX

Minimax GmbH • D-72574 Bad Urach
Tel. +49 (0)7125 154-0 • www.minimax.de

184871

Die Anleitung zum Feuerlöscher Minimax ist nach Aussage des Herstellers sehr stark durch Normen und Vorschriften bestimmt.
Nach den Kriterien der Sofort-Anleitung wären ein paar Punkte zu verbessern (z.B. unwichtige Information nach unten stellen, Handlungsziel nennen, Reihenfolge der Information an einen schnellen Einsatz anpassen).
Quelle: Minimax GmbH

Exemplarische Einführung

Die Exemplarische Einführung wird immer dann eingesetzt, wenn die Funktionen eines Gerätes (oder einer Software) nach gleichen Regeln bedient werden und es sehr viele Handlungen oder Funktionen gibt.
Beispiele:
- Einführung in MS-Word,
- Einführung in die Programmierung mit C++,
- Einführung in die Arbeit mit Macromedia Director,
- Einführung in das Schachspielen.

Die Exemplarische Einführung ist bei Software-Anleitungen üblich und heißt dort häufig „Tutorial".
Die Exemplarische Einführung steht immer zusammen mit einer Nachschlage-Anleitung, in der alle Funktionen bzw. Handlungen erklärt sind.

Zweck

Die Exemplarische Einführung dient dem Benutzer dazu, sich möglichst schnell und effektiv in die Benutzung eines neuen Gerätes (oder einer neuen Software) einzuarbeiten.
Außerdem legt die Exemplarische Einführung die Grundlagen für immer gleiche Bedienschritte, so dass in der Anleitung diese Handlungen nicht mehr ausführlich erklärt werden müssen, z.B. wird das Ausfüllen einer Dialogbox nur einmal ausführlich dargestellt. In späteren Anleitungsteilen steht nur noch „Füllen Sie die Dialogbox aus."

Ausführung

Die Exemplarische Einführung führt anhand eines Beispiels in die Systematik der Benutzung ein.
- Das Beispiel ist so gewählt, dass alle relevanten Regeln vorkommen.
- Das Beispiel ist möglichst praxisnah, so dass der Benutzer es ohne Umdenken nachvollziehen kann.
- Das Beispiel wird so erklärt, dass der Benutzer es direkt nachmachen kann, denn häufig versteht der Benutzer die Beschreibung erst dann, wenn er die Handlung selbst ausführt und am Gerät erlebt.
  Diese Beschreibung ist in Form einer Handlungsanweisung ausgeführt.
- Dazu liegt ggf. auch Übungsmaterial bei.
- Das Beispiel zeigt eine „abgeschlossene Anwendung".
  Bei einem Textprogramm wäre das beispielsweise: neues Dokument anlegen, Schreiben, Gestalten, Speichern, Drucken.
- Neben dem Beispiel werden auch die allgemeinen Regeln erklärt. Das ist wichtig, damit der Benutzer das Beispiel verallgemeinern kann, z.B.:
  - Stellen Sie sich vor, dass Sie einem Kind ein Würfelspiel beibringen.
  - Wenn das Kind eine Sechs würfelt, genügt es nicht zu sagen: „Du darfst noch einmal würfeln".
  - Sie müssen die Verallgemeinerung, die Regel, darstellen: „Immer wenn du eine Sechs würfelst, darfst du noch einmal würfeln".
- Die Exemplarische Einführung muss nicht alle Funktionen beschreiben.

Beispiel: Exemplarische Einführung

Tutorial

Tutorial

Dieses Tutorial führt Sie an einem einfachen Beispiel Schritt für Schritt in das Arbeiten mit der SCHEMA Software ein. Wenn Sie dieses Tutorial durcharbeiten, werden Sie zwar nicht alle Aspekte und Anwendungsmöglichkeiten der Software kennenlernen, aber sehr wohl die wichtigsten.

Als Beispiel bauen wir eine einfache WWW-Site für eine fiktive Firma auf.

Dieses Tutorial ist so angelegt, daß Sie zwischen der SCHEMA Software und dieser Hilfedatei hin- und her schalten müssen. Sie erhalten Handlungsanleitungen an einfachen Beispielen, die Sie direkt nachvollziehen sollten. Die einzelnen Lerneinheiten bauen aufeinander auf, so daß Sie diese auch in der angegebenen Reihenfolge durcharbeiten sollten. Zum Umschalten zwischen der SCHEMA Software, dem HTML-Browser und der Hilfe können Sie am effektivsten **ALT+TAB** verwenden.

Datei anlegen und speichern

Zunächst müssen Sie eine Datei anlegen und speichern.

1. Legen Sie auf der Festplatte ein Verzeichnis an, in das Sie Ihre Dateien speichern möchten, z.B. `Eigene Dateien`.
   Damit die SCHEMA Software beim Öffnen und Speichern von Dateien Ihr Verzeichnis automatisch vorschlägt, können Sie dies im Dialogfenster Eigenschaften einstellen. Wählen Sie Datei >> Eigenschaften >> Pfade und geben Sie dieses Standardverzeichnis ein:

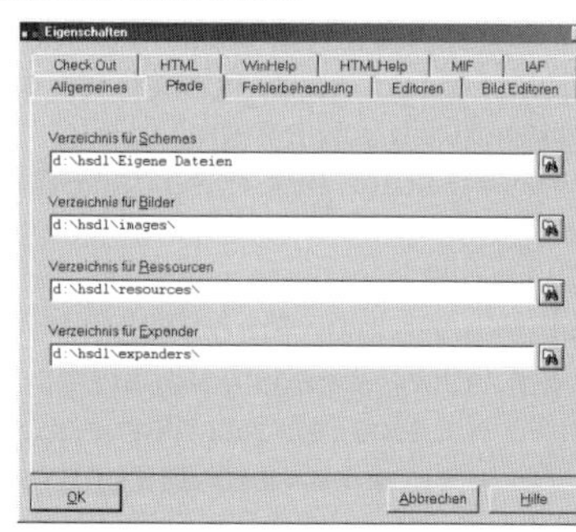

In der Kategorie Allgemeines können Sie auch einstellen, wieviele Sicherungskopien die SCHEMA Software von Ihren Dateien automatisch erstellen soll.

Dieses Tutorial führt in die Bedienung der Schema-Software ein. Ein Fallbeispiel wird durchgearbeitet (der Benutzer soll lesen und gleich ausführen) und dabei wird die Systematik des Programms erklärt.
Quelle: SCHEMA GmbH

Nachschlage-Anleitung

Eine Nachschlage-Anleitung ist eine Anleitung, die fast ausschließlich zum Nachschlagen von Informationen dient. Sie wird also nie gelesen, sondern dient dazu, bei Bedarf eine bestimmte Information nachzuschlagen. Dabei kommt es darauf an, schnell zu der gewünschten Information zu finden.
Beispiele:

- Referenz zu HTML,
- Reference-Guide zu C++,
- Service-Anleitung zum VW-Golf
  (Sammlung von Handlungsanweisungen für diverse Reparaturarbeiten).

Ausführung

Module

- Eine Nachschlage-Anleitung besteht aus vielen gleichen Beschreibungsmodulen. Bei einer Software-Anleitung sind das z.B. die Software-Funktionsbeschreibungen (siehe Seite 62).
- Alle Module sind streng strukturiert, sowie kurz und knapp beschrieben.
- Die Module enthalten nur relevante Informationen.
- Querverweise zu anderen Modulen sind üblich.

Ordnung

- Die Module sind so angeordnet, dass der Benutzer möglichst schnell zu der gesuchten Information findet.

Nummerisch / alphabetisch

- Die einfachste Ordnung ist die nummerische oder alphabethische Ordnung. Wenn möglich, sollte man als Autor diese Ordnung wählen, weil der Benutzer hier am schnellsten zum gesuchten Begriff findet, z.B.:
  - Befehle bei einer Programmiersprache wie C++ oder Perl,
  - Programmnummern bei einer Maschinensteuerung.

Sachlogisch

- Die zweite mögliche Ordnung ist die sachlogische Ordnung, z.B.:
  - Bei einer KFZ-Reparaturanleitung: Karosserie, Fahrgestell, Motor, Innenraum...
  - Bei einer HTML-Anleitung z.B.: allgemeine Regeln für HTML, HTML-Kopfdaten, dateiweite Einstellungen, Elemente zur Textstrukturierung, Tabellen, ...
  - Die Warenanordnung in einem Kaufhaus ist sachlogisch (das hat zwar nichts mit Anleitungen zu tun, zeigt aber gut das Prinzip der sachlogischen Ordnung).
- Die sachlogische Ordnung ist immer eine hierarchische Ordnung.
- Der Benutzer muss Sachkenntnis haben, um sich zurechtzufinden. (Stellen Sie sich einmal vor, Sie müssten ohne Sachkenntnis in einem Kaufhaus Sicherheitsnadeln finden.)

Beispiel: Nachschlage-Anleitung

ClientPersistence

SCHEMA ST4 Hilfe

Methode GetValue

Syntax

```
public System.Object GetValue ( SCHEMA.ST4.Core.StObject coreObject,
    System.String valueName, System.String variantName,
        System.String instanceName )
```

Parameterliste

coreObject

Typ: SCHEMA.ST4.Core.StObject

Das Objekt, dem der Wert zugeordnet ist.

valueName

Typ: System.String

Der Name des Werts, der im **PersistenceDictionary** festgelegt ist.

variantName

Typ: System.String

Der Variantenname. Kann für globale Werte Null oder leer sein.

instanceName

Typ: System.String

Eine Id für die Instanz. Kann für globale oder variantenspezifische Werte Null oder leer sein.

Rückgabewert

Typ: System.Object

Der Wert, der aus der Client Persistenz geliefert wird. Der Standardwert, falls der Wert nicht gefunden wird. Der Standardwert ist meistens Null oder der festgelegte **minValue**.

Beschreibung

Liefert einen Wert aus der Client Persistenz.

Für einfache Daten (d.h. alle Rückgabetypen, die nicht vom DataValue abgeleitet sind) ermöglicht diese Methode den transparenten Zugriff auf versionierte Daten. Wenn diese Daten in einem **HistoryDataValue** gespeichert sind, wird der neueste Wert zurückgegeben.

Version: 1.0 / Datum: 12.8.2004

ClientPersistence

SCHEMA ST4 Hilfe

Methode IsReadOnly

Syntax

```
public System.Boolean IsReadOnly
( SCHEMA.ST4.Core.Path.Expressions.ExpressionContext objectContext,
    System.String valueName, System.String variantName )
```

Parameterliste

objectContext

Typ: SCHEMA.ST4.Core.Path.Expressions.ExpressionContext

Der objectContext, für den die Eigenschaft read-only des Werts geliefert wird.

valueName

Typ: System.String

Der Name des Werts, der im **PersistenceDictionary** festgelegt ist.

variantName

Typ: System.String

Der Variantenname. Kann für globale Werte Null oder leer sein.

Rückgabewert

Typ: System.Boolean

Liefert true, wenn der Wert schreibgeschützt oder nicht in der Client Persistenz definiert ist. Liefert false, wenn der Wert geschrieben werden kann oder, wenn nicht berechnet werden kann, ob er geschrieben werden kann. Der Wert kann also eventuell nicht geschrieben werden, selbst wenn diese Methode false liefert. (Grund: Wenn ein Datenwert noch nicht auf dem Server vorhanden ist, kann nicht auf seine Rechte zugegriffen werden. Wird der Datenwert dagegen nur erzeugt, um seine Rechte zu prüfen, können gleichzeitige Transaktionen auftreten.)

Beschreibung

Prüft, ob ein Wert schreibgeschützt ist.

Version: 1.0 / Datum: 12.8.2004

In einer Nachschlage-Anleitung werden die Inhalte sehr stark strukturiert dargestellt.
Hier sind zwei Topics nebeneinander gestellt, um die Strukturgleichheit zu zeigen.
Außerdem erkennt man die sehr kurze und prägnante Darstellung und die teilweise Codierung der Information.
Quelle: Schema GmbH, Onlinehilfe zum ST4 DokuManager

Beispiel: Nachschlage-Anleitung, Ordnungen

HTML-Tags alphabetisch geordnet

A

a	Definiert einen Anker oder einen Hyperlink
abbr	Markiert eine Abkürzung
acronym	Markiert eine Abkürzung
address	Markiert eine Adresse
applet	Fügt ein Java-Applet ein
area	Definiert einen Ausschnitt für eine verweis-sensitive Grafik

B

b	Markiert fett gedruckten Text
base	Definiert dokumentweit gültige Angaben für Zielfenster und Basis-URIs von Verweisen
basefont	Bestimmt Basis-Schriftmerkmale für nachfolgenden Text
bdo	Markiert eine Änderung der Textrichtung bei Sprachen mit anderer Schreibrichtung
big	Markiert Text, der größer dargestellt werden soll als normal
blockquote	Markiert ein Zitat
body	Markiert den Dokumentkörper und damit den Bereich der darzustellenden Daten
br	Erzeugt einen Zeilenumbruch
button	Erzeugt einen Klickbutton

C

caption	Setzt eine Tabellenüberschrift/Tabellenunterschrift
center	Markiert einen Bereich, der zentriert dargestellt wird
cite	Markiert ein Zitat
code	Markiert Text als Quelltext einer Computersprache
col	Definiert Daten für eine Tabellenspalte
colgroup	Definiert eine Gruppe von Tabellenspalten

D

dd	Markiert in einer Definitionsliste eine Definition zu einem Term
del	Markiert Text als gelöscht im Sinne von Änderungsmarkierung

...

HTML-Tags sachlogisch geordnet

Allgemeine Regeln für HTML

Textauszeichnung
Grundgerüst einer HTML-Datei
Regeln beim Editieren von HTML
Zeichenvorrat, Sonderzeichen und HTML-eigene Zeichen
Farben definieren in HTML
Referenzieren in HTML
Kommentare und Credits

HTML-Kopfdaten

Titel einer HTML-Datei
Meta-Angaben zum Inhalt
Adressbasis und Zielfensterbasis
Logische Beziehungen

Dateiweite Einstellungen

Farben für Hintergrund, Text und Verweise
Hintergrundbild (Wallpaper)
Seitenränder
Hintergrundmusik

Elemente zur Textstrukturierung

Überschriften
Textabsätze
Zeilenumbruch
Listen
Zitate und Adressen
Präformatierter Text (wie im Editor eingegeben)
Logische Auszeichnungen im Text
Physische Auszeichnungen im Text
Allgemeine Elemente für Textbereiche
Trennlinien

Tabellen

...

Unterschiedliche Ordnungen in Nachschlage-Anleitungen:

- alphabetische Ordnung: Schnelles Finden, keine Zusammenhänge,
- sachlogische Ordnung: Suchen setzt Fachkenntnis voraus, Zusammenhänge werden deutlich, Zusammenhänge können erklärt werden.

Quelle: Zusammengestellt aus SELF-HTML

Beispiel: Nachschlagewerk

335

[ˌ-nəˈliːz] *s* Zeitungsstil *m* ˈ**jour·nal·ism** *s* Journalismus *m* ˈ**jour·nal·ist** *s* Journalist(in) ˌ**jour·nalˈis·tic** *Adj* (***~ally***) journalistisch

▸ jour·ney [ˈdʒɜːnɪ] *s* **1.** Reise *f*: ***go on a ~*** verreisen **2.** Reise *f*, Entfernung *f*: ***it's a two-day ~*** die Reise dauert zwei Tage

jo·vi·al [ˈdʒəʊvjəl] *Adj* lustig, fröhlich, vergnügt **jo·vi·al·i·ty** [ˌ-vɪˈælətɪ] *s* Lustigkeit *f*, Fröhlichkeit *f*

jowl [dʒaʊl] *s* **1.** (Unter)Kiefer *m* **2.** Wange *f*, Backe *f*; Hängebacke *f*

▸ joy [dʒɔɪ] *s* **1.** Freude *f* (***at*** über *Akk*; ***in*** an *Dat*): ***for ~*** vor Freude *weinen etc*; ***tears** Pl* ***of ~*** Freudentränen *Pl*; ***to s.o.'s ~*** zu j-s Freude **2.** *Br* F Erfolg *m*: ***I didn't have any ~*** ich hatte kein Glück **joy·ful** [ˈ-fʊl] *Adj* **1.** freudig, erfreut **2.** erfreulich, freudig (*Ereignis etc*) ˈ**joy·less** *Adj* **1.** freudlos **2.** unerfreulich ˈ**joy·ous** → ***joyful***

joy| ride *s* F Spritztour *f* (*bes in e-m gestohlenen Wagen*): ***go on a ~*** e-e Spritztour machen **~stick** *s* F **1.** FLUG Steuerknüppel *m* **2.** COMPUTER Joystick *m*

ju·bi·lant [ˈdʒuːbɪlənt] *Adj* **1.** überglücklich **2.** jubelnd: ***~ shout*** Jubelschrei *m* ˌ**ju·biˈla·tion** *s* Jubel *m* **ju·bi·lee** [ˈ-liː] *s* Jubiläum *n*

▸ judge [dʒʌdʒ] **I** *s* **1.** JUR Richter(in): → ***sober*** I **2.** Schiedsrichter(in); Preisrichter(in); (*Sport a.*) Kampfrichter(in), (*Boxen*) Punktrichter(in) **3.** Kenner(in): ***a (good) ~ of wine*** ein(e) Weinkenner(in) **II** *v/t* **4.** JUR *Fall* verhandeln; die Verhandlung führen gegen **5.** *Wettbewerbsteilnehmer, Leistungen etc* beurteilen (***on*** nach); als Schiedsrichter(in) (*etc*, → 2) fungieren bei **6.** entscheiden (***s.th.*** etw; ***that*** dass) **7.** beurteilen, einschätzen (***by*** nach) **III** *v/i* **8.** als Schiedsrichter(in) (*etc*, → 2) fungieren (***at*** bei) **9.** urteilen (***of*** über *Akk*): ***judging by his words*** s-n Worten nach zu urteilen

▸ judg(e)·ment [ˈdʒʌdʒmənt] *s* **1.** JUR Urteil *n* **2.** Urteilsvermögen *n*: ***against one's better ~*** wider bessere Einsicht **3.** Meinung *f*, Ansicht *f*, Urteil *n* (***on*** über *Akk*): ***in my ~*** m-s Erachtens; ***form a ~ on*** sich ein Urteil bilden über **4.** göttliches (Straf)Gericht: ***the Last*** ≗ das Jüngste Gericht; ***Day of*** ≗, ≗ ***Day*** Jüngster Tag

757 — Beifahrer(in)

behelligen *v/t* bother, trouble, *stärker*: molest

behend(e) *Adj* → ***behänd(e)***

beherbergen *v/t* put up, accommodate, *a. fig* house

beherrschen **I** *v/t* **1.** rule (over), govern **2.** *fig* (*die Lage*, WIRTSCH *den Markt, s-e Gefühle etc*) control: ***j-n ~*** dominate s.o. **3.** have complete command of, (*Sprache*) have a good command of, speak, know: ***sein Handwerk ~*** know one's trade **II** *v/refl* ***sich ~*** **4.** control o.s

beherrschend *Adj* dominating

Beherrschung *f* **1.** rule, domination (*a. fig*) **2.** *fig* (*Gen* of) control, (*Können*) mastery, command **3.** → ***Selbstbeherrschung***

beherzigen *v/t* ***etw ~*** bear s.th. in mind

beherzt *Adj* courageous, F plucky

behilflich *Adj* ***j-m ~ sein*** help (*od* assist) s.o. (***bei*** in)

behindern *v/t* (***bei*** in) hinder, hamper, (*a. Sicht, Verkehr*, SPORT *Gegner*) obstruct **behindert** *Adj* (***körperlich** od **geistig***) ~ (physically *od* mentally) handicapped **Behinderte** *m, f* handicapped person **behindertengerecht** *Adj* suitable for disabled persons; (*Gebäude*) with wheelchair access **Behinderung** *f* **1.** hindrance, impediment, *a.* SPORT obstruction **2.** MED handicap

Behörde *f* (public) authority, (*Amt*) *a.* administrative body

behördlich *Adj* official

behüten *v/t* protect (***vor*** *Dat* from)

behutsam *Adj* cautious, careful, gentle

Behutsamkeit *f* caution, gentleness

bei *Präp* (*Dat*) **1.** *räumlich*: ***~ Berlin*** near Berlin; ***die Schlacht ~ Waterloo*** the Battle of Waterloo; ***~ Hofe*** at court; ***~m Bäcker*** at the baker's; ***~ Familie Braun, ~ Brauns*** at Braun's; ~ (*per Adresse*) ***Braun*** c/o (= care of) Braun; ***~ j-m sitzen*** sit with s.o.; ***arbeiten ~*** work for; ***e-e Stellung ~*** a job with; ***~m Heer*** (***~ der Marine***) in the army (navy); ***~ uns*** **a)** with us, **b)** (***zu Hause***) at home, **c)** (***in Deutschland***) in Germany, at home; ***ich habe kein Geld ~ mir*** I have no money on me; ***er hatte s-n Hund ~ sich*** he had his dog with him **2.** *zeitlich od e-n Zustand ausdrückend*: ***~ s-r Geburt*** (***Hochzeit***) at his birth (wedding); ***~ Tag*** (***Nacht***) by night (day), during the night (day); ***~ Licht*** by light; ***~ 70 Grad*** at 70 degrees; ***~ schönem Wetter*** when the weather is fine; ***~m Arbeiten*** while working; ***~ offenem Fenster*** with the window open; ***~ Regen*** (***Gefahr***) in case of rain (danger); F ***er ist nicht ganz ~ sich*** he's not all there **3.** (*angesichts*) ***~ so vielen Problemen*** with (*od* considering) all the problems; ***~ solcher Hitze*** in such heat; ***~ all s-n Bemühungen*** for all his efforts; → *a. die Verbindungen mit den entsprechenden Stichwörtern*

beibehalten *v/t* retain, maintain, (*Richtung, Tempo*) keep

Beiblatt *n* supplement (*Gen* to)

Beiboot *n* dinghy

beibringen *v/t* **1.** ***j-m etw ~*** teach s.o. s.th., (*verständlich machen*) get s.th. across to s.o.; ***j-m etw schonend ~*** break s.th. gently to s.o. **2.** ***j-m** e-e Niederlage* ~ inflict *s.th.* on s.o. **3.** (*vorlegen*) furnish, (*Beweise etc*) produce

Beichte *f a. fig* confession: ***j-m die ~ abnehmen*** confess s.o.

beichten *v/t u. v/i a. fig* confess

Beicht|geheimnis *n* confessional secret **~kind** *n* penitent **~stuhl** *m* confessional **~vater** *m* (father) confessor

beide *Adj* both, *unbetont*: the two, (*der, die, das eine od andere*) either: ***m-e ~n Brüder*** both my brothers, my two brothers; ***wir ~*** both of us, we two; ***alle ~*** both of them; ***in ~n Fällen*** in either case; ***kein(e)s von ~n*** neither (of the two); ***~ Mal*** both times

beiderlei *Adj* (of) both kinds: ***~ Geschlechts*** of either sex

beiderseitig *Adj u. Adv* on both sides, (*gegenseitig*) mutual(ly *Adv*) **beiderseits I** *Adv* on both sides, *fig a.* mutually **II** *Präp* (*Gen*) on both sides (of)

beidhändig *Adj* ambidextrous, SPORT two-handed

beidrehen *v/t* SCHIFF heave to

beieinander *Adv* together: (***dicht***) ~ next to each other; ***~ haben*** F have *s.th.* together; ***du hast wohl nicht alle ~!*** you must be out of your mind!; ***~ halten*** F keep *s.th.* together; F ***gut ~ sein*** be in good shape; F ***er ist nicht ganz ~*** he's not all there

Beifahrer(in) *im Pkw*: front passenger, *im Lkw*: driver's mate, *beim Rennen*:

Aus klassischen Nachschlagewerken (hier ein Deutsch-Englisch-Wörterbuch) lassen sich viele Prinzipien für Nachschlageanleitungen ableiten:

- Suchlogische Reihenfolge (hier alphabetisch).
- Das Suchwort ist fett hervorgehoben.
- Die Information ist sehr knapp dargestellt.
- Die Information ist weitgehend codiert dargestellt (siehe Zeichenerklärung links).
- Das Layout kann platzsparend sein (kleine Schrift, eng gesetzt, mehrspaltig).

Quelle: Langenscheidt KG

Kurzanleitung

Die Kurzanleitung ist keine eigenständige Anleitung, sondern die Kurzfassung einer Anleitung. Hier sind wichtige Informationen zusammengefasst, die ein eingearbeiteter Anwender braucht.
Beispiele:

- Checkliste mit den Handlungsschritten,
- grafische Darstellung der Handlungsschritte für die wichtigsten Funktionen,
- Tabelle mit Codes.

Ausführung

Struktur: Kurzanleitung	
	Beispiele, Hinweise
Titel	*Kurzanleitung* *zu* <Gerät>
Hinweis auf die Langanleitung!	*Die Kurzanleitung ist nur eine Erinnerungsstütze. Lesen Sie in jedem Fall die Bedienungsanleitung!*
Tätigkeit - Überschrift - Schritt für Schritt	 *Sprachnachrichten abfragen* *1 aktuelle Nachricht wiederholen*
Tabelle	

Beispiel: Kurzanleitung

Kurzanleitung

Mobilteil

Mobilteil ein-/ausschalten	**lang** drücken
Tastensperre ein-/ausschalten	**lang** drücken
Töne ein-/ausschalten	**lang** drücken
Extern anrufen	
Wahl wiederholen	ggf. ⬇ Eintrag auswählen
Eingegebene Rufnummer im Telefonbuch speichern	MENU ⬇ NR INS TB OK
Mit Telefonbuch wählen	[Name] und/oder ⬇
Mit Anruferliste wählen	⬇ ANRUFE 02/06 OK ggf. ⬇
…erlautstärke einstellen	MENU AUDIO OK HOERER OK ⬇ ⬆ OK
…rn anrufen	INT z. B. 3 oder INT ⬆ ⬇
…an alle Mobilteile	INT oder INT AN ALLE
…präch an ein anderes …bilteil verbinden	INT z. B. 2
…rn rückfragen	INT z. B. 2; beenden: MENU ZURUECK OK
…um einstellen	MENU ⬇ BASIS-EINST OK ⬇ UHR OK DATUM OK Datum eingeben OK
…zeit einstellen	MENU ⬇ BASIS-EINST OK ⬇ UHR OK ⬇ UHRZEIT OK Uhrzeit eingeben OK
…cker einstellen	MENU ⬇ WECKER OK Weckzeit eingeben OK

Die T-Net-Box im Überblick

T-Net-Box einrichten

freecall 0130 / 144770 Zugangsnummer der T-Net-Box wählen. Das System führt Sie Schritt für Schritt durch das Sprachmenü. Danach schalten Sie die T-Net-Box ein.

T-Net-Box einschalten

Analoges Telefon im T-Net: Hörer abnehmen, je nach Bedarf eingeben:
* 888 # T-Net-Box meldet sich nach ca. 5x Klingeln
* 555 # T-Net-Box meldet sich nur falls jemand telefoniert
* 000 # Alle Anrufe sofort auf die T-Net-Box
T-ISDN: die Anrufweiterschaltung auf 0130 / 144770 legen.

T-Net-Box vom eigenen Anschluß anwählen

freecall 0130 / 144770
PIN * PIN eingeben, mit * bestätigen

T-Net-Box v. fremden Anschluß anwählen (Box eingeschaltet)

eigene Rufnummer wählen
* Mit * Begrüßungstext unterbrechen
PIN * PIN eingeben, mit * bestätigen

Sprachnachrichten abfragen

1 Nachrichten abfragen
1 aktuelle Nachricht wiederholen
2 Pause ein / aus
3 nächste Nachricht
9 * abgefragte Nachricht löschen
9 9 * alle abgefragten Nachrichten löschen

Tips

0 Direkter Sprung ins Hauptmenü
5 Hilfe aufrufen
5 Operator rufen

Deutsche Telekom

Links: Die Kurzanleitung zur T-NetBox. Sie ist scheckkartengroß, so dass man sie immer dabei haben kann. Quelle: Deutsche Telekom AG
Rechts: Die Kurzanleitung zum Schnurlostelefon Gigaset 4010. Für die wichtigsten Funktionen sind die Bedienschritte dargestellt. Quelle: Siemens AG

Beispiel: Kurzanleitung

DynaPOCKET

Kurzanleitung
Ident-Nr. 28 675

Diese Kurzanleitung ist nur eine Erinnerungsstütze. Lesen Sie in jedem Fall die Bedienungsanleitung zum DynaPOCKET.

Härtemessung

- Zum Einschalten kurz eine der beiden Tasten drücken.

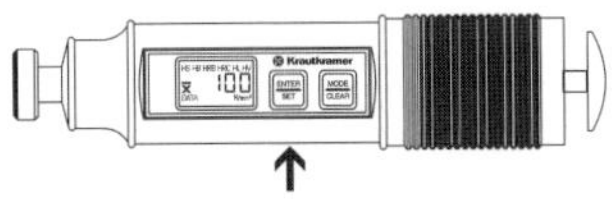

- Schlaggerät spannen.

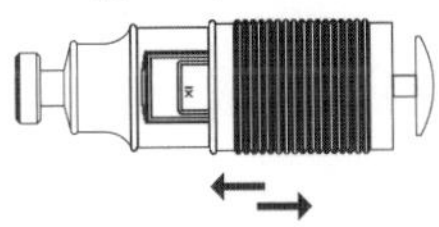

- Senkrecht aufsetzen und Auslöseknopf drücken.

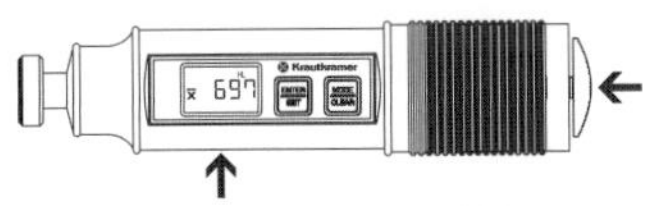

Nach kurzer Verzögerung wird der Meßwert angezeigt.

Meßreihe beenden

- Taste ENTER/SET kurz drücken. Alle Werte der aktuellen Meßreihe werden gelöscht.

Letzten Meßwert löschen

Bei Meßreihen mit Mittelwertanzeige ($\bar{x}$) können Sie den jeweils letzten Meßwert löschen.

- Taste MODE/CLEAR ca. 2 s drücken. Der letzte Wert blinkt.
- Taste MODE/CLEAR noch einmal kurz drücken. Der letzte Wert wird gelöscht und der Mittelwert wird neu berechnet.

Krautkramer
YOUR PARTNER FOR QUALITY

Meßmodus wählen

Sie können zwischen Einzelmessungen und Meßreihen mit statistischer Mittelwertanzeige (arithmetisches Mittel) wählen.

- Taste ENTER/SET gedrückt halten und Taste MODE/CLEAR kurz drücken.
- Ggf. Taste MODE/CLEAR wiederholt drücken, um den Parameter **S/A** anzuwählen.
- Taste ENTER/SET drücken, um die Einstellung zu ändern ($\bar{x}$ = Meßreihen mit Mittelwertanzeige).

Materialgruppe wählen

- Taste ENTER/SET gedrückt halten und Taste MODE/CLEAR kurz drücken.
- Ggf. Taste MODE/CLEAR wiederholt drücken, um den Parameter **MAt** anzuwählen.
- Taste ENTER/SET drücken, um die Einstellung zu ändern.

Härteskala wählen

- Taste ENTER/SET gedrückt halten und Taste MODE/CLEAR kurz drücken.
- Ggf. Taste MODE/CLEAR wiederholt drücken, um den Parameter **SCAL** anzuwählen.
- Taste ENTER/SET drücken, um die Einstellung zu ändern.

Umwertung wählen

- Taste ENTER/SET gedrückt halten und Taste MODE/CLEAR kurz drücken.
- Ggf. Taste MODE/CLEAR wiederholt drücken, um den Parameter **Con** anzuwählen.
- Taste ENTER/SET drücken, um die Einstellung zu ändern.

Alle Einstellungen sind sofort wirksam.

Hinweis: beim Herausnehmen der Batterien gehen die individuellen Einstellungen verloren und das Gerät wird auf die Grundeinstellung zurückgesetzt (Einzelmessung, Materialgruppe Stahl, HL-Härteskala, DynaPOCKET-spezifische Umwertung).

Diese Kurzanleitung zu einem Messgerät verweist ausdrücklich auf die Gesamtanleitung.
Quelle: Agfa NDT GmbH (früher Krautkrämer)

Beispiel: Kurzanleitung

GILDEMEISTER
Drehmaschinen GmbH

M-Befehle CTX

M 000	Programm Halt
M 001	Programm wahlweise Halt
M 003	Hauptspindel Rechtslauf
M 004	Hauptspindel Linkslauf
M 005	Hauptspindel Stop
M 009	Kühlmittel aus
M 012 (*)	Hauptspindel klemmen
M 013 (*)	Hauptspindel lösen
M 014 (*)	Hauptspindel C-Achse ein
M 015 (*)	Hauptspindel C-Achse aus
M 016	Späneförderer aus
M 017	Späneförderer ein
M 018 (*)	Impuls Werkstückzähler
M 019 (*)	Hauptspindel stillsetzen in definierter Lage
M 020 (*)	Hauptspindel Schwenkfutter: Schwenke nach Position 1
M 021 (*)	Hauptspindel Schwenkfutter: Schwenke nach Position 2
M 022 (*)	Hauptspindel Schwenkfutter: Schwenke nach Position 3
M 023 (*)	Hauptspindel Schwenkfutter: Schwenke nach Position 4
M 024 (*)	Hauptspindel Spannfutter nachspannen
M 028 (*)	Hauptspannfutter öffnen und Spannart auf Innenspannen umschalten
M 029 (*)	Hauptspannfutter öffnen und Spannart auf Außenspannen umschalten
M 030	Programmende mit Rücksprung zum Anfang
M 033 (*)	Hauptspannfutter öffnen bei drehender Spindel
M 034 (*)	Hauptspannfutter: Zweiter Spanndruck aus
M 035 (*)	Hauptspannfutter: Zweiter Spanndruck ein
M 036	Hauptspannfutter öffnen
M 037	Hauptspannfutter spannen
M 038 (*)	Hauptspanner referenzieren
M 041 (*)	Getriebe Hauptantrieb: Stufe 1
M 042 (*)	Getriebe Hauptantrieb: Stufe 2
M 049	Schmierimpuls
M 050 (*)	Kühlmittel 3: (Backenspülen) ein
M 051 (*)	Kühlmittel 3: (Backenspülen) aus
M 054	Pinole zurück
M 055	Pinole vor
M 056 (*)	Pinole, Differenzdruckspannen aus
M 057 (*)	Pinole, Differenzdruckspannen ein
M 065 (*)	Stangenbearbeitung: Abfrage auf Stangenende
M 066 (*)	Stangenbetrieb, Handshake Kurzteilllademagazin
M 070 (*)	Reitstock vordere Position / Position 1
M 071 (*)	Reitstock in Grundstellung / Position 2
M 074 (*)	Schleppbarer Reitstock: Auskoppeln
M 075 (*)	Schleppbarer Reitstock: Einkoppeln
M 076 (*)	Lünettenautomatik aus
M 077 (*)	Lünettenautomatik ein
M 080 (*)	Lünette 1 öffnen
M 081 (*)	Lünette 1 schließen
M 082 (*)	Lünette 2 öffnen
M 083 (*)	Lünette 2 schließen
M 084 (*)	Schleppbare Lünette: Auskoppeln
M 085 (*)	Schleppbare Lünette: Einkoppeln
M 091	Programm Halt ohne Spindelstop
M 092 (*)	Lünettenschlittenspülen aus
M 093 (*)	Lünettenschlittenspülen ein

M 099	Programmende und automatischer Neustart
M 103 (*)	Angetriebenes Werkzeug Rechtslauf
M 104 (*)	Angetriebenes Werkzeug Linkslauf
M 105 (*)	Angetriebenes Werkzeug Spindel Stop
M 107 (*)	Kühlmittel: Kreis 2 ein
M 108	Kühlmittel: Kreis 1 ein
M 109	Kühlmittel: Kreis 1 und 2 aus
M 136 (*)	Abgreiffutter öffnen
M 137 (*)	Abgreiffutter schließen
M 141 (*)	Angetriebene Werkzeuge: Getriebestufe 1 ein
M 142 (*)	Angetriebene Werkzeuge: Getriebestufe 2 ein
M 143 (*)	Angetriebene Werkzeuge: Getriebestufe 3 ein
M 144 (*)	Angetriebene Werkzeuge: Getriebestufe 4 ein
M 150 (*)	Kühlmittel: Hoher Druck
M 151 (*)	Kühlmittel: Niedriger Druck
M 170 (*)	Werkzeug- /Werkstücküberwachung, Abfragewinkel erreicht
M 171 (*)	Werkzeug- /Werkstücküberwachung, Abfragewinkel nicht erreicht
M 170 (*)	Werkstückmessen ein
M 171 (*)	Werkstückmessen aus
M 192 (*)	Werkzeugträger entriegeln
M 193	Werkzeugträger: Daten- und Vorschubstop beim Revolverschwenken
M 194 (*)	Temperaturkompensation Schlitten 1: Wert verrechnen
M 198 (*)	Warte bis Spindel 1 mit führender Spindel synchron ist
M 250 (*)	Kühlmittel Sonderhochdruck ein
M 298 (*)	Warte bis Spindel 2 mit führender Spindel synchron ist
M 303 (*)	Gegenspindel Rechtslauf
M 304 (*)	Gegenspindel Linkslauf
M 305 (*)	Gegenspindel Stop
M 310 (*)	Gegenspindelantrieb: Abschalten
M 311 (*)	Gegenspindelantrieb: Abschaltung aufheben
M 312 (*)	Gegenspindel klemmen
M 313 (*)	Gegenspindel lösen
M 314 (*)	Gegenspindel C-Achse ein
M 315 (*)	Gegenspindel C-Achse aus
M 319 (*)	Gegenspindel definiert stillsetzen
M 324 (*)	Gegenspindel Spannfutter nachspannen
M 328 (*)	Gegenspannfutter öffnen und Spannart auf Innenspannen umschalten
M 329 (*)	Gegenspannfutter öffnen und Spannart auf Außenspannen umschalten
M 333 (*)	Spannfutter öffnen bei drehender Spindel
M 336 (*)	Gegenspannfutter öffnen
M 337 (*)	Gegenspannfutter spannen
M 338 (*)	Gegenspanner referenzieren
M 350 (*)	Kühlmittel 4: (Backenspülen Gegenspindel) ein
M 351 (*)	Kühlmittel 4: (Backenspülen Gegenspindel) aus
M 380 (*)	Lünette 3 öffnen
M 381 (*)	Lünette 3 schließen
M 382 (*)	Lünette 4 öffnen
M 383 (*)	Lünette 4 schließen
M 398 (*)	Warte bis Spindel 3 (Gegenspindel) mit führender Spindel synchron ist
M 600 (*)	Portalbetrieb: Start Funktion 1
M 601 (*)	Portalbetrieb: Start Funktion 2
M 602 (*)	Portalbetrieb: Start Funktion 3
M 603 (*)	Portalbetrieb: Start Funktion 4

M 680 (*)	Abholeinrichtung: Funktion 1 Grundstellung (Arm)
M 681 (*)	Abholeinrichtung: Funktion 1 Arbeitsstellung (Arm)
M 682 (*)	Abholeinrichtung: Funktion 2 Grundstellung (Greifer)
M 683 (*)	Abholeinrichtung: Funktion 2 Arbeitstellung (Greifer)
M 684 (*)	Abholeinrichtung: Funktion 3 Grundstellung (Auswurf)
M 685 (*)	Abholeinrichtung: Funktion 3 Arbeitstellung (Auswurf)
M 686 (*)	Abholeinrichtung: Zyklus "Ablegen"
M 687 (*)	Abholeinrichtung: Zyklus "Greifen"
M 688 (*)	Abholeinrichtung: Zyklus "Ablegen" ohne Entzug der Datenfreigabe im Teileprogramm
M 689 (*)	Abholeinrichtung: Zyklus "Greifen" ohne Entzug der Datenfreigabe im Teileprogramm
M 800 (*)	Spindelsynchronisation ausschalten
M 801 (*)	Spindelsynchronisation einschalten
M 803 (*)	Spindelsynchronisation einschalten
M 804 (*)	Spindelsynchronisation einschalten
M 810 (*)	Schlittenzuordnung SL1 / Spl H
M 813 (*)	Schlittenzuordnung SL1 / Spl 3
M 850 (**)	Komfort-Anwenderrelais 1: ein
M 851 (**)	Komfort-Anwenderrelais 2: ein
M 852 (**)	Komfort-Anwenderrelais 3: ein
M 853 (**)	Komfort-Anwenderrelais 4: ein
M 854 (**)	Komfort-Anwenderrelais 5: ein
M 855 (**)	Komfort-Anwenderrelais 6: ein
M 856 (**)	Komfort-Anwenderrelais 7: ein
M 857 (**)	Komfort-Anwenderrelais 8: ein
M 860 (**)	Komfort-Anwenderrelais 1: aus
M 861 (**)	Komfort-Anwenderrelais 2: aus
M 862 (**)	Komfort-Anwenderrelais 3: aus
M 863 (**)	Komfort-Anwenderrelais 4: aus
M 864 (**)	Komfort-Anwenderrelais 5: aus
M 865 (**)	Komfort-Anwenderrelais 6: aus
M 866 (**)	Komfort-Anwenderrelais 7: aus
M 867 (**)	Komfort-Anwenderrelais 8: aus
M 868 (**)	Komfort-Anwenderrelais 9: aus
M 870 (**)	Komfort-Anwenderrelais 9: ein
M 871 (**)	Komfort-Anwenderrelais 10: ein
M 872 (**)	Komfort-Anwenderrelais 11: ein
M 873 (**)	Komfort-Anwenderrelais 12: ein
M 874 (**)	Komfort-Anwenderrelais 13: ein
M 875 (**)	Komfort-Anwenderrelais 14: ein
M 876 (**)	Komfort-Anwenderrelais 15: ein
M 877 (**)	Komfort-Anwenderrelais 16: ein
M 881 (**)	Komfort-Anwenderrelais 10: aus
M 882 (**)	Komfort-Anwenderrelais 11: aus
M 883 (**)	Komfort-Anwenderrelais 12: aus
M 884 (**)	Komfort-Anwenderrelais 13: aus
M 885 (**)	Komfort-Anwenderrelais 14: aus
M 886 (**)	Komfort-Anwenderrelais 15: aus
M 887 (**)	Komfort-Anwenderrelais 16: aus

(*) = Funktion Optional
(**) = optionale Sonderfunktion

Die aufgeführten M-Befehle sind eine Übersicht, die nicht an allen Maschinen Anwendung finden.

GILDEMEISTER
Drehmaschinen GmbH

Wartungsplan CTX 400 E /Serie 2 /twin

Vor Arbeitsbeginn

① **Hydraulikaggregat**
-Ölbehälter

② **Frischölschmierung**
-Ölbehälter

Stangennachschubeinrichtungen

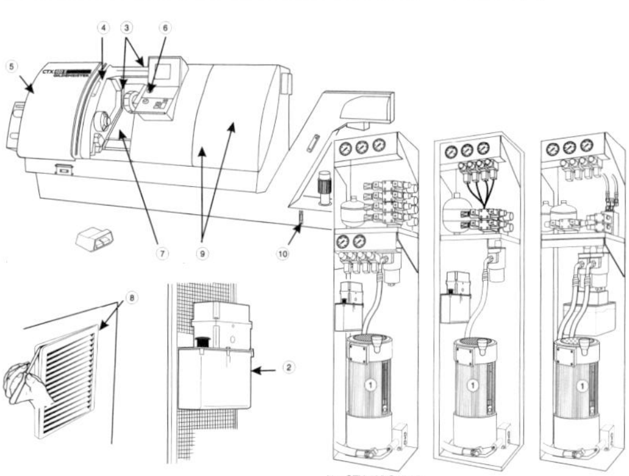

Nur CTX 400 Serie 2

Nach Arbeitsende

③ **Arbeitsraum**
-Sauberkeit und Beschädigung
-Maschinenleuchte
-Abstreifer und Schiebebleche

④ **Trennende Schutzeinrichtungen**
-Sicherheitsscheibe
-Bleche

⑤ **Spindelmotor**
-Filtermatten

⑥ **Werkzeugrevolver**
-Beschädigung

⑦ **Kraftspannfutter (Hauptspindel/Gegenspindel)**
-Futter
-Spannbacken

⑧ **Schaltschrank**
-Filtermatten

⑨ **Gegenspindel**
-Abstreifer
-Filtermatten

Ölnebelabscheider
-Filtermatten

⑩ **Spänewanne/Späneförderer**

Druckspeicher

Lünetten

Wartungseinheit

Stangennachschubeinrichtung

AAB 0004D0 - V 4.0

= Sichtkontrolle, =Reinigen, =Abschmieren, =Wechseln, = Auffüllen, = Leeren

Die Kurzanleitung zu dieser Drehmaschine enthält die M-Befehle für die Programmierung und eine Checkliste für die täglichen Wartungsarbeiten. Quelle: Gildemeister Drehmaschinen GmbH

Beispiel: Kurzanleitung

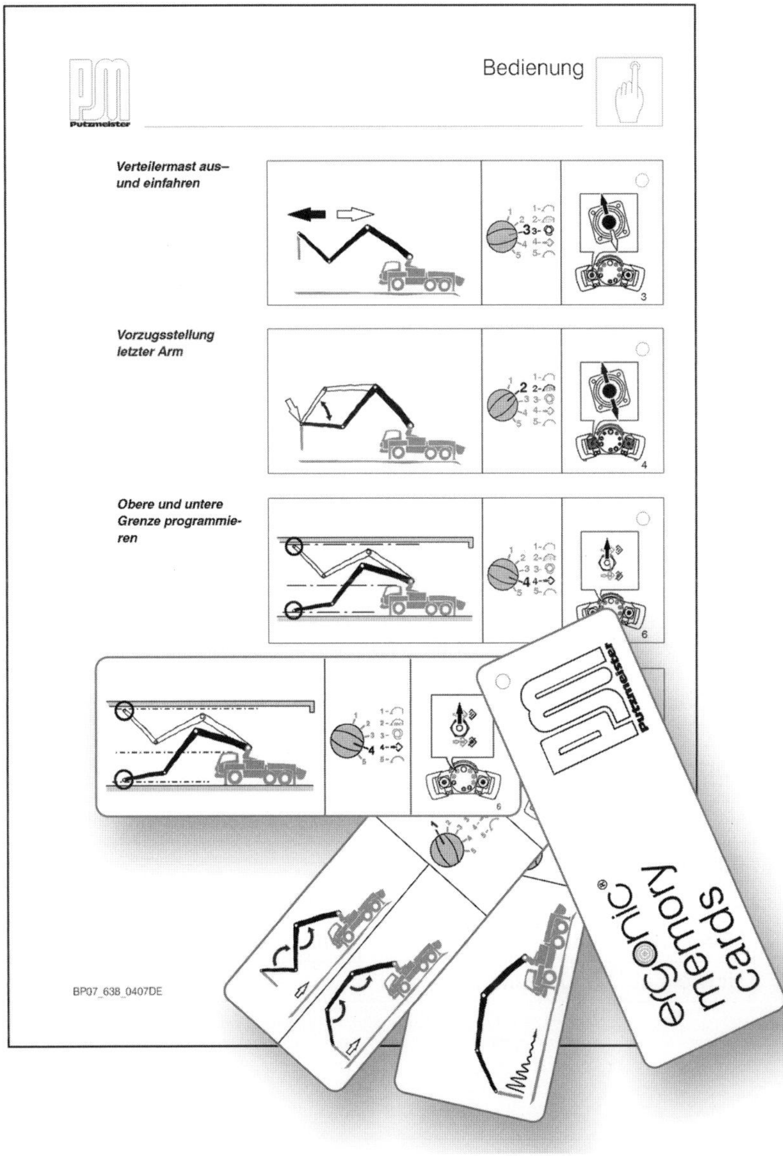

Die in der Anleitung abgedruckte Kurzanleitung gibt es zusätzlich noch einmal als Kartenfächer.
Diese robuste und handliche Kurzanleitung kann der Bediener leicht bei sich haben, um die einzelnen Situationen ablesen zu können.
Quelle: Putzmeister AG, Betriebsanleitung EBC.

Schnellstart-Anleitung

Häufig ist die Dokumentation zu einem neuen Gerät so umfangreich, dass der Anwender nicht weiß, wo er beginnen soll.

Zweck

Bei umfangreicher Dokumentation wird heute gern eine Schnellstart-Anleitung gegeben. Mit ihrer Hilfe kann sich der Benutzer schnell die notwendigen Vorbereitungen vornehmen und zu einem ersten Erfolgserlebnis kommen.

Ausführung

Die Schnellstart-Anleitung sollte alles (und nur das) umfassen, was der Benutzer braucht um:

- die Vorbereitungen zu treffen (z.B. Installation, Akku laden),
- die allerwichtigsten Grundlagen zu verstehen,
- die Normalbedienung (ohne Schnickschnack) auszuführen, um ein erstes Erfolgserlebnis zu haben,
- ggf. können Hinweise auf weitere Bedien- und Nutzungsmöglichkeiten gegeben werden.
- ggf. sollten die Handlungen als Handlungen formuliert werden, also:
  Lieferumfang ➔ Prüfen Sie den Lieferumfang
  Gerätebeschreibung ➔ Machen Sie sich mit den Bedienlementen vertraut.

Die Anleitung sollte deutlich als „Schnellstart-Anleitung" gekennzeichnet sein. Gebräuchlich sind Bezeichnungen wie: Quickstart, Schnelleinstieg. Die Bezeichnung „Kurzanleitung" ist anders vergeben.

Struktur: Schnellstart-Anleitung	
	Beispiel, Hinweise
ggf. Nummer	1.
Grobschritt als Überschrift	*Auspacken*
Handlungsschritte	*Öffnen Sie...*
Hinweis auf Langanleitung	

Beispiel: Quick-Start

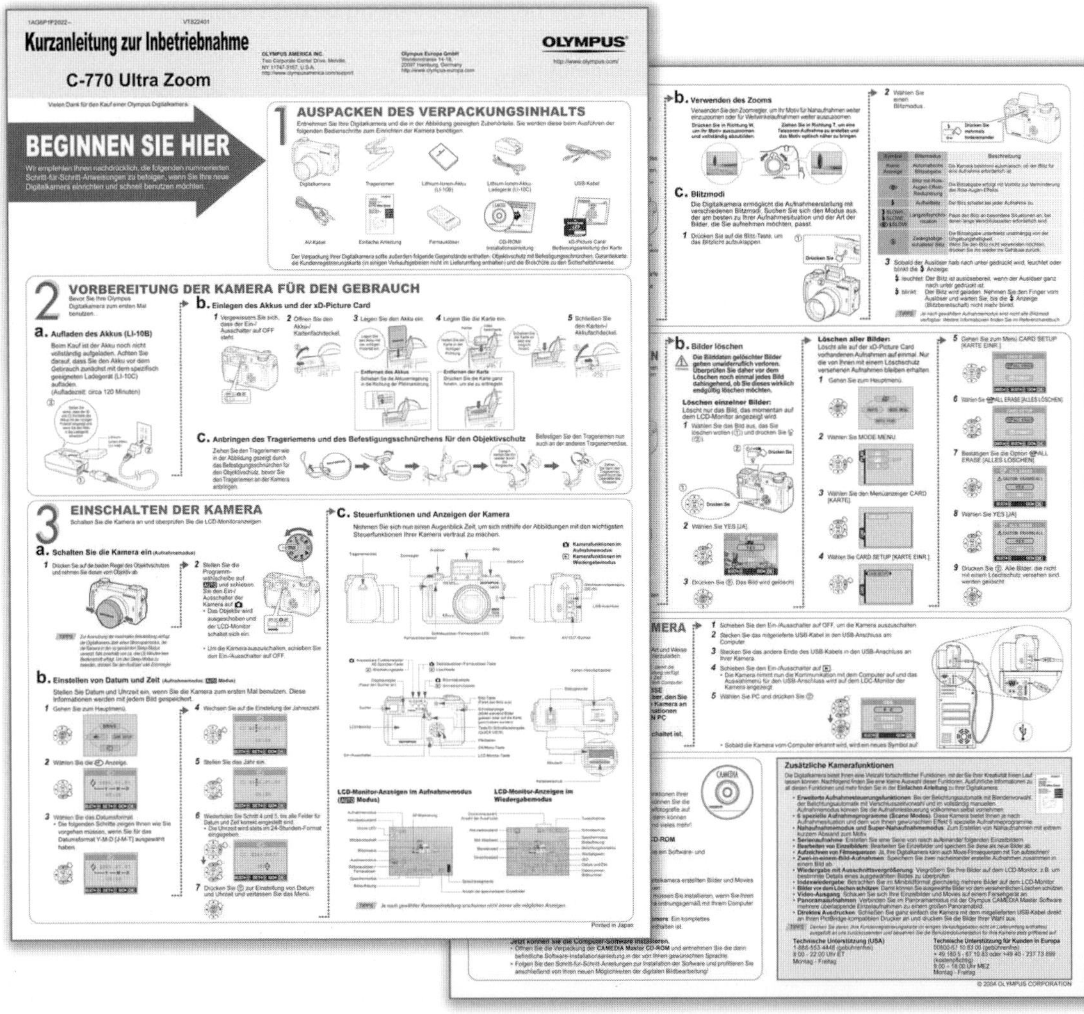

Diese Schnellstart-Anleitung zu einer digitalen Kamera ist im Format A3 beidseitig bedruckt. Sie vermittelt alles, was man für die ersten Schritte braucht und gibt einen Hinweis auf weitere Möglichkeiten und die ausführliche Anleitung. Der Benutzer wird deutlich durch große Nummerierung geführt.

Die Bezeichnung „Kurzanleitung" ist nicht korrekt, dieser Begriff ist bei uns anders belegt.

Quelle: Olympus Europe GmbH, QuickStart Anleitung Camedia C-770 ZOOM

Software-Dokumentation bei „kleiner“ Software

Bei einfachen Software-Programmen kann die „normale“ Anleitung verwendet werden. Die normale Anleitung besteht aus:

- Leistungsbeschreibung,
- Gerätebeschreibung,
- Tätigkeitsbeschreibung (hier mehrere Handlungsanweisungen oder Software-Funktionsbeschreibungen).

Beispiel: Faxprogramm mit wenigen Funktionen

Beispiel: Gliederung Faxprogramm
Einführung • Die Faxsoftware xyz (Leistungsbeschreibung) • Bedienungsübersicht (Screenshots und Gerätebeschreibung) **Bedienung** • Installation (HA) • Grundeinstellungen (HA) • Fax für Empfang einstellen (HA) • Fax senden aus einem Programm (HA) • Telefonbuch anlegen (HA) • Bitmap als Fax versenden (HA) • Faxabruf (HA) • Faxanlagen erzeugen und anhängen (HA) • Faxprotokoll ansehen (HA) • Fax an mehrere Empfänger senden (HA) **Anhang** - • Fehlersuche (Tabelle und HA)

Die Handlungsanweisungen (HA) sind möglicherweise mit SW-Funktionsbeschreibungen kombiniert, denn häufig muss der Benutzer keine komplizierte Handlung ausführen, sondern nur eine Dialogbox ausfüllen.
Quelle: Dietrich Juhl, für dieses Buch erstellt

Beispiel: „Kleine SW-Doku“

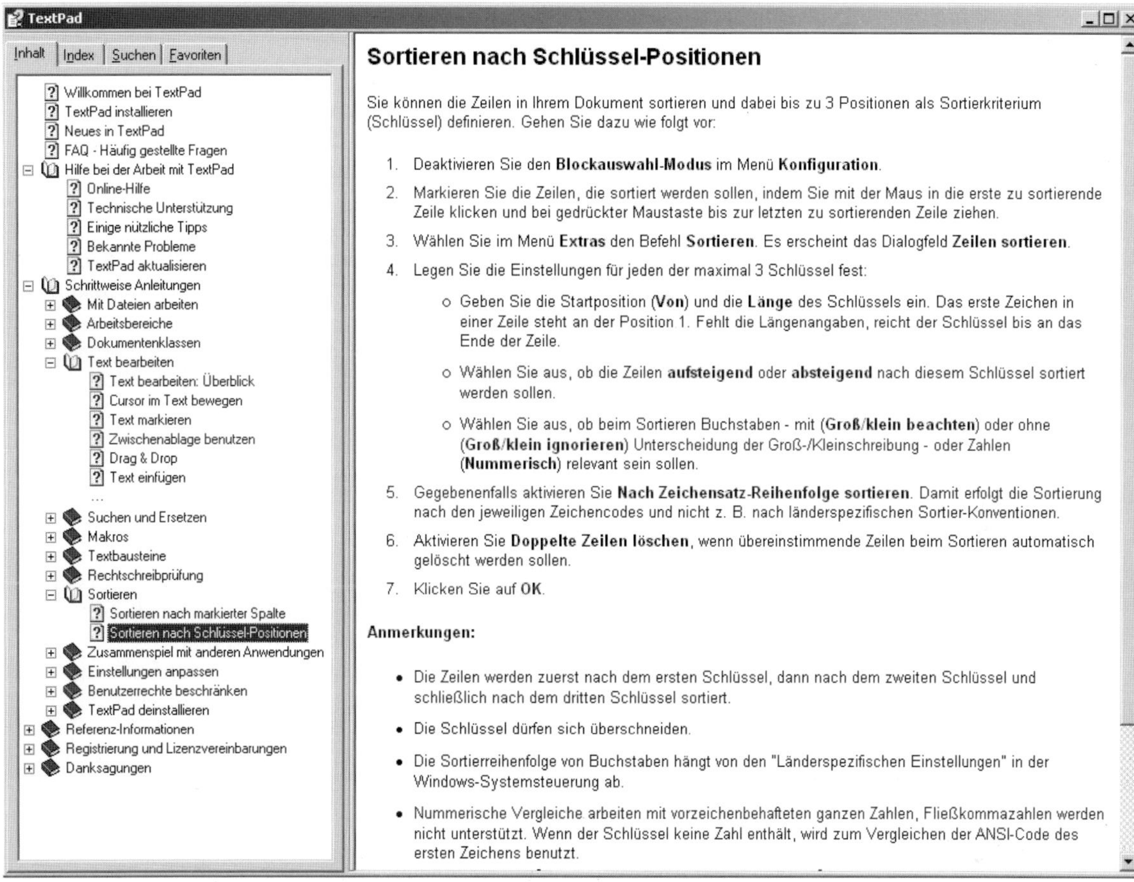

Sortieren nach Schlüssel-Positionen

Sie können die Zeilen in Ihrem Dokument sortieren und dabei bis zu 3 Positionen als Sortierkriterium (Schlüssel) definieren. Gehen Sie dazu wie folgt vor:

1. Deaktivieren Sie den **Blockauswahl-Modus** im Menü **Konfiguration**.
2. Markieren Sie die Zeilen, die sortiert werden sollen, indem Sie mit der Maus in die erste zu sortierende Zeile klicken und bei gedrückter Maustaste bis zur letzten zu sortierenden Zeile ziehen.
3. Wählen Sie im Menü **Extras** den Befehl **Sortieren**. Es erscheint das Dialogfeld **Zeilen sortieren**.
4. Legen Sie die Einstellungen für jeden der maximal 3 Schlüssel fest:
   - Geben Sie die Startposition (**Von**) und die **Länge** des Schlüssels ein. Das erste Zeichen in einer Zeile steht an der Position 1. Fehlt die Längenangaben, reicht der Schlüssel bis an das Ende der Zeile.
   - Wählen Sie aus, ob die Zeilen **aufsteigend** oder **absteigend** nach diesem Schlüssel sortiert werden sollen.
   - Wählen Sie aus, ob beim Sortieren Buchstaben - mit (**Groß/klein beachten**) oder ohne (**Groß/klein ignorieren**) Unterscheidung der Groß-/Kleinschreibung - oder Zahlen (**Nummerisch**) relevant sein sollen.
5. Gegebenenfalls aktivieren Sie **Nach Zeichensatz-Reihenfolge sortieren**. Damit erfolgt die Sortierung nach den jeweiligen Zeichencodes und nicht z. B. nach länderspezifischen Sortier-Konventionen.
6. Aktivieren Sie **Doppelte Zeilen löschen**, wenn übereinstimmende Zeilen beim Sortieren automatisch gelöscht werden sollen.
7. Klicken Sie auf **OK**.

Anmerkungen:

- Die Zeilen werden zuerst nach dem ersten Schlüssel, dann nach dem zweiten Schlüssel und schließlich nach dem dritten Schlüssel sortiert.
- Die Schlüssel dürfen sich überschneiden.
- Die Sortierreihenfolge von Buchstaben hängt von den "Länderspezifischen Einstellungen" in der Windows-Systemsteuerung ab.
- Nummerische Vergleiche arbeiten mit vorzeichenbehafteten ganzen Zahlen, Fließkommazahlen werden nicht unterstützt. Wenn der Schlüssel keine Zahl enthält, wird zum Vergleichen der ANSI-Code des ersten Zeichens benutzt.

Die Anleitung zum Textverarbeitungsprogramm TextPad ist handlungsorientiert gegliedert:
Das Kapitel „Schrittweise Anleitungen“ enthält Sachgebiete, diese wiederum enthalten Handlungsanweisungen, wie hier „Sortieren nach Schlüssel-Positionen“.
Die Überschriften sind aktiv, mit Verb formuliert.
Quelle: Helios Software Solutions, Onlinehilfe zu TextPad Version 4.4.0

Software-Dokumentation bei umfangreicher Software

Bei umfangreicher Software muss die Dokumentation mehrere Aufgaben erfüllen und besteht daher häufig aus mehreren Anleitungen.

Zweck

1 Die Anleitung dient dem Anfänger dazu, sich in die Software einzuarbeiten. Dabei möchte er zuerst nur die Grundfunktionen erlernen, um bei der Arbeit mit diesen Funktionen mit der Software vertraut zu werden.

2 Später möchte der Benutzer weitere Funktionen kennenlernen, wahrscheinlich die, die er momentan sinnvoll einsetzen kann. Dazu muss er die entsprechenden Kapitel aussuchen und einzeln bearbeiten können.

3 Möglicherweise benötigt der Benutzer aber auch gezielt Informationen zu einer bestimmten Funktion oder zu den Einstellmöglichkeit in einer bestimmten Dialogbox.

Diese unterschiedlichen Anforderungen können nicht von einer Anleitung erfüllt werden. Hier sind bis zu drei Anleitungen sinnvoll.

Ausführung

1. Exemplarische Einführung

Die exemplarische Einführung (siehe dort) führt den Benutzer anhand eines Beispiels systematisch in die Grundbedienung ein.
Danach ist der Anfänger handlungsfähig und kann mit der Software arbeiten oder zumindest einfache Aufgaben lösen.

2. Handlungen zum Nachschlagen

Dieser Anleitungsteil dient dem Benutzer dazu, sein Handlungswissen sukzessive zu erweitern. Dabei kann er die interessierenden Handlungen wählen und einzeln erlernen.

- Diese Anleitung besteht aus vielen abgeschlossenen Handlungsanweisungen. Wichtig ist dabei das Ziel der Handlung, anhand dessen der Benutzer noch einmal seinen Handlungswunsch identifizieren kann.
- Wichtig ist außerdem eine in sich abgeschlossene Schritt-für-Schritt-Anleitung, mit der er handeln kann ohne irgendwo anders nachzuschlagen.
- Diese Anleitung wird sinnvollerweise sachlogisch sortiert, damit der Benutzer alle ihn interessierenden Handlungen zusammenhängend lesen kann.

3. Software-Funktionen zum Nachschlagen

Diese Nachschlage-Anleitung ist eigentlich eine „geräteorientierte Anleitung“, bei der alle „Bedienelemente“ nacheinander beschrieben werden. Jede Beschreibung ist eine Software-Funktionsbeschreibung (siehe dort). Die Anleitung wird entsprechend der Menüanordnung sortiert.

Beispiel: Software-Dokumentation

Exemplarische Einführung

Einen Text schreiben
- Schreiben
- Gestalten
- Abspeichern
- Drucken

Einen Text gestalten
- Ränder festlegen
- Formate benutzen
- Bilder einbinden
- Tabellen benutzen
- ...

Einen umfangreichen Text schreiben
- Text schreiben
- Gestalten mit Druckformatvorlage
- Kapitel
- Gliederungsansicht benutzen
- Kopf- und Fußzeilen benutzen
- Inhaltsverzeichnis generieren
- Index generieren
- ...

Einen Brief an mehrere Adressaten
- ...

Komfortabel arbeiten
- Die richtige Ansicht wählen
- Steuerzeichen ein- ausschalten
- ...

Anmerkungen
- Als Handlungsanweisung
- An einem günstigen Beispiel
- Lernlogische Reihenfolge
- Mit Erklärung der Systematik

Handlungen zum Nachschlagen

Bilder einbinden
Bilder positionieren
Bilder verändern (Ausschnitt, Helligkeit...)
Fußnoten benutzen
Kopf- und Fußzeilen benutzen
Schrift gestalten mit Formatvorlagen
Seitenzahlen einsetzen
Tabelle anlegen
Tabelle gestalten

Index (hier mit Beispielen)
- *Adressen aus Datenbank einsetzen*
- *Bildausschnitt festlegen*
- *Bildgröße anpassen*
- *Bildhelligkeit einstellen*
- *Bildkontrast verändern*
- *Fette Schrift*
- *Worte unterstreichen*

Anmerkungen
- Große (zusammenhängende) Handlungen
- Funktionsübergreifend
- Alphabetisch sortiert
- Als Handlungsanweisung
- Im Index stehen viele „kleine" Handlungen, die sich in den großen Handlungen wieder finden.

Alle Software-Funktionen zum Nachschlagen

Datei
- Neu...
- Öffnen...
- Schließen
- ...

Bearbeiten
- Rückgängig
- Wiederholen
- ...

Ansicht
- Normal
- Weblayout
- Seitenlayout
- ...

Einfügen
- ...

Format
- Zeichen...
- Absatz...
- Nummerierung und Aufzählungszeichen...
- Rahmen und Schattierung...
- ...

Index

Anmerkungen
- Als Software-Funktionsbeschreibung
- Nach Menüs geordnet

Die Anleitung zu einer Software muss aus mehreren Anleitungen bestehen. Hier wird dies am Beispiel MS-Word deutlich.
Je nach Anlass:
1. Eine exemplarische Einführung für den Anfänger.
2. Viele große und kleine Handlungen zum Nachschlagen (zum Weiterlernen oder bei Bedarf).
3. Die systematische Darstellung aller Funktionen (zum Weiterlernen oder bei Bedarf).

Quelle: Dietrich Juhl, für dieses Buch erstellt

Beispiel: Software-Dokumentation

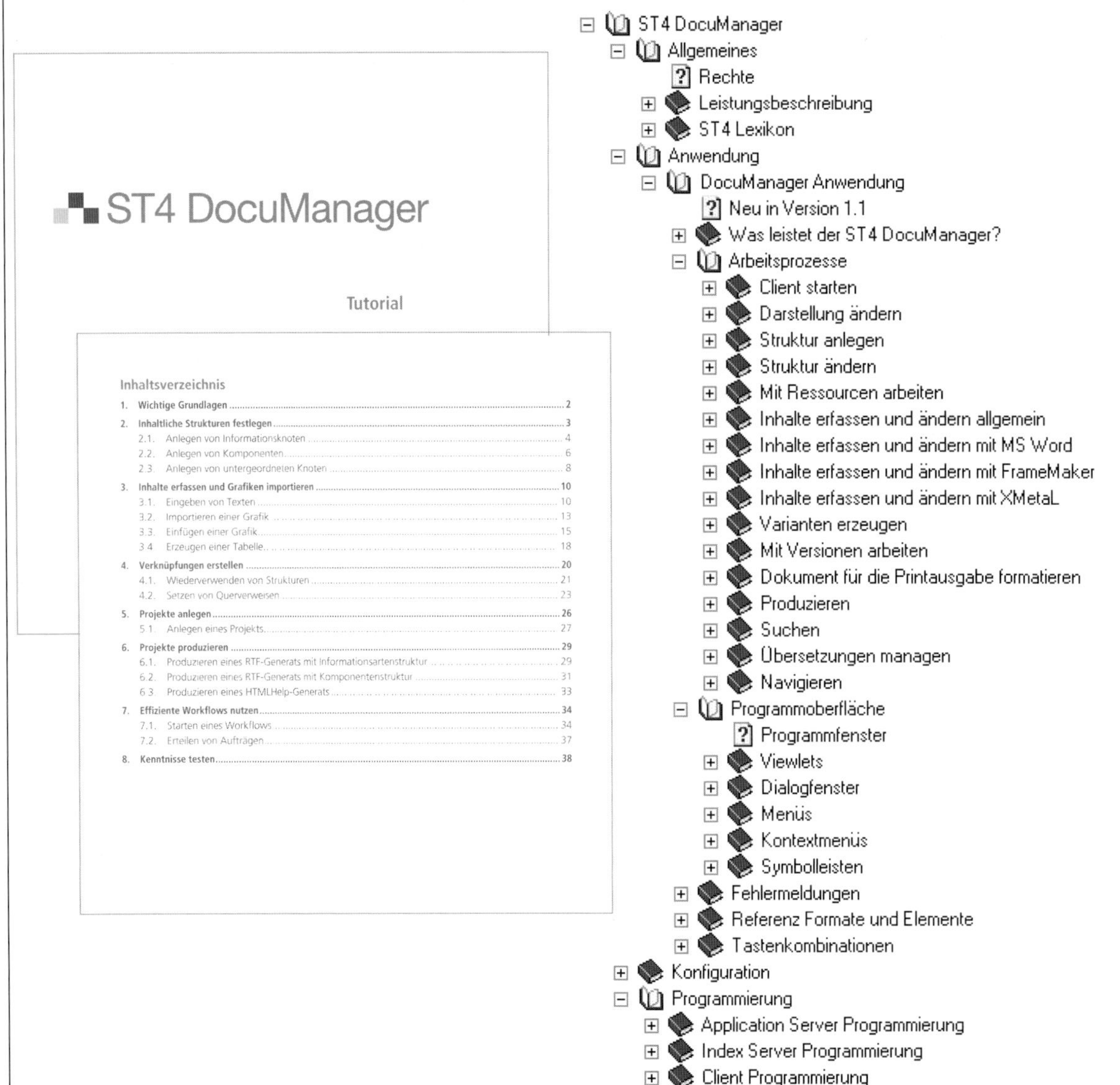

Perfekt! Bei der Dokumentation zu Schema ST4 gibt es alles:
- Ein Tutorial als separates Dokument (links)

und die Onlinehilfe (rechts) besteht aus:
- der Leistungsbeschreibung
- den Arbeitsprozessen (= Handlungen zum Nachschlagen
- der Programmoberfläche (= alle Software-Funktionen zum Nachschlagen) und
- diversen anderen Kapiteln, z.B. Nachschlageteil mit Befehlsreferenz.

Quelle: Schema GmbH, Tutorial und Onlinehilfe zu ST4

Exkurs: Vergleich geräteorientierte / handlungsorientierte Anleitung

Es gibt zwei grundsätzlich verschiedene Möglichkeiten, eine Anleitung zu gliedern:

- **Die geräteorientierte Anleitung** geht vom Gerät aus und beschreibt dessen Komponenten oder Bedienelemente.
  Sie ist dann sinnvoll, wenn der Anwender das Gerät und die Komponenten gut kennt oder bei einer Service-Anleitung, bei der der Servicetechniker eher geräteorientiert denkt und vorgeht.
- **Die handlungsorientierte Anleitung** stellt die Handlungen in den Mittelpunkt der Beschreibung.
  Sie ist immer dann sinnvoll, wenn der Benutzer handeln soll. Gut ist es, wenn jede Überschrift ein Verb enthält, so dass der Leser sofort erkennt, dass eine Handlung beschrieben wird.

Ausführung geräteorientierte Anleitung

Bei der geräteorientierten Anleitung werden einzelne Geräteteile einzeln beschrieben.
Die Anleitung ist meistens auch geräteorientiert gegliedert (z.B. nach Komponenten).
Innerhalb der Kapitel (= Baugruppe) stehen diverse Informationen, z.B.:

- Gerätebeschreibung,
- Funktionsweise,
- einzelne Handlungen (z.B. Montage, Einstellung, Reparatur).

Ausführung handlungsorientierte Anleitung

Bei der handlungsorientierten Anleitung wird zu Handlungen angeleitet.
Die Reihenfolge der Handlungen ist meist „lernlogisch“:

- vom Häufigen zum Seltenen,
- vom Einfachen zum Schwierigen.

Tipps zur handlungsorientierten Anleitung

- Beginnen Sie mit einer „Was-macht-Wer-Matrix“ um herauszufinden, was getan werden muss (zu diesen Tätigkeiten müssen Sie anleiten).
- Schreiben Sie Kapitel zu einzelnen Handlungen.
- Achten Sie darauf, dass jede Überschrift ein Verb enthält.
- Benutzen Sie eine der Tätigkeitsbeschreibungen (vorzugsweise die Handlungsanweisung).
- Halten Sie die Kapitel mit Grundwissen möglichst kurz. Ordnen Sie das notwendige Grundwissen vorzugsweise in die Handlungsanweisungen, dort ist es im Ziel der Handlung häufig gut aufgehoben.
- Bringen Sie allgemeine Informationen innerhalb der Handlungsanweisungen im Handlungsziel unter. Ein gut beschriebenes Handlungsziel vermittelt die notwendigen Grundkenntnisse.

Beispiel: Geräteorientierte / handlungsorientierte Anleitung

Geräte-orientierte Ordnung

Cockpit
- Instrumente
- Zündschloss
- Lenksäule
- Pedale
- Schaltgetriebe
- Handbremse
- Rückspiegel

Innenraum
- Innenleuchten
- Klimaanlage
- Ablagen

Sitze
- Sitzeinstellung
- Sicherheitsgurte
- Sitzheizung

Schließsystem
- Zentralverriegelung
- Diebstahl-Warnanlage

Leuchten
- Blinker
- Lichtschalter
- Warn- und Kontrollleuchten

Fenster
- Heckscheibenheizung
- Scheibenwischer
- Sonnenblenden

Kofferraum
- Gepäckraum
- Heckklappe
- Tank
- Verbandskasten
- Warndreieck

Motorraum
- Motorraumklappe

Sonstiges
- Elektronisches Stabilitätsprogramm

Handlungs-orientierte Ordnung

Machen Sie sich mit den Bedienelementen vertraut

Vor der Fahrt beachten
- Sitze einstellen
- Rückspiegel einstellen
- Sicherheitsgurt anlegen
- Lenksäule einstellen
- Gepäck verstauen
- Personen befördern

Fahren
- Anlassen
- Gas geben, Schalten, Bremsen
- Anhalten
- Blinken
- Kurven fahren
- Geschwindigkeit halten

Fahren bei Wind und Wetter
- Bei Nacht: Licht einstellen
- Bei Wärme: Kühlen und Frischluft
- Bei Regen oder beschlagenen Scheiben
- Bei Kälte: Heizen, Sitz heizen
- Bei Schnee oder gefrorenen Scheiben

Tanken und Fahrzeug kontrollieren
- Tanken
- Ölstand kontrollieren
- Kontrollieren: Licht, Wasser

Was bedeuten die Anzeigen?
- Was tun, wenn eine Anzeige leuchtet?

Fahrzeug abstellen
- Fahrzeug sichern
- Abschließen
- Diebstahl-Warnanlage benutzen

Gemischte Ordnung

Cockpit
- Übersichtsbild
- Instrumente
- Warn- und Kontrollleuchten

Auf und Zu
- Schlüssel
- Funk-Fernbedienung, Türen und Zentralverriegelung
- Heckklappe
- Diebstahl-Warnanlage
- Motorraumklappe

Licht und Sicht
- Schalter
- Blinker- und Fernlichthebel
- Scheibenwischer
- Innenleuchten
- Heckscheibenheizung und Sonnenblenden
- Rückspiegel

Sitzen und Verstauen
- Vordersitze
- Sitzheizung
- Steckdosen
- Einstellbare Lenksäule
- Pedale
- Hintere Sitzbank
- Gepäckraum
- Ablagen
- Verbandskasten, Warndreieck

Klima
- Klimaanlage

Fahren
- Zündschloss
- Motor starten
- Motor abstellen
- Schaltgetriebe
- Handbremse
- Elektronisches Stabilitätsprogramm
- Geschwindigkeits-Regel-Anlage
- Tanken

Der Vergleich macht die Unterschiede deutlich. Links werden die einzelnen Komponenten des Fahrzeugs beschrieben, in der Mitte die Handlungen. Hier haben auch alle Überschriften ein Verb.
Die Gliederung rechts zeigt eine Mischform: Die großen Überschriften sind Handlungen (z.B. Fahren), darunter finden sich aber meistens Fahrzeugkomponenten (z.B. Zündschloss).
Quelle: Links und Mitte: D. Juhl für dieses Buch erstellt. Rechte Spalte: Volkswagen AG, New Beetle RSi.

Allgemeine Technische Dokumentation

Die Technische Dokumentation ist häufig „nur" eine Sammlung von Unterlagen und Daten zum Gerät. Eine solche Sammlung ist aber keine „Anleitung", denn sie leitet nicht wirklich zum Handeln an, sondern stellt nur die diversen Informationen zur Verfügung.

Zweck

Die Allgemeine Technische Dokumentation stellt dem Anwender alle erforderlichen Daten des Gerätes zur Verfügung, z.B.

- Beschreibungen,
- Zeichnungen,
- technische Daten,
- Schaltpläne, Zeichnungen etc.

Solche Datensammlungen sind z.B. sinnvoll bei:

- OEM-Geräten, also Geräten oder Geräteteilen, die in andere Geräte eingebaut werden (OEM: Original Equipment Manufacturer, Lieferant von Einbauteilen), z.B. Pumpen, die in eine Anlage eingebaut werden, Elektromotoren, die in einen Cassettenrecorder eingebaut werden,
- Geräten, die sehr technisch verwendet werden, z.B. Sicherungsautomaten, Schütze, Motorsteuerungen...,
- Service-Anleitungen.

Ausführung

Die Allgemeine Technische Dokumentation kann modular unterteilt sein, wenn das Gerät aus abgrenzbaren Komponenten besteht. Jede Komponente ist dann separat beschrieben.
Zum Gerät oder jeder Komponente können folgende Informationen gehören:

- Leistungsbeschreibung
  und Technische Daten
- Gerätebeschreibung
  und Beschreibung der Funktionsweise
- Tätigkeiten (Bei vielen Geräten entfällt dieser Beschreibungsteil völlig, weil die Arbeiten für den technischen Anwender aus der technischen Beschreibung hervorgehen.)
  - Planung
  - Installation (TB)
  - Inbetriebnahme (TB)
  - Betrieb (TBs)
  - Wartung (Wartungsplan und einzelne TBs)
  - Service (Fehlersuchtabelle und einzelne TBs)
- Anhang mit technischen Unterlagen
  - Maßzeichnung
  - Konstruktionszeichnung
  - Schaltpläne
  - Ersatzteillisten

Beispiel: Geräteorientierte Anleitung

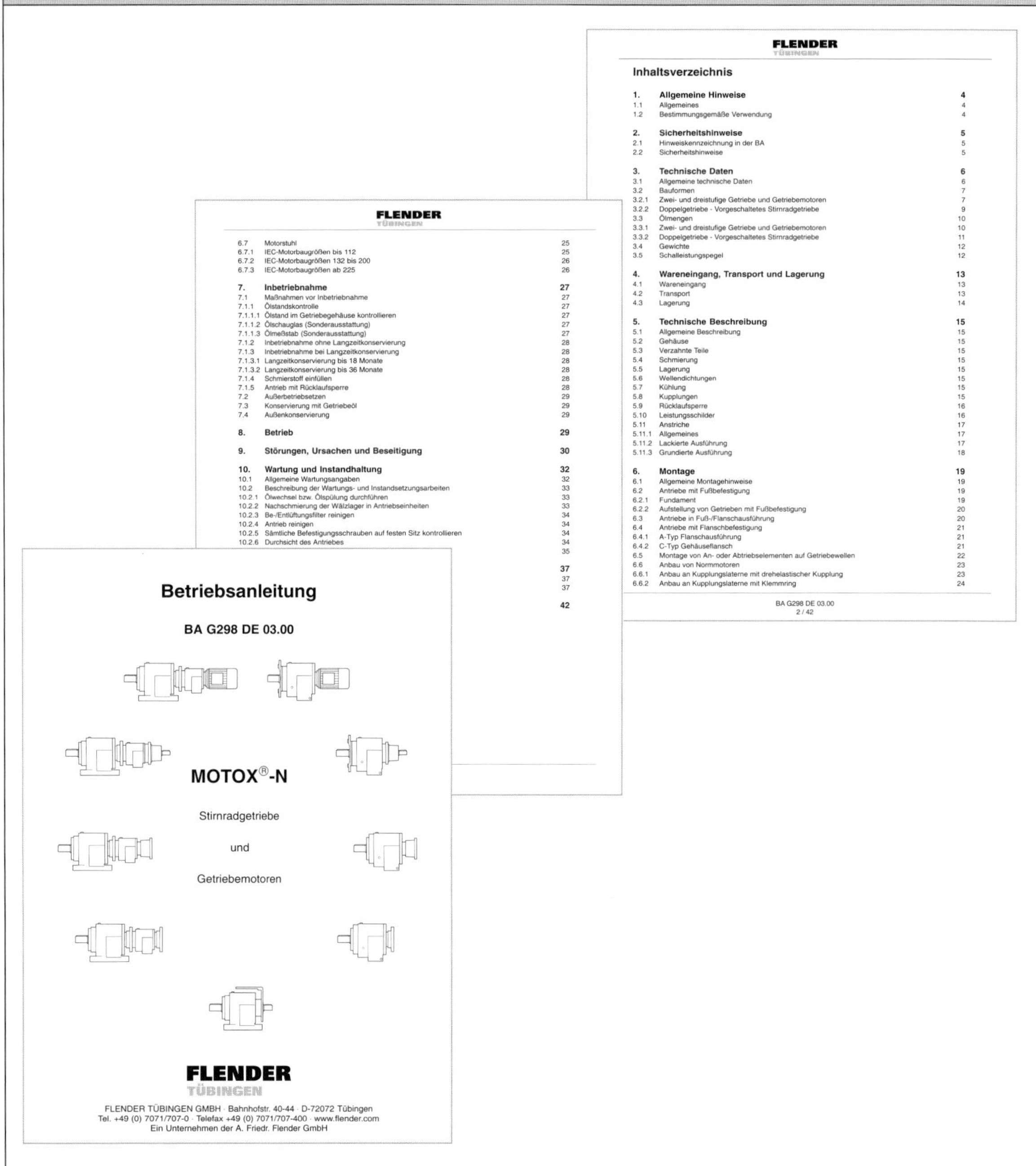

FLENDER TÜBINGEN

Inhaltsverzeichnis

BA G298 DE 03.00
2 / 42

FLENDER TÜBINGEN

Betriebsanleitung

BA G298 DE 03.00

MOTOX®-N

Stirnradgetriebe

und

Getriebemotoren

FLENDER TÜBINGEN

FLENDER TÜBINGEN GMBH · Bahnhofstr. 40-44 · D-72072 Tübingen
Tel. +49 (0) 7071/707-0 · Telefax +49 (0) 7071/707-400 · www.flender.com
Ein Unternehmen der A. Friedr. Flender GmbH

Die Betriebsanleitung zu einem typischen OEM-Teil ist geräteorientiert aufgebaut.
Quelle: Flender Tübingen GmbH

Beispiel: Geräteorientierte Anleitung

FLENDER
TÜBINGEN

3.2 Bauformen

- Die Antriebe dürfen nur in der auf dem Leistungsschild genannten Bauform betrieben werden. Damit ist sichergestellt, daß die richtige Schmierstoffmenge vorhanden ist.
- Die Bauform-Bezeichnungen entsprechen IEC 60034-7 (Code I).

Kennzeichnung:

Ölstand

Gehäusebe- und Entlüftung

Ölablaßschraube

V Die Getriebe der Baugröße 38 sind serienmäßig mit einer Verschlußschraube an der Stelle "V" versehen.

* auf Gegenseite

② 2-stufige Getriebe ③ 3-stufige Getriebe

3.2.1 Zwei- und dreistufige Getriebe und Getriebemotoren

- D/Z 38 - D/Z 88

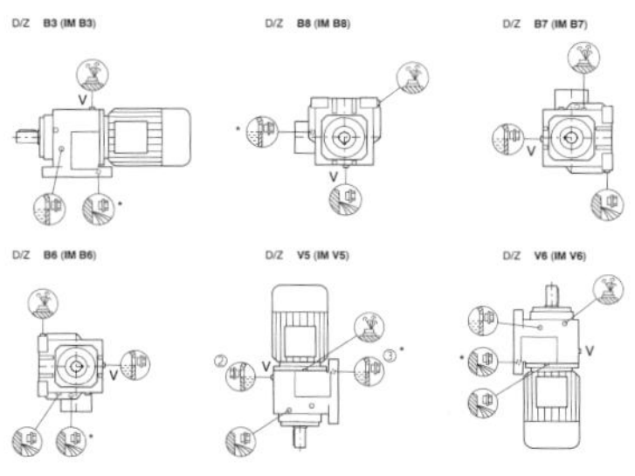

BA G298 DE 03.00
7 / 42

FLENDER
TÜBINGEN

5. Technische Beschreibung

5.1 Allgemeine Beschreibung

Die Getriebe werden als zwei- oder dreistufige Stirnradgetriebe geliefert.
Die Getriebe sind, unter Beachtung des Ölstandes, für die verschiedenen Einbaulagen geeignet.

5.2 Gehäuse

Die Getriebegehäuse aus Grauguß sind stabil, schwingungsdämpfend und für Dauerbetrieb konstruiert.

Die Gehäuse werden in völlig neuartigen Bearbeitungsverfahren auf modernsten Maschinen gefertigt, was eine hohe Achsabstandsgenauigkeit bewirkt, wodurch örtliche Überbelastung der Zahnflanken vermieden wird. Die hohe Genauigkeit bewirkt ebenso eine günstige Lagerbelastung sowie ein gutes Geräuschverhalten.

5.3 Verzahnte Teile

Die verzahnten Getriebeteile sind gehärtet. Durch die hohe Qualität der Verzahnung sowie flanken- und profilkorrigierte Evolventenverzahnung wird der Geräuschpegel des Getriebes minimiert und die Flankentragfähigkeit optimiert.

5.4 Schmierung

Die Verzahnungsteile werden durch Tauchschmierung ausreichend mit Schmierstoff versorgt. Dadurch sind die Getriebe besonders wartungsarm.

Achtung! **Zum störungsfreien Betrieb bitte Kapitel 10. "Wartung und Instandhaltung" besonders beachten.**

5.5 Lagerung

Alle Wellen sind in Wälzlagern gelagert. Die Schmierung der Wälzlager erfolgt durch Tauchschmierung mit Hilfe der Zahnräder. Lager, die dabei nicht mit Schmierstoff versorgt werden, sind geschlossen und fettgeschmiert (Lebensdauerschmierung).

5.6 Wellendichtungen

Radial-Wellendichtringe an den Wellendurchtritten verhindern, daß Schmierstoff aus dem Gehäuse austreten und Verunreinigungen in das Gehäuse eindringen können. Bei höheren Umgebungstemperaturen (>40°C ... 100°C nach vertraglicher Vereinbarung) werden Wellendichtringe aus temperaturresistentem Material eingesetzt.

5.7 Kühlung

Die Getriebe benötigen keine zusätzliche Kühlung. Die großzügig bemessene Gehäuseoberfläche reicht für die Abfuhr der Verlustwärme bei freier Konvektion aus.

Achtung! **Die Oberfläche des Getriebes bzw. Getriebemotors ist frei von Verschmutzung zu halten (siehe Kapitel 10. "Wartung und Instandhaltung").**

5.8 Kupplungen

Für den An- und Abtrieb der Getriebe sind in der Regel elastische Kupplungen vorzusehen.

Sollen starre Kupplungen oder andere An- bzw. Abtriebselemente verwendet werden, die zusätzliche Radial- und/oder Axialkräfte hervorrufen (z.B. Zahnräder, Riemenscheiben usw.), muß das vertraglich vereinbart sein.

Achtung! **Kupplungen mit Umfangsgeschwindigkeiten am Außendurchmesser bis 30 m/s müssen statisch ausgewuchtet sein. Kupplungen mit Umfangsgeschwindigkeiten über 30 m/s erfordern eine dynamische Auswuchtung.**

Für den Betrieb der Kupplungen ist die spezielle Betriebsanleitung zu beachten.

BA G298 DE 03.00
15 / 42

Typisch für geräteorientierte Anleitungen: Allgemeine technische Beschreibungen und technische Daten.
Quelle: Flender Tübingen GmbH

Planungsunterlage

Wenn das Gerät in eine Umgebung eingebaut wird oder in Varianten oder Modulen lieferbar ist, die an die Umgebung angepasst sind, muss häufig vorab der Einsatz geplant werden. Hierfür werden Informationen in Form einer Planungsunterlage zur Verfügung gestellt.

Zweck

Eine Planungsunterlage dient einem Planer (häufig ein Mitarbeiter des Herstellers oder ein Planungsingenieur) dazu, das Gerät für die vorgesehene Verwendung auszusuchen oder zusammenzustellen.
Beispiele:

- Eine Einbauküche wird aus vielen Einzelteilen entsprechend den Kundenwünschen und des vorhandenen Raumes zusammengestellt. Hierbei sind viele Abhängigkeiten zu beachten.
- Die Komponenten einer Klimaanlage für ein Bürogebäude werden zusammengestellt.
- Die Heizung für ein Mehrfamilienhaus wird aus Standardkomponenten zusammengestellt.
- Die Flaschenabfüllanlage wird aus Standardmodulen zusammengestellt und konstruktiv an die Kundenbedürfnisse angepasst.

Ausführung

Die Planungsunterlage kann aus unterschiedlichen Elementen bestehen:

- Grundlagen,
- Vergleichstabelle der möglichen Komponenten,
- Beschreibung jeder Komponente mit allen erforderlichen Daten, z.B. für eine Einbauküche: Maße, lieferbare Fronten, Einschränkungen in der Kombinierbarkeit,
- Kombinationstabelle (welche Teile können mit welchen kombiniert werden?),
- Formeln zur Berechnung der richtigen Dimensionierung,
- Schritt-für-Schritt-Anleitung für die Planung,
- Regeln (was kann wann eingesetzt werden).

Beispiel: Planungsunterlage

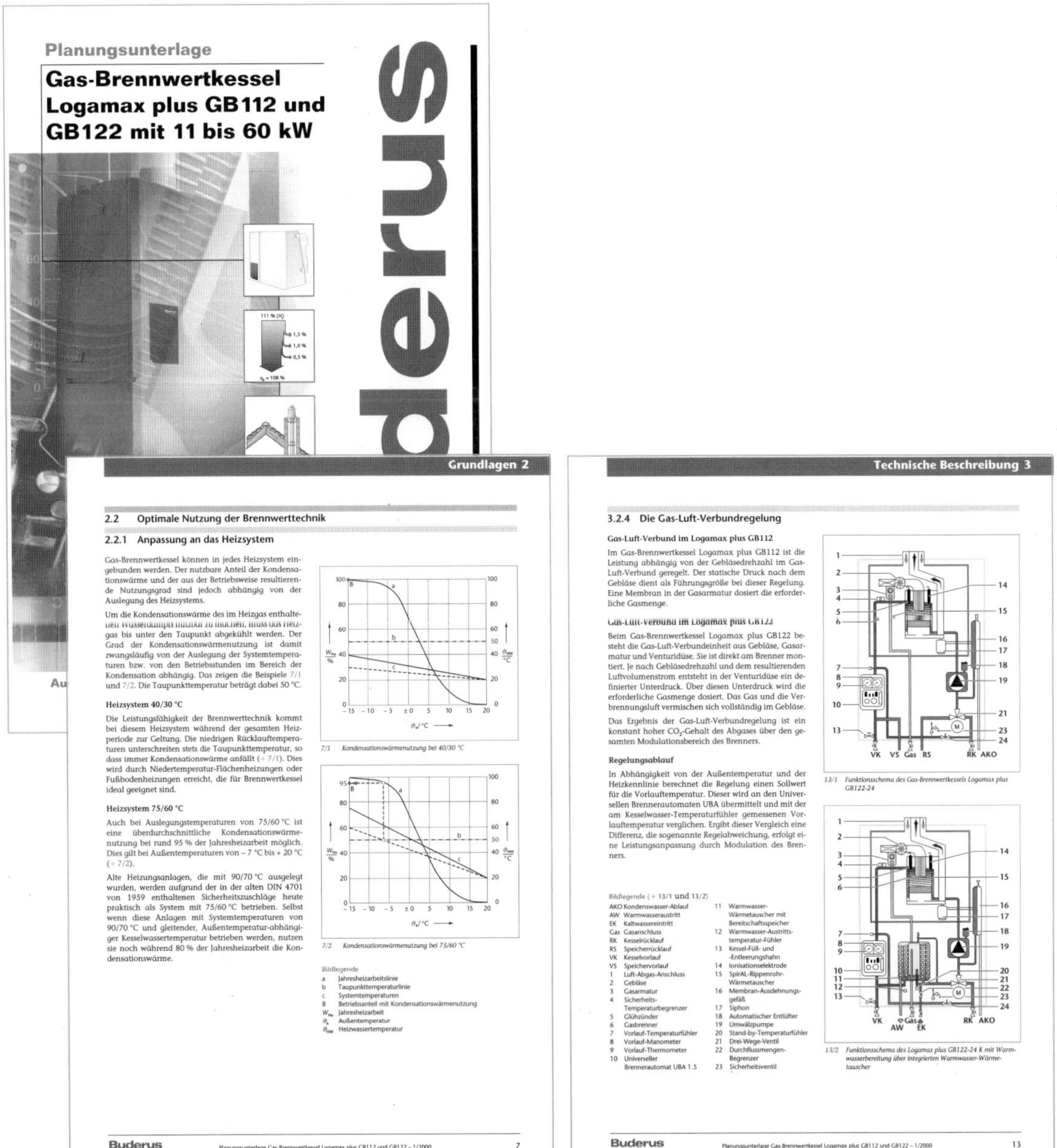

Planungsunterlage

Gas-Brennwertkessel Logamax plus GB112 und GB122 mit 11 bis 60 kW

Buderus

Grundlagen 2

2.2 Optimale Nutzung der Brennwerttechnik

2.2.1 Anpassung an das Heizsystem

Gas-Brennwertkessel können in jedes Heizsystem eingebunden werden. Der nutzbare Anteil der Kondensationswärme und der aus der Betriebsweise resultierende Nutzungsgrad sind jedoch abhängig von der Auslegung des Heizsystems.

Um die Kondensationswärme des im Heizgas enthaltenen Wasserdampfs nutzbar zu machen, muss das Heizgas bis unter den Taupunkt abgekühlt werden. Der Grad der Kondensationswärmenutzung ist damit zwangsläufig von der Auslegung der Systemtemperaturen bzw. von den Betriebsstunden im Bereich der Kondensation abhängig. Das zeigen die Beispiele 7/1 und 7/2. Die Taupunkttemperatur beträgt dabei 50 °C.

Heizsystem 40/30 °C

Die Leistungsfähigkeit der Brennwerttechnik kommt bei diesem Heizsystem während der gesamten Heizperiode zur Geltung. Die niedrigen Rücklauftemperaturen unterschreiten stets die Taupunkttemperatur, so dass immer Kondensationswärme anfällt (→ 7/1). Dies wird durch Niedertemperatur-Flächenheizungen oder Fußbodenheizungen erreicht, die für Brennwertkessel ideal geeignet sind.

Heizsystem 75/60 °C

Auch bei Auslegungstemperaturen von 75/60 °C ist eine überdurchschnittliche Kondensationswärmenutzung bei rund 95 % der Jahresheizarbeit möglich. Dies gilt bei Außentemperaturen von – 7 °C bis + 20 °C (→ 7/2).

Alte Heizungsanlagen, die mit 90/70 °C ausgelegt wurden, werden aufgrund der in der alten DIN 4701 von 1959 enthaltenen Sicherheitszuschläge heute praktisch als System mit 75/60 °C betrieben. Selbst wenn diese Anlagen mit Systemtemperaturen von 90/70 °C und gleitender, Außentemperatur-abhängiger Kesselwassertemperatur betrieben werden, nutzen sie noch während 80 % der Jahresheizarbeit die Kondensationswärme.

7/1 Kondensationswärmenutzung bei 40/30 °C

7/2 Kondensationswärmenutzung bei 75/60 °C

Bildlegende
a Jahresheizarbeitslinie
b Taupunkttemperaturlinie
c Systemtemperaturen
B Betriebsanteil mit Kondensationswärmenutzung
W_{Ha} Jahresheizarbeit
ϑ_a Außentemperatur
ϑ_{HW} Heizwassertemperatur

Buderus Heiztechnik Planungsunterlage Gas-Brennwertkessel Logamax plus GB112 und GB122 – 1/2000 7

Technische Beschreibung 3

3.2.4 Die Gas-Luft-Verbundregelung

Gas-Luft-Verbund im Logamax plus GB112

Im Gas-Brennwertkessel Logamax plus GB112 ist die Leistung abhängig von der Gebläsedrehzahl im Gas-Luft-Verbund geregelt. Der statische Druck nach dem Gebläse dient als Führungsgröße bei dieser Regelung. Eine Membran in der Gasarmatur dosiert die erforderliche Gasmenge.

Gas-Luft-Verbund im Logamax plus GB122

Beim Gas-Brennwertkessel Logamax plus GB122 besteht die Gas-Luft-Verbundeinheit aus Gebläse, Gasarmatur und Venturidüse. Sie ist direkt am Brenner montiert. Je nach Gebläsedrehzahl und dem resultierenden Luftvolumenstrom entsteht in der Venturidüse ein definierter Unterdruck. Über diesen Unterdruck wird die erforderliche Gasmenge dosiert. Das Gas und die Verbrennungsluft vermischen sich vollständig im Gebläse.

Das Ergebnis der Gas-Luft-Verbundregelung ist ein konstant hoher CO_2-Gehalt des Abgases über den gesamten Modulationsbereich des Brenners.

Regelungsablauf

In Abhängigkeit von der Außentemperatur und der Heizkennlinie berechnet die Regelung einen Sollwert für die Vorlauftemperatur. Dieser wird an den Universellen Brennerautomaten UBA übermittelt und mit der am Kesselwasser-Temperaturfühler gemessenen Vorlauftemperatur verglichen. Ergibt dieser Vergleich eine Differenz, die sogenannte Regelabweichung, erfolgt eine Leistungsanpassung durch Modulation des Brenners.

Bildlegende (→ 13/1 und 13/2)
AKO Kondenswasser-Ablauf
AW Warmwasseraustritt
EK Kaltwassereintritt
Gas Gasanschluss
RK Kesselrücklauf
RS Speicherrücklauf
VK Kesselvorlauf
VS Speichervorlauf
1 Luft-Abgas-Anschluss
2 Gebläse
3 Gasarmatur
4 Sicherheits-Temperaturbegrenzer
5 Glühzünder
6 Gasbrenner
7 Vorlauf-Temperaturfühler
8 Vorlauf-Manometer
9 Vorlauf-Thermometer
10 Universeller Brennerautomat UBA 1.5
11 Warmwasser-Wärmetauscher mit Bereitschaftsspeicher
12 Warmwasser-Austritts-temperatur-Fühler
13 Kessel-Füll- und -Entleerungshahn
14 Ionisationselektrode
15 SpirAL-Rippenrohr-Wärmetauscher
16 Membran-Ausdehnungsgefäß
17 Siphon
18 Automatischer Entlüfter
19 Umwälzpumpe
20 Stand-by-Temperaturfühler
21 Drei-Wege-Ventil
22 Durchflussmengen-Begrenzer
23 Sicherheitsventil

13/1 Funktionsschema des Gas-Brennwertkessels Logamax plus GB122-24

13/2 Funktionsschema des Logamax plus GB122-24 K mit Warmwasserbereitung über integrierten Warmwasser-Wärmetauscher

Buderus Heiztechnik Planungsunterlage Gas-Brennwertkessel Logamax plus GB112 und GB122 – 1/2000 13

Diese Planungsunterlage dient zur Planung eines Heizkessels. Auf den hier gezeigten Seiten wird Grundwissen zu diesem speziellen Kessel vermittelt.
Quelle: Buderus Heiztechnik GmbH

Beispiel: Planungsunterlage

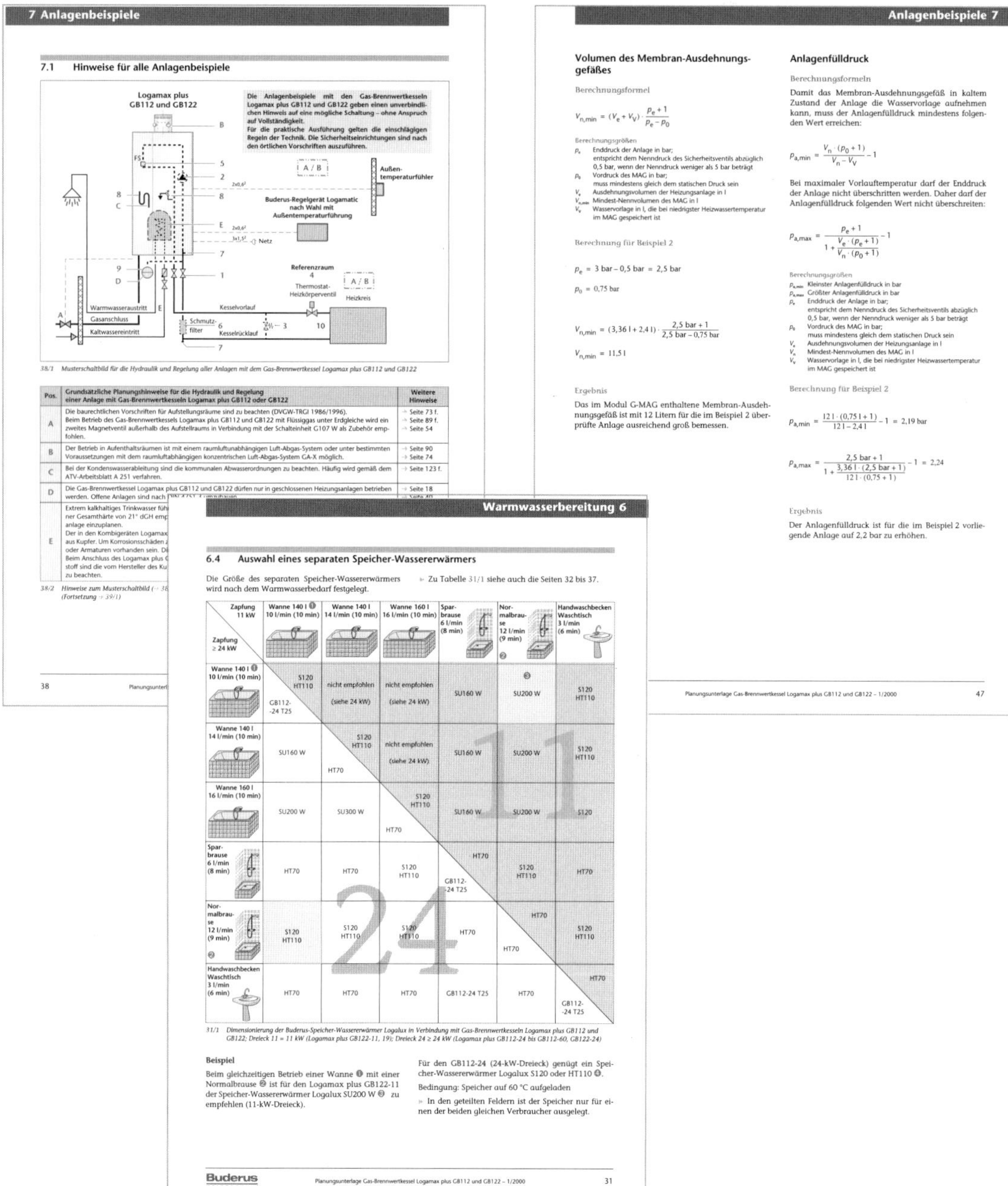

Planungsunterlagen enthalten viel Datenmaterial zur Auswahl, Kombination und Dimensionierung. Typisch sind: Abmessungen, Tabellen, Kombinationstabellen, Beschreibungen, Formeln. Quelle: Buderus Heiztechnik GmbH

Installations-Anleitung, Montage-Anleitung

Viele Geräte werden zerlegt oder als Zubehör geliefert und müssen erst installiert werden. Die Installation wird vom Kunden oder von Fachleuten vorgenommen.

Zweck

Die Installations-Anleitung ist eine Sofort-Anleitung. Sie dient dem Benutzer zur richtigen Installation eines Gerätes, z.B.:

- Das Gerät wird in Einzelteilen geliefert, z.B. Selbstbaumöbel.
- Beim Gerät müssen Transportsicherungen gelöst werden, z.B. Tintenstrahldrucker.
- Das Gerät wird in eine Umgebung eingebaut, z.B. Dimmer.
- Am Gerät müssen Einstellarbeiten ausgeführt werden, z.B. zur waagerechten Aufstellung.
- Das Gerät wird als Zubehör geliefert und muss in die vorhandene Umgebung eingebaut werden.
- Die Software wird auf CD geliefert und muss beim Kunden auf dem PC installiert werden.

Ausführung

Je nach Gerät und Zielgruppe kann die Installationsanleitung unterschiedlich ausgeführt sein.

- Explosionszeichnung
  Die Anleitung richtet sich an einen erfahrenen Anwender.
  Beim Zusammenbau ist vor allem die Reihenfolge wichtig.
  Besonderheiten beim Zusammenbau (z.B. Linksgewinde) müssen besonders beschrieben werden.
- Schritt-für-Schritt-Anleitung (Text+Bild)
  Die Anleitung zeigt die Montage Schritt für Schritt, als Text oder als Bild-Text-Kombination. In einer Schritt-für-Schritt-Anleitung können die Schritte unterschiedlich detailliert beschrieben werden.
  Außerdem kann die Detaillierung an die Zielgruppe angepasst werden.
- Schritt-für-Schritt-Anleitung (Nur-Bild-Anleitung)
  Die Anleitung zeigt die Montage Schritt für Schritt als Bild.
  Diese Form ist beliebt, weil die Bilder nicht übersetzt werden müssen.
  Die Nur-Bild-Anleitung kann nur eingesetzt werden, wenn die Montage relativ einfach ist und keine Bedingungen („wenn... dann...") enthält.
- Schaltplan (oder ähnliches)
  Der Schaltplan stellt für den Fachmann das Handlungsergebnis dar.
  Aus dem Schaltplan kann er sehen, wie das Ergebnis aussehen soll.
  Er kann sich aufgrund seiner Kompetenz die notwendigen Handlungen erschließen.
- Regeln
  Außer der richtigen Vorgehensweise müssen häufig Regeln beachtet werden, z.B. Mindestabstand zur Wand..., bei Aufstellung im Freien... .

- Kombination
  Je nach Gerät können die oben genannten Ausführungsarten auch kombiniert werden, z.B. für ein Selbstbaumöbel:
  Schrittweise Explosionszeichnung mit Hinweisen zu einzelnen Montagearbeiten.

Beispiel: Montage-Anleitung

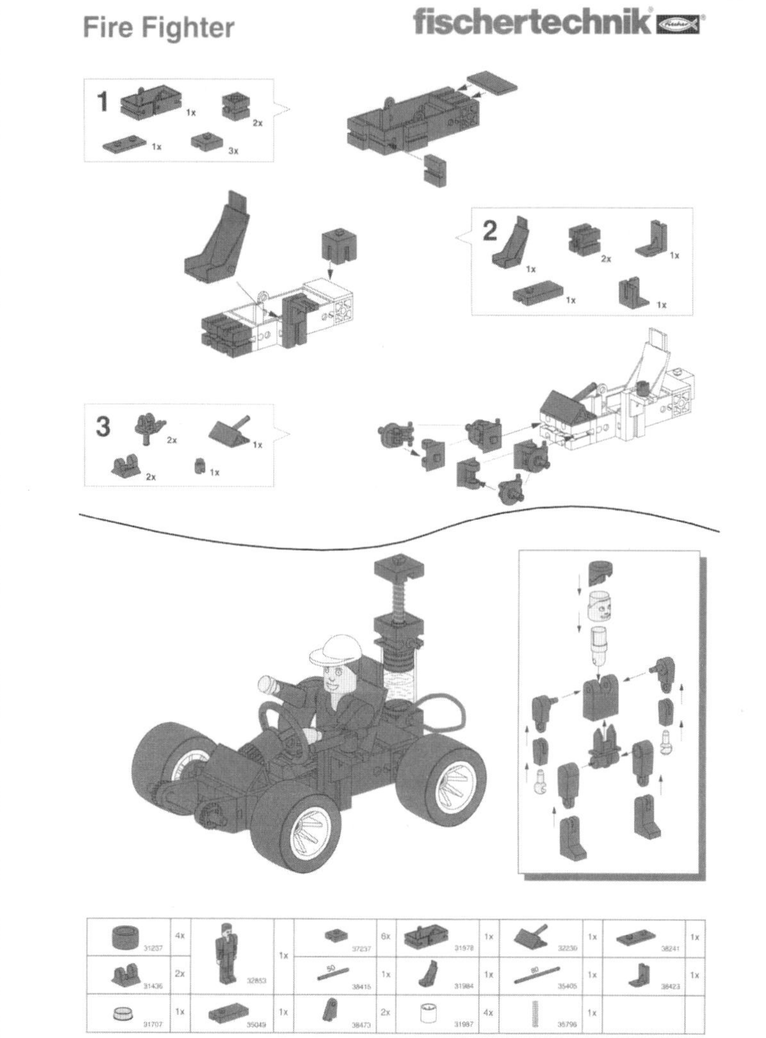

Die Montage-Anleitung zu diesem Spielzeug ist eine Schritt-für-Schritt-Anleitung nur mit Bildern. Die Schritte sind nummeriert, zeigen die benötigten Teile und den Zusammenbau. Am Schluss steht das Ergebnis der Handlung. Außerdem ist der Lieferumfang tabellarisch dargestellt. Die Anleitung ist hier gekürzt wiedergegeben.
Quelle: fischerwerke, Artur Fischer GmbH & Co. KG

Beispiel: Montage-Anleitung Ikea-Regal

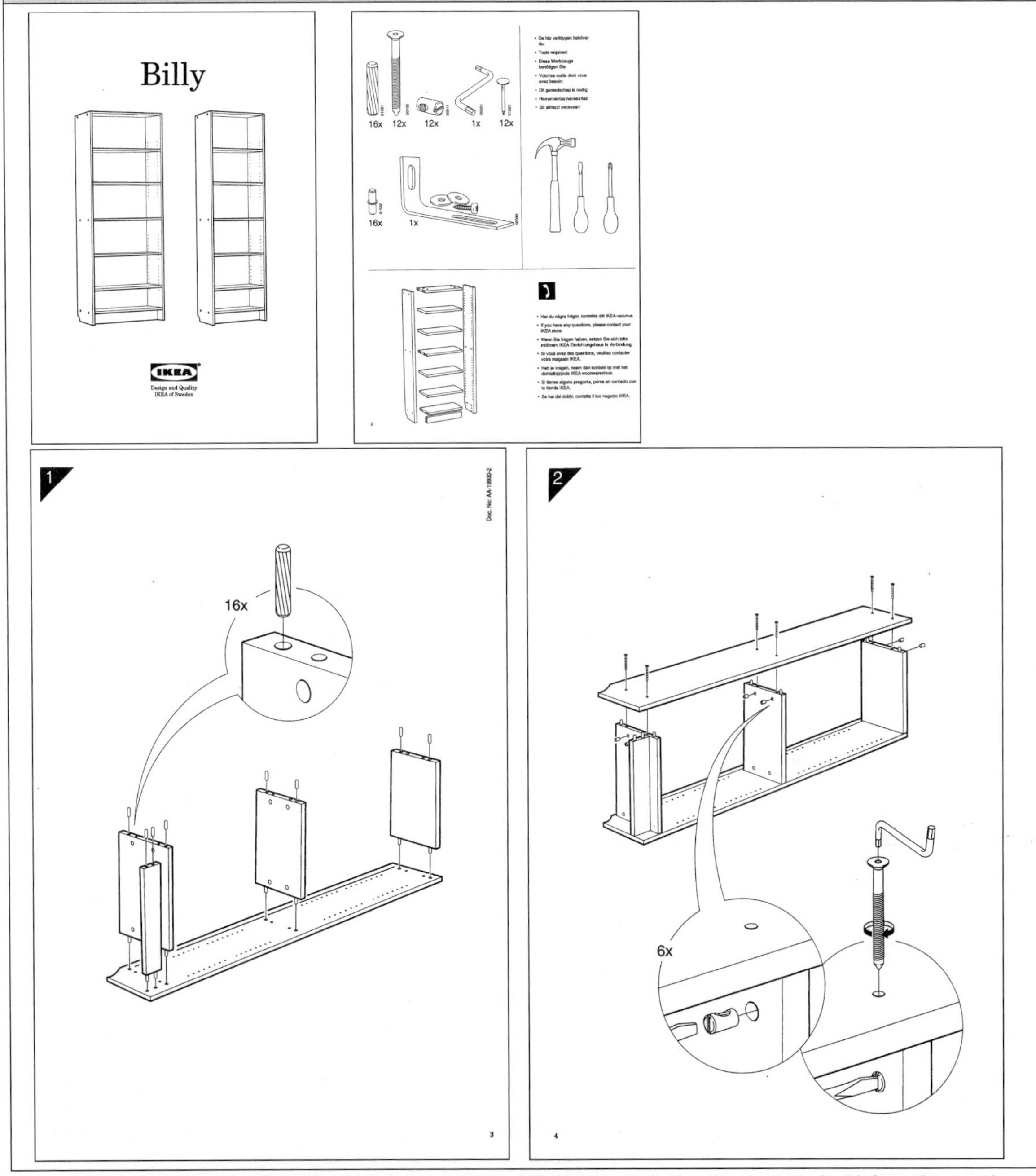

Auszug aus einer Ikea-Anleitung (Original-Anleitung: DIN A4): Titelblatt mit Handlungsergebnis, Lieferumfang und benötigtes Werkzeug, Schritt-für-Schritt-Anleitung als Explosionszeichnung mit herausgezogenen Handlungen.
Quelle: Ikea Deutschland GmbH

Beispiel: Montage-Anleitung

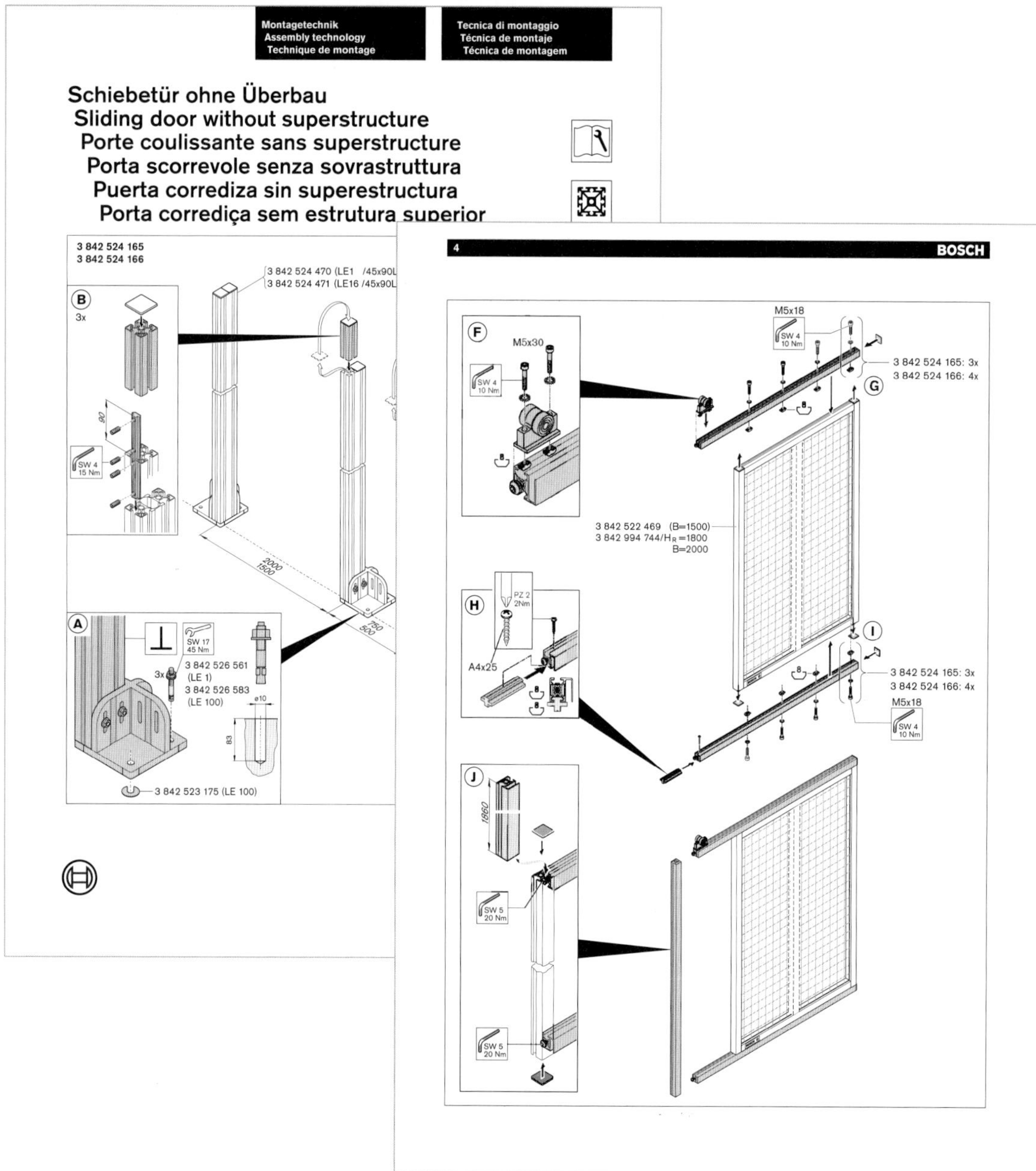

Diese Montage-Anleitung kommt ohne Text aus. Auf 8 Seiten zeigen Explosionszeichnungen mit herausgezogenen Details die Handlungsschritte.
Quelle:Robert Bosch GmbH, Geschäftsbereich Montagetechnik

Wartungsanleitung

Viele technische Geräte müssen regelmäßig gewartet werden, z.B.:

- PKW, meist Wartungsintervalle nach km oder Jahren (Inspektion),
- Maschinen, regelmäßig nach Betriebsstunden oder Zeitintervallen (täglich, wöchentlich, monatlich ...).

Zweck

Die Wartungsanleitung dient dazu, die Wartungsintervalle und die auszuführenden Arbeiten festzulegen.
Die Wartungsanleitung wendet sich je nach Gerät an Endanwender oder Servicetechniker:

- Endanwender, die regelmäßig Wartungsarbeiten ausführen, z.B. bei einem medizinisches Gerät, bei dem tägliche Wartungsarbeiten durchgeführt werden müssen.
- Servicetechniker, die nach Zeit- oder Betriebsintervallen Wartungsarbeiten durchführen, z.B. bei einem PKW, bei dem nach festen km-Intervallen Wartungsarbeiten ausgeführt werden müssen.

Ausführung

Die Wartungsanleitung besteht normalerweise aus:

- Wartungsplan mit allen auszuführenden Arbeiten, meist nach Wartungsintervallen sortiert.
- Der Wartungsplan ist häufig als Checkliste ausgeführt, zum Abhaken oder auch als Protokoll mit Unterschrift.
- Tätigkeitsbeschreibung zu einzelnen Handlungen (wahrscheinlich als Handlungsanweisung).

Beispiel: Wartungsanleitung

5. Wartung

5.1 Wartungsprotokoll

Durchgeführte Wartungsarbeiten abhaken und die Meßwerte eintragen. Bitte beachten Sie dabei die Hinweise auf den folgenden Seiten. Beim Austausch von Teilen nur Original-Ersatzteile verwenden.

Wartungsarbeiten		(Datum)	(Datum)	(Datum)
1. Wärmetauscher, Brenner und Siphon reinigen, bei Kesselanschlußstück aus Kunststoff: Funktion des Kondenswasserbypaß prüfen		☐	☐	☐
2. Innere Dichtheitsprüfung		☐	☐	☐
3. Bei Kesselanschlußstück aus Aluminium: Verschlußstopfen am Kondenswasserbypaß prüfen		☐	☐	☐
4. Gasanschlußdruck messen	in mbar	______	______	______
5. Gas-Luftverhältnis kontrollieren bzw. CO_2-Gehalt bei Vollast bei Teillast	in Pa in % in %	______ ______ ______	______ ______ ______	______ ______ ______
6. Dichtheitskontrolle im Betriebszustand		☐	☐	☐
7. Kohlenmonoxydgehalt (CO), luftfrei, messen	in ppm	______	______	______
8. Funktionsprüfungen				
Ionisationsstrom messen	in µA	______	______	______
9. Wartung bestätigen		☐	☐	☐
Bestätigung der fachgerechten Wartung (Firmenstempel, Unterschrift)				

Der Wartungsplan (hier „Wartungsprotokoll" genannt) gibt eine Übersicht über die Wartungsarbeiten. Er dient gleichzeitig als Checkliste und wie hier, als Protokoll zum Nachweis der Durchführung.
Quelle: Buderus Heiztechnik GmbH

Beispiel: Wartungsanleitung

5.2 Wartungsarbeiten

Vorbereitungsarbeiten

- Anlage stromlos machen.
- Gasabsperrhahn schließen.
- Verkleidung abnehmen.

zu 1. Wärmetauscher, Brenner und Siphon reinigen

- Abdeckung abnehmen (Abb. 30).

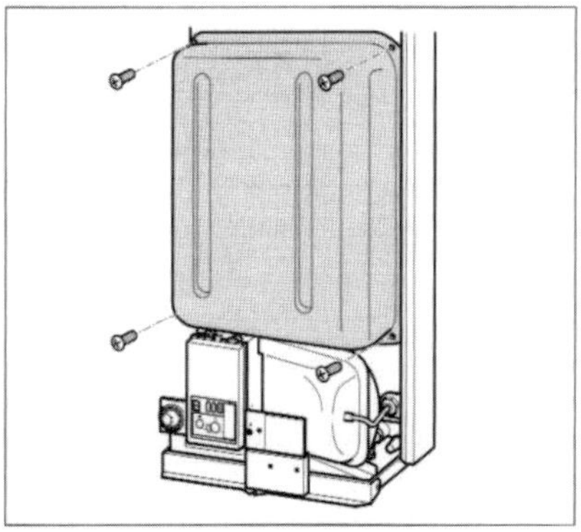

Abb. 30 Abdeckung abnehmen

- Verschraubung an der Gasdüse (Abb. 31, Pos. 1) lösen.
- Schlauch zum Gebläse abziehen (Abb. 31, Pos. 2)
- Schlauch an der Differenzdruck-Meßstelle abziehen (Abb. 31, Pos. 3).
- Stecker am Brennerthermostat abziehen (Abb. 31, Pos. 4).

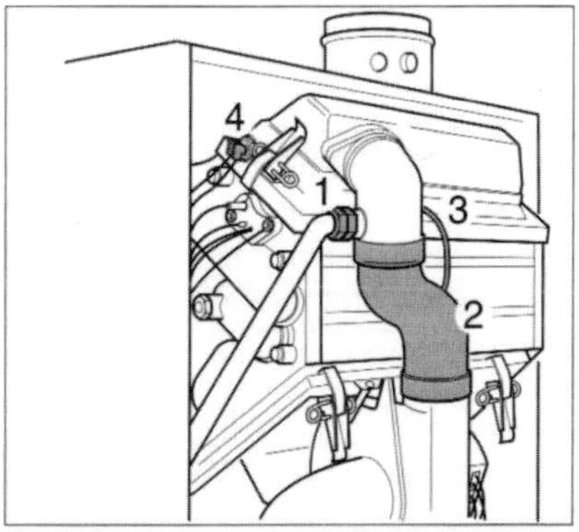

Abb. 31 Anschlüsse entfernen

- Stecker am Gebläse abziehen (Abb. 32, Pos. 1).
- Haltesicherung am Gebläse drehen und herausziehen (Abb. 32, Pos. 2).

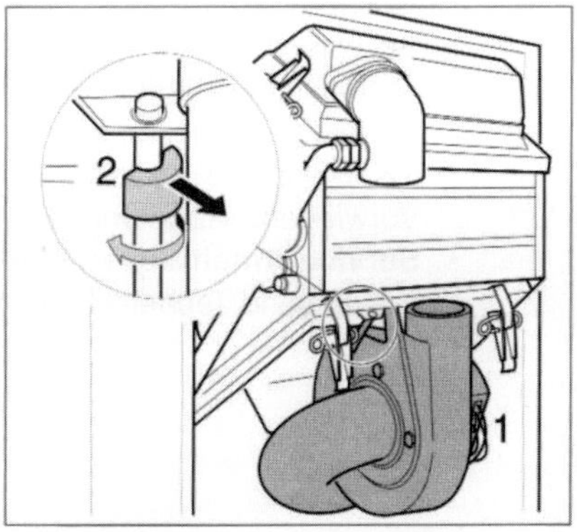

Abb. 32 Haltesicherung

Alle unklaren Wartungsarbeiten werden als Handlungsanweisung beschrieben (ggf. mit Bildern). Quelle: Buderus Heiztechnik GmbH

Service-Anleitung

In der Service-Anleitung sind alle wichtigen Unterlagen für den Servicetechniker zusammengefasst.

Zweck

Die Service-Anleitung dient dem Servicetechniker zu folgenden Zwecken:
- Einarbeiten in den Aufbau und die Funktionsweise des Gerätes,
- gezielte Hilfe bei der Fehlersuche,
- detaillierte Handlungsanweisungen zur Fehlersuche und -behebung,
- technische Informationen nachschlagen (Schaltplan usw.).

Struktur: Service-Anleitung	
	Beispiel
Inhaltsverzeichnis	
Leistungsbeschreibung	
Technische Daten	
Gerätebeschreibung	
Beschreibung der Funktionsweise	
Handlungsanweisungen zu einzelnen Montage-, Reparatur-, Einstellarbeiten	
Fehlersuchhilfen	z.B. Fehlersuchtabelle
Technische Unterlagen	
Stichwortverzeichnis	

Je nach Gerät liegt der Schwerpunkt mehr auf Technischen Unterlagen oder einzelnen Handlungen.
Beispiele:
- **Service-Anleitung zu einem Fotokopierer**
  Technische Unterlagen wie Schaltpläne und Zeichnungen
  Handlungsanweisungen zu bestimmten Arbeiten
- **PKW-Service-Handbuch für Fachwerkstätten**
  Vorwiegend Handlungsanweisungen zu einzelnen Arbeiten
- **Service-Anleitung zu einem Fernseher**
  Vorwiegend Technische Unterlagen (Schaltplan, Bestückungsplan)

Beispiel: Service-Anleitung

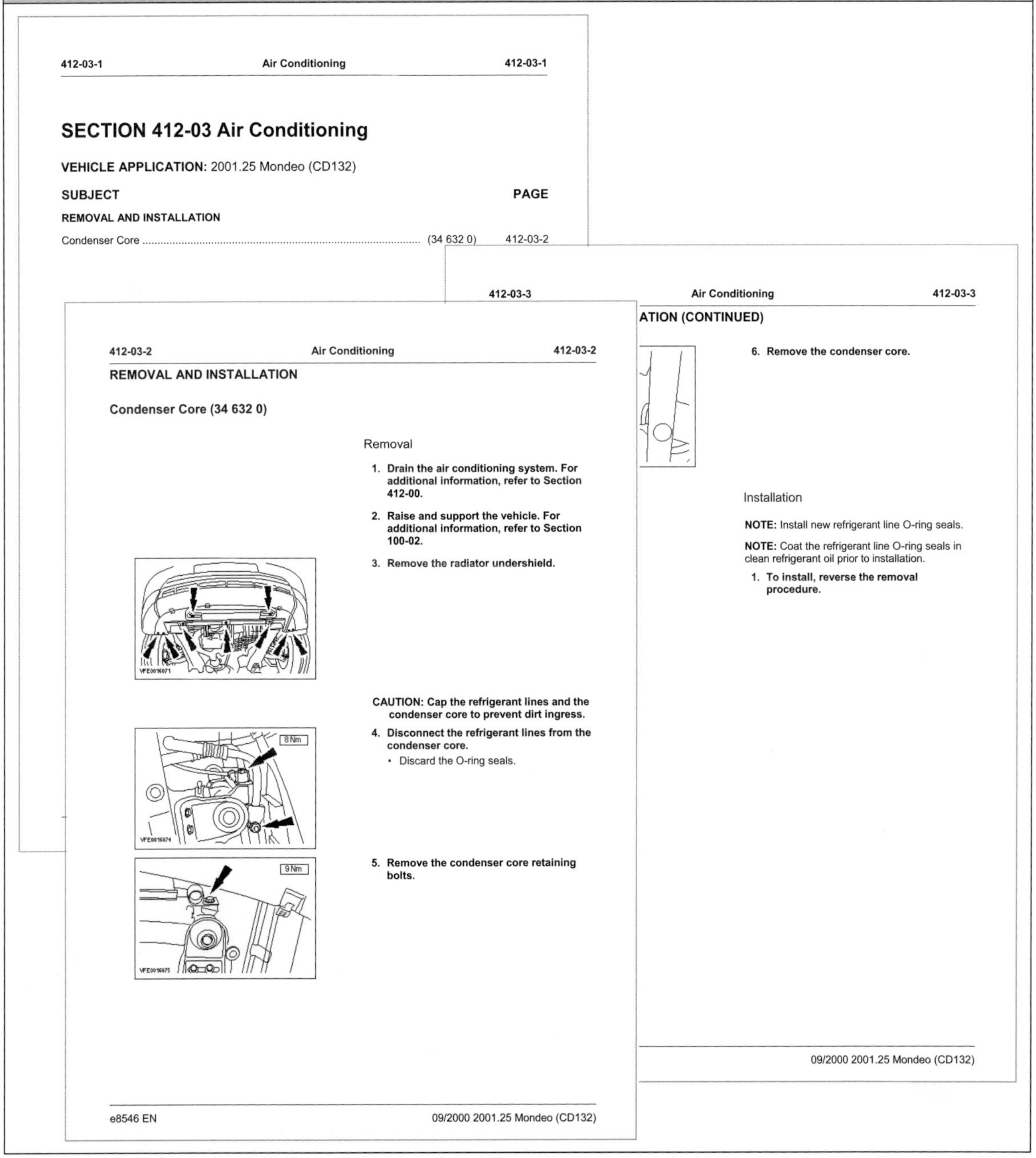

412-03-1 Air Conditioning 412-03-1

SECTION 412-03 Air Conditioning

VEHICLE APPLICATION: 2001.25 Mondeo (CD132)

SUBJECT		PAGE
REMOVAL AND INSTALLATION		
Condenser Core	(34 632 0)	412-03-2

412-03-2 Air Conditioning 412-03-2

REMOVAL AND INSTALLATION

Condenser Core (34 632 0)

Removal

1. **Drain the air conditioning system. For additional information, refer to Section 412-00.**
2. **Raise and support the vehicle. For additional information, refer to Section 100-02.**
3. **Remove the radiator undershield.**

CAUTION: Cap the refrigerant lines and the condenser core to prevent dirt ingress.

4. **Disconnect the refrigerant lines from the condenser core.**
   - Discard the O-ring seals.
5. **Remove the condenser core retaining bolts.**

e8546 EN 09/2000 2001.25 Mondeo (CD132)

412-03-3 Air Conditioning 412-03-3

ATION (CONTINUED)

6. **Remove the condenser core.**

Installation

NOTE: Install new refrigerant line O-ring seals.

NOTE: Coat the refrigerant line O-ring seals in clean refrigerant oil prior to installation.

1. **To install, reverse the removal procedure.**

09/2000 2001.25 Mondeo (CD132)

Im Service-Handbuch finden sich Handlungsanweisungen zu einzelnen Arbeiten. Das Deckblatt und die Handlungsanweisung selbst sind sehr knapp und systematisch aufgebaut.
Quelle: Ford, bereitgestellt von Valley Forge GmbH

Beispiel: Service-Anleitung

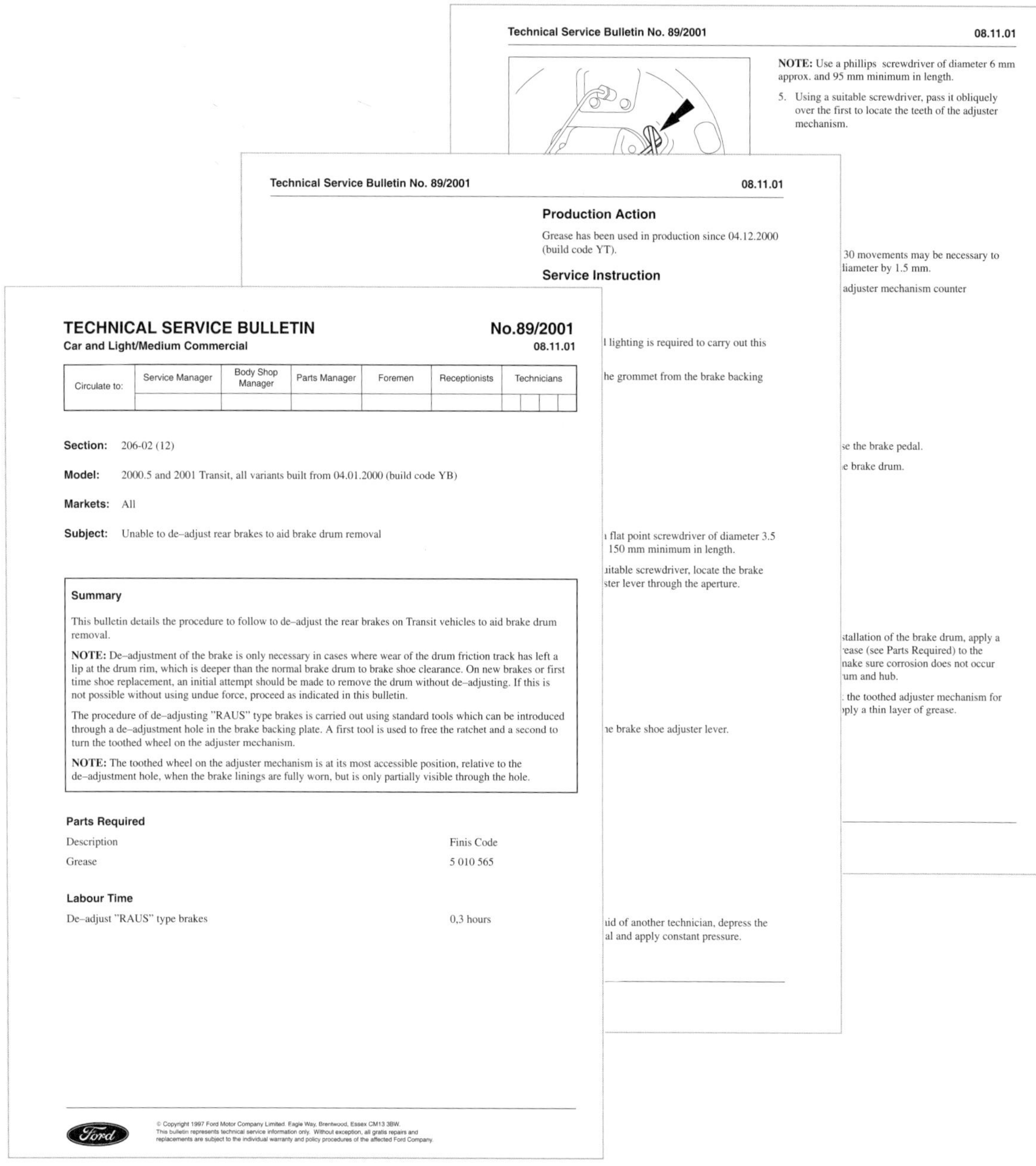

Technical Service Bulletin No. 89/2001 08.11.01

NOTE: Use a phillips screwdriver of diameter 6 mm approx. and 95 mm minimum in length.

5. Using a suitable screwdriver, pass it obliquely over the first to locate the teeth of the adjuster mechanism.

Technical Service Bulletin No. 89/2001 08.11.01

Production Action

Grease has been used in production since 04.12.2000 (build code YT).

Service Instruction

TECHNICAL SERVICE BULLETIN **No.89/2001**

Car and Light/Medium Commercial **08.11.01**

Circulate to:	Service Manager	Body Shop Manager	Parts Manager	Foremen	Receptionists	Technicians

Section: 206-02 (12)

Model: 2000.5 and 2001 Transit, all variants built from 04.01.2000 (build code YB)

Markets: All

Subject: Unable to de-adjust rear brakes to aid brake drum removal

Summary

This bulletin details the procedure to follow to de-adjust the rear brakes on Transit vehicles to aid brake drum removal.

NOTE: De-adjustment of the brake is only necessary in cases where wear of the drum friction track has left a lip at the drum rim, which is deeper than the normal brake drum to brake shoe clearance. On new brakes or first time shoe replacement, an initial attempt should be made to remove the drum without de-adjusting. If this is not possible without using undue force, proceed as indicated in this bulletin.

The procedure of de-adjusting "RAUS" type brakes is carried out using standard tools which can be introduced through a de-adjustment hole in the brake backing plate. A first tool is used to free the ratchet and a second to turn the toothed wheel on the adjuster mechanism.

NOTE: The toothed wheel on the adjuster mechanism is at its most accessible position, relative to the de-adjustment hole, when the brake linings are fully worn, but is only partially visible through the hole.

Parts Required

Description	Finis Code
Grease	5 010 565

Labour Time

De-adjust "RAUS" type brakes	0,3 hours

© Copyright 1997 Ford Motor Company Limited. Eagle Way, Brentwood, Essex CM13 3BW. This bulletin represents technical service information only. Without exception, all gratis repairs and replacements are subject to the individual warranty and policy procedures of the affected Ford Company.

Im „Technical Service Bulletin" bei Ford werden neue Erkenntnisse regelmäßig veröffentlicht. Die einzelnen Anleitungen sind streng strukturiert. Das erleichtert die Erstellung und der Benutzer (hier der Servicetechniker) findet die Information schnell. Quelle: Ford, bereitgestellt von Valley Forge GmbH

Beispiel: Service-Anleitung

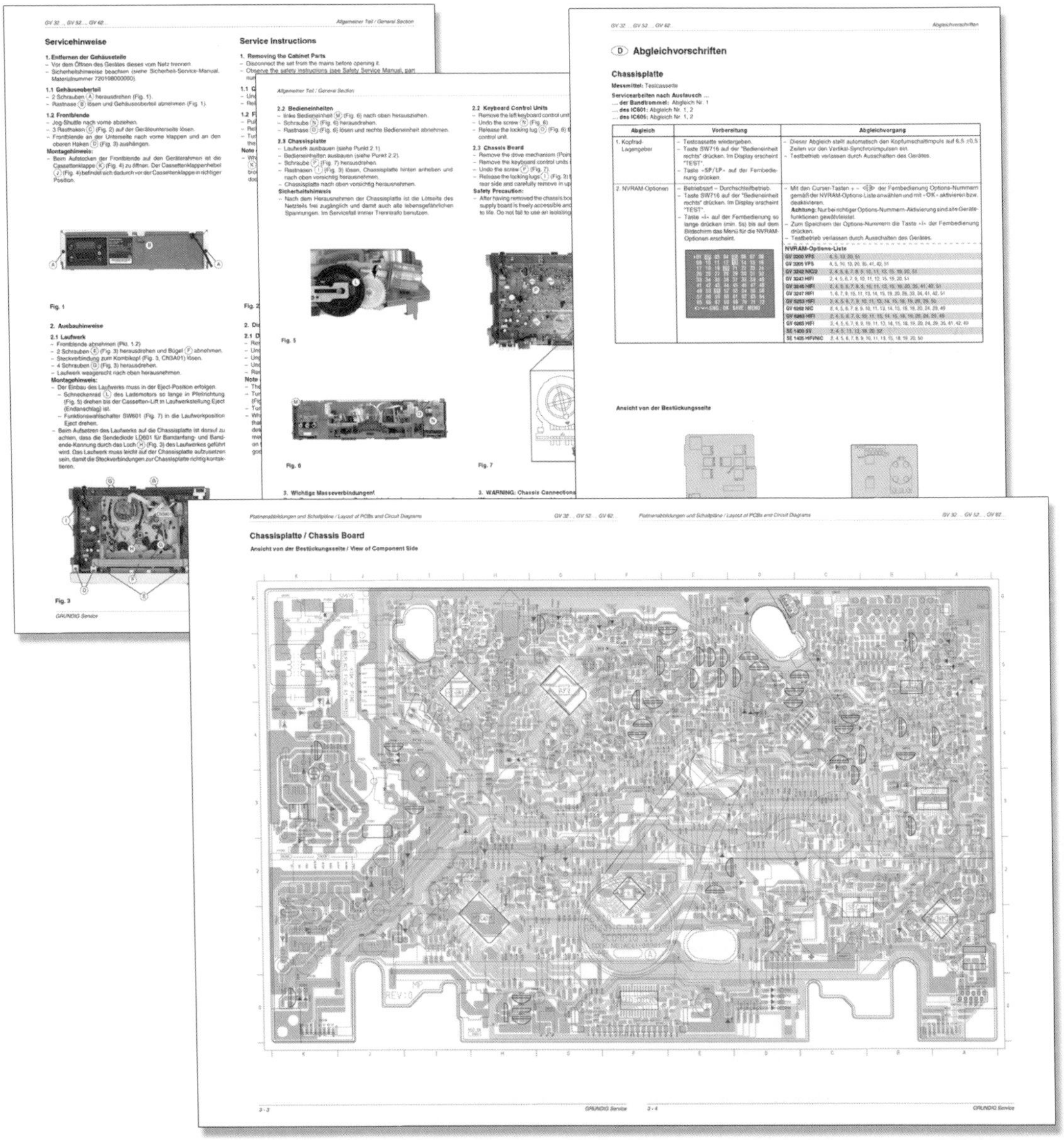

Typische Seiten mit vielfältiger Information aus einer Service-Anleitung, hier zu einem Grundig Videorecorder. Von Links oben nach rechts unten:

- Servicehinweise (Entfernen des Gehäuses, Ausbauhinweise),
- Abgleichvorschriften ,
- Platinenabbildung (hier Chassisplatte, Ansicht von der Bestückungsseite).

Quelle: Grundig AG, Service Manual Vivance, Xeria und Palermo

Beispiel: Service-Anleitung

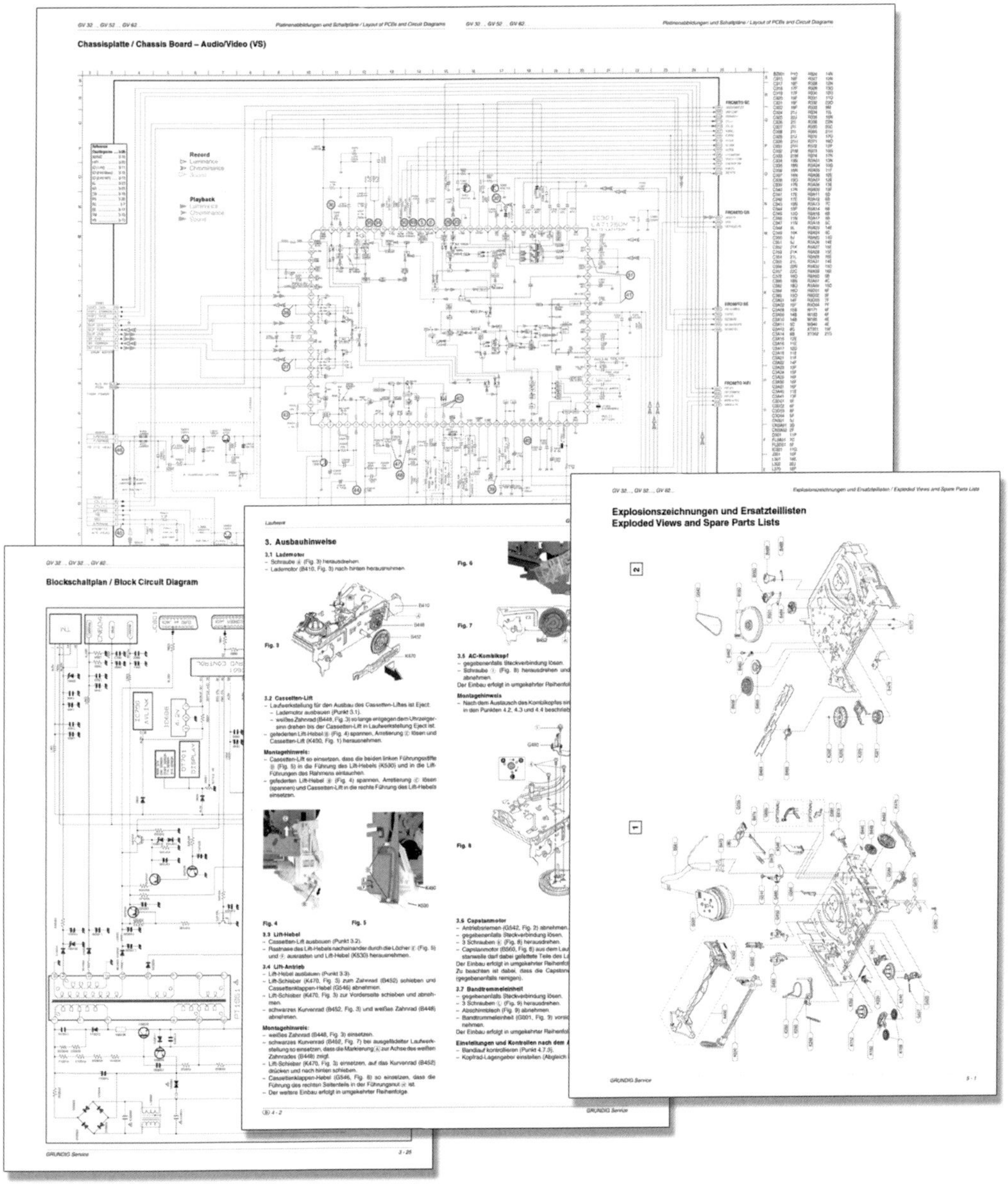

Fortsetzung der Service-Anleitung zu einem Grundig Videorecorder. Von Links oben nach rechts unten:

- Schaltplan,
- Blockschaltplan,
- Ausbauhinweise,
- Explosionszeichnung.

Quelle: Grundig AG, Service Manual Vivance, Xeria und Palermo

Ersatzteil-Katalog

Im Ersatzteil-Katalog sind die Ersatzteile systematisch zusammengestellt.

Zweck

Der Ersatzteil-Katalog dient folgenden Zwecken:
Der Benutzer kann:
- ein Ersatzteil identifizieren und bestellen,
- Lage und Reihenfolge für die Demontage und Montage ermitteln,
- ggf. Zusatzinformation zur Montage, Entsorgung usw. entnehmen.

Ein gut gemachter Ersatzteil-Katalog und die dazugehörige Logistik helfen auch dem Hersteller, weil sie die Kommunikation zwischen Kunden und Hersteller vereinfachen und sicherer machen.

Ausführung

Ersatzteil-Kataloge sind sehr systematisch aufgebaut.
Meistens ist die Maschine in Baugruppen unterteilt. Zu jeder Baugruppe gibt es ein Ersatzteilblatt (mit Zeichnung und Tabelle).

Struktur: Ersatzteil-Katalog
Anleitung zur Anleitung
Übersicht
Ersatzteilblatt
• Explosionszeichnung
• Tabelle mit - Positions-Nr. - Ersatzteilnr. - ggf. Anzahl - Bezeichnung (ggf. in mehreren Sprachen)

Die Erstellung von Ersatzteil-Katalogen erfordert viele Speziallösungen:
- Teile sind einzeln oder als Baugruppe lieferbar.
- Teile sind zwischenzeitlich durch andere ersetzt.
- Es sind Teile von unterschiedlichen Lieferanten verbaut.
- Die Maschine wird in vielen Varianten hergestellt, jeweils mit anderen Baugruppen.
- Häufig sollen die Ersatzteil-Kataloge aus Auftragsdaten elektronisch zusammengestellt werden.

Beispiel: Ersatzteil-Katalog

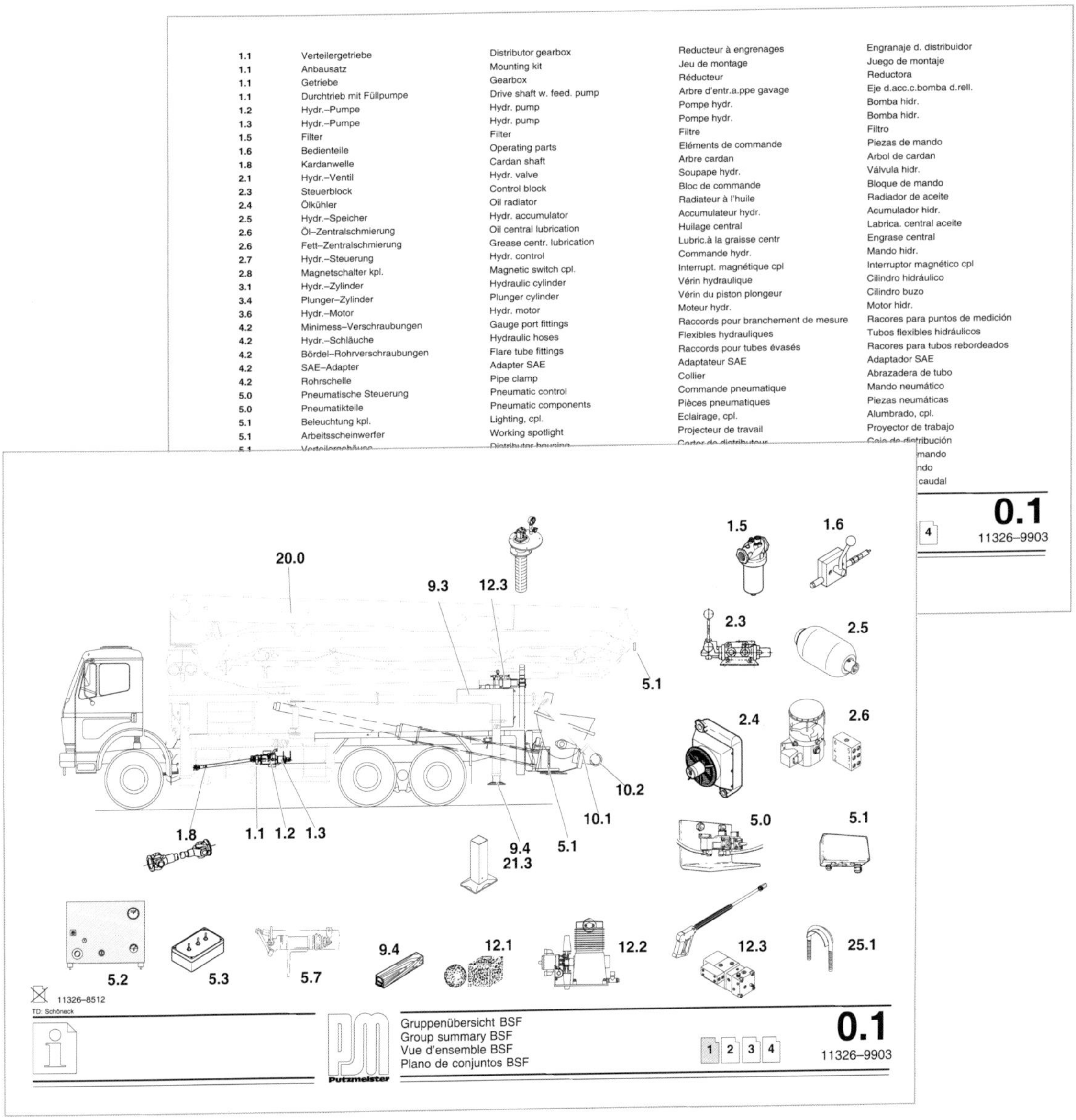

1.1	Verteilergetriebe	Distributor gearbox	Reducteur à engrenages	Engranaje d. distribuidor
1.1	Anbausatz	Mounting kit	Jeu de montage	Juego de montaje
1.1	Getriebe	Gearbox	Réducteur	Reductora
1.1	Durchtrieb mit Füllpumpe	Drive shaft w. feed. pump	Arbre d'entr.a.ppe gavage	Eje d.acc.c.bomba d.rell.
1.2	Hydr.–Pumpe	Hydr. pump	Pompe hydr.	Bomba hidr.
1.3	Hydr.–Pumpe	Hydr. pump	Pompe hydr.	Bomba hidr.
1.5	Filter	Filter	Filtre	Filtro
1.6	Bedienteile	Operating parts	Eléments de commande	Piezas de mando
1.8	Kardanwelle	Cardan shaft	Arbre cardan	Arbol de cardan
2.1	Hydr.–Ventil	Hydr. valve	Soupape hydr.	Válvula hidr.
2.3	Steuerblock	Control block	Bloc de commande	Bloque de mando
2.4	Ölkühler	Oil radiator	Radiateur à l'huile	Radiador de aceite
2.5	Hydr.–Speicher	Hydr. accumulator	Accumulateur hydr.	Acumulador hidr.
2.6	Öl–Zentralschmierung	Oil central lubrication	Huilage central	Labrica. central aceite
2.6	Fett–Zentralschmierung	Grease centr. lubrication	Lubric.à la graisse centr	Engrase central
2.7	Hydr.–Steuerung	Hydr. control	Commande hydr.	Mando hidr.
2.8	Magnetschalter kpl.	Magnetic switch cpl.	Interrupt. magnétique cpl	Interruptor magnético cpl
3.1	Hydr.–Zylinder	Hydraulic cylinder	Vérin hydraulique	Cilindro hidráulico
3.4	Plunger–Zylinder	Plunger cylinder	Vérin du piston plongeur	Cilindro buzo
3.6	Hydr.–Motor	Hydr. motor	Moteur hydr.	Motor hidr.
4.2	Minimess–Verschraubungen	Gauge port fittings	Raccords pour branchement de mesure	Racores para puntos de medición
4.2	Hydr.–Schläuche	Hydraulic hoses	Flexibles hydrauliques	Tubos flexibles hidráulicos
4.2	Bördel–Rohrverschraubungen	Flare tube fittings	Raccords pour tubes évasés	Racores para tubos rebordeados
4.2	SAE–Adapter	Adapter SAE	Adaptateur SAE	Adaptador SAE
4.2	Rohrschelle	Pipe clamp	Collier	Abrazadera de tubo
5.0	Pneumatische Steuerung	Pneumatic control	Commande pneumatique	Mando neumático
5.0	Pneumatikteile	Pneumatic components	Pièces pneumatiques	Piezas neumáticas
5.1	Beleuchtung kpl.	Lighting, cpl.	Eclairage, cpl.	Alumbrado, cpl.
5.1	Arbeitsscheinwerfer	Working spotlight	Projecteur de travail	Proyector de trabajo

Anhand der Gruppenübersicht kann der Benutzer das Bauteil ermitteln. In der Zeichnung findet er die Positionsnummer, in der Tabelle die Bezeichnungen (hier in mehreren Sprachen).
Quelle: Putzmeister AG

Beispiel: Ersatzteil-Katalog

1		1	Kardanwelle		Cardan shaft	Arbre cardan	Arbol de cardan
2		1	Kardanwelle		Cardan shaft	Arbre cardan	Arbol de cardan
3		1	Kardanwelle		Cardan shaft	Arbre cardan	Arbol de cardan
4		1	Kardanwelle		Cardan shaft	Arbre cardan	Arbol de cardan
5		1	Kardanwelle		Cardan shaft	Arbre cardan	Arbol de cardan
6	248443005	–	Gelenkwellenschraube	M8x1x30/18–10.9	Bolt for cardan shaft	Boulon p. arbre articule	Tornillo p.arbol articul.
7	042492003	–	Gelenkwellenschraube	M10x1x30/10–10.9	Bolt for cardan shaft	Boulon p. arbre articule	Tornillo p.arbol articul.
8	043992007	–	Gelenkwellenschraube	M10x1x30/20–10.9	Bolt for cardan shaft	Boulon p. arbre articule	Tornillo p.arbol articul.
9	042494001	–	Gelenkwellenschraube	M10x1x32/12–10.9	Bolt for cardan shaft	Boulon p. arbre articule	Tornillo p.arbol articul.
10	042495000	–	Gelenkwellenschraube	M10x1x35/22–10.9	Bolt for cardan shaft	Boulon p. arbre articule	Tornillo p.arbol articul.
11	225594003	–	Gelenkwellenschraube	M10x1x40/15–10.9	Bolt for cardan shaft	Boulon p. arbre articule	Tornillo p.arbol articul.
12	042560003	–	Gelenkwellenschraube	M12x1,5x35/20–10.9	Bolt for cardan shaft	Boulon p. arbre articule	Tornillo p.arbol articul.
13	043170007	–	Gelenkwellenschraube	M12x1,5x40/20–10.9	Bolt for cardan shaft	Boulon p. arbre articule	Tornillo p.arbol articul.
14	042644000	–	Gelenkwellenschraube	M16x1,5x50/29–10.9	Bolt for cardan shaft	Boulon p. arbre articule	Tornillo p.arbol articul.
15	042902001	–	Sechskantmutter, selbstsi	M8x1 DIN985–10.	Hexagonal nut, self–lock	Ecrou hexag.,freinage int	Tuerca exag., autofrenant
16	034117008	–	Sechskantmutter, selbstsi	M10x1 DIN985–10.	Hexagonal nut, self–lock	Ecrou hexag.,freinage int	Tuerca exag., autofrenant
17	034118007	–	Sechskantmutter, selbstsi	M12x1,5 DIN985–10.	Hexagonal nut, self–lock	Ecrou hexag.,freinage int	Tuerca exag., autofrenant
18	042646008	–	Sechskantmutter, selbstsi	M16x1,5 DIN985–10.	Hexagonal nut, self–lock	Ecrou hexag.,freinage int	Tuerca exag., autofrenant
20	003549005	–	Kegelschmiernippel	AM10x1 DIN71412	Conical lubr. nipple	Graisseur	Engrasador
21	063347001	1	Befestigungsmittel		Fixing agent	Moyen de fixation	Pegamento de fijación

2 1.8 10107–9706

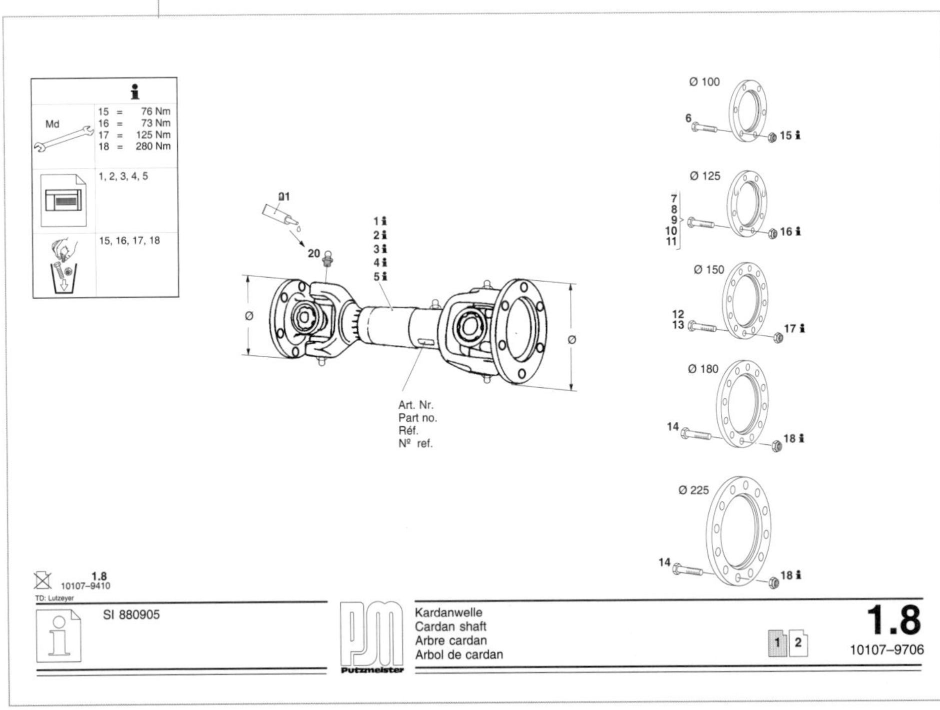

In der Baugruppe kann der Benutzer das Ersatzteil identifizieren und findet über Positionsnummer und Bezeichnung die Ersatzteilnummer für eine sichere Bestellung. Auf den Ersatzteilblättern sind ggf. Zusatzinformationen untergebracht (z.B. zur Montage oder Entsorgung). Quelle: Putzmeister AG

Beispiel: Ersatzteil-Katalog

... über die Ersatzteilblätter

1. Informationsspalte (Zusatzinformationen in Form von Zeichen und Symbolen)
2. Abbildung der Ersatzteile
3. **Positions–Nr. des Ersatzteils**
4. **Positions–Nr. des Ersatzteils** mit Verweis auf Zusatzinformationen in der Informationsspalte (1)
5. Hinweis
6. Verwaltungshinweis
7. Benennung der Ersatzteilgruppe
8. Material–Nr. der Ersatzteilgruppe
9. Anzahl der Seiten des Ersatzteilblattes
10. Ersatzteilgruppe (EG)
11. **Ersatzteilblatt–Nr. (EBN)**
12. Wasserzeichen (Kopierschutz)

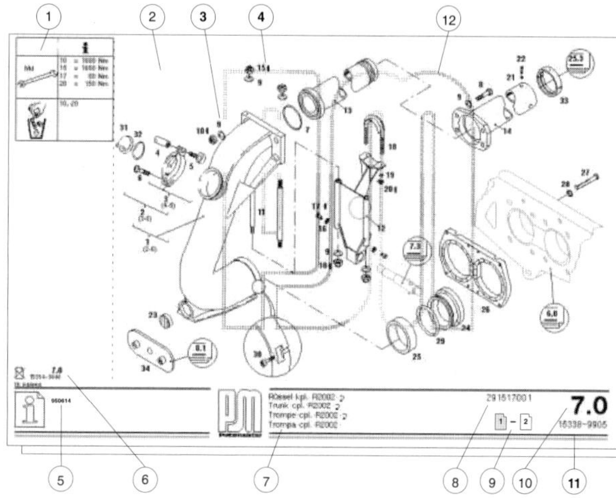

Deutsch
26 10329–0105

... über die verwendeten Symbole

In der nachfolgenden Tabelle finden Sie die in den Ersatzteilblättern verwendeten Symbole und deren Bedeutung.

1ℹ	Positions–Nr. mit ℹ sind Verweise auf die Informationsspalte.		Befestigungsmittel		Recycling: PM–Rücknahmeangebot/umweltgerechte Entsorgung
Md	Anziehdrehmomente Md in Nm (Newtonmeter)		Dichtungsmittel		Umweltschutz: Bei der Entsorgung auf geltende nationale und regionale Vorschriften achten.
	Angaben siehe Maschinenkarte		Einölen		Auf einem anderen Ersatzteilblatt abgebildet
?	Menge – Nach Bedarf Maßeinheit ist bei Ersatzteilbestellung erforderlich.		Aktivator	4.2	z.B. in der EG 4.2
	Austausch – Teil nicht wieder verwenden		Einfetten	4.2 10295	z.B. im EBN 10295
	Ohne Abbildung	OIL MAX MIN	Anzeige		Verwaltungshinweis
	Sonderwerkzeug	OIL SAE 90 5,6 l	Befüllung	23.5 21406–9205	Neuer Stand ist gültig.
	Dichtsatz	OIL	Entleerung	23.5 21406–9205	Alter Stand behält seine maschinenbezogene Gültigkeit.

Das sollten Sie wissen ...
This you should know ...
Ce que vous devez savoir ...
Cosas a tener en cuenta ...

Deutsch
5 – 26 10329–0105

Eine Anleitung zum Ersatzteil-Katalog erklärt die Systematik der Darstellung und die verwendeten Symbole. Quelle: Putzmeister AG

Anlagen-Dokumentation

Der Anlagenbau beschäftigt sich mit der Konstruktion, Herstellung und dem Vertrieb von Anlagen. Solche Anlagen reichen von der „kleinen“ Maschine, z.B. einer Blasformanlage, die ca. zimmergroß ist, bis zu kompletten Fabrikanlagen.
Typischerweise gibt es im Anlagenbau kaum Standardprodukte. Meistens werden die Anlagen aus vorhandenen oder zugekauften Modulen speziell für einen Auftraggeber konstruiert.
So, wie die Anlage selbst aus Modulen besteht, wird die Dokumentation auch modular zusammengestellt.
Sie ist häufig sehr umfangreich und besteht aus einem bis mehreren Ordnern, die viele Meter im Schrank einnehmen können.
Anlagen-Dokumentation lebt, d.h. bei Änderungen und Revisionen muss auch die Dokumentation „nachgezogen“ werden, indem alte Anleitungsteile durch neue ausgetauscht werden.

Zweck

Die Anlagen-Dokumentation dient folgenden Zwecken:
(a) Festhalten des Entwicklungsstandes
(b) Dokumentation der gelieferten Technik
(c) Technische Unterlagen für spätere Umbau- oder Erweiterungsmaßnahmen
(d) Unterlage für die Planung
(e) Unterlage für die Montage
(f) Anleitung zum Betrieb der Anlage
(g) Unterlage für Wartungsarbeiten
(h) Technische Unterlagen für Reparatur
(i) Identifikation von Ersatzteilen

Ausführung

- Traditionsgemäß ist die Anlagen-Dokumentation eine Zusammenstellung eigener technischer Unterlagen und von Unterlagen der Zulieferer.
- Häufig sind in der Zuliefererdokumentation Unterlagen von Unterzulieferern enthalten (sub-subsupliers).
- Die Dokumente beziehen sich immer auf ein Modul, z.B. Pumpe xy, Rührwerk abc...
- Jede Dokumentation zu einem Modul ist in sich geschlossen, nimmt also keinen Bezug auf die Stellung in der Gesamtanlage.
- Jedes Dokumentationsmodul ist nach eigenen Kriterien geordnet.
- Baugleiche Module werden nur einmal dokumentiert, z.B. zu einer Pumpe, die x-mal eingebaut ist, gibt es nur eine Beschreibung.
- Häufig wird die Dokumentation noch in Papierform zusammengestellt. In einem speziellen Regal lagern die Dokumentationsmodule und können mit Hilfe einer Liste „gezogen“ werden.
- Es werden PDF-Dokumente zusammengestellt.
- Eine übergreifende Dokumentation gibt es nur teilweise, z.B.:
  - Steuerungsdokumentation: Hier ist auch die Gesamtbedienung beschrieben,

- Lagepläne zeigen, wo sich die Teile befinden,
- Diagramme der Funktionsabläufe, z.B. Prozessfunktionspläne.

Eignung

Für die genannten Zwecke (a) bis (i) eignet sich eine solche geräteorientierte Zusammenstellung der Dokumentation nur teilweise.
Für den Betrieb der Anlage (Zweck (f)) wäre aber eine übergreifende Anleitung notwendig, die häufig in der Anlagen-Dokumentation nicht erstellt wird.
Die Modul-Anleitungen sind meistens zu unterschiedlich gegliedert, um bei Bedarf eine schnelle Hilfe zu bieten.

Maintenance-Management Systems

In speziellen Software-Systemen können Informationen über die vorhandenen Module gesammelt werden.
Das System erstellt Maintenance-Pläne, verwaltet Ersatzteile, Betriebsmittel, Personalressourcen und stellt eine Verknüpfung zur elektronischen Dokumentation zur Verfügung.

Beispiel: Anlagen-Doku

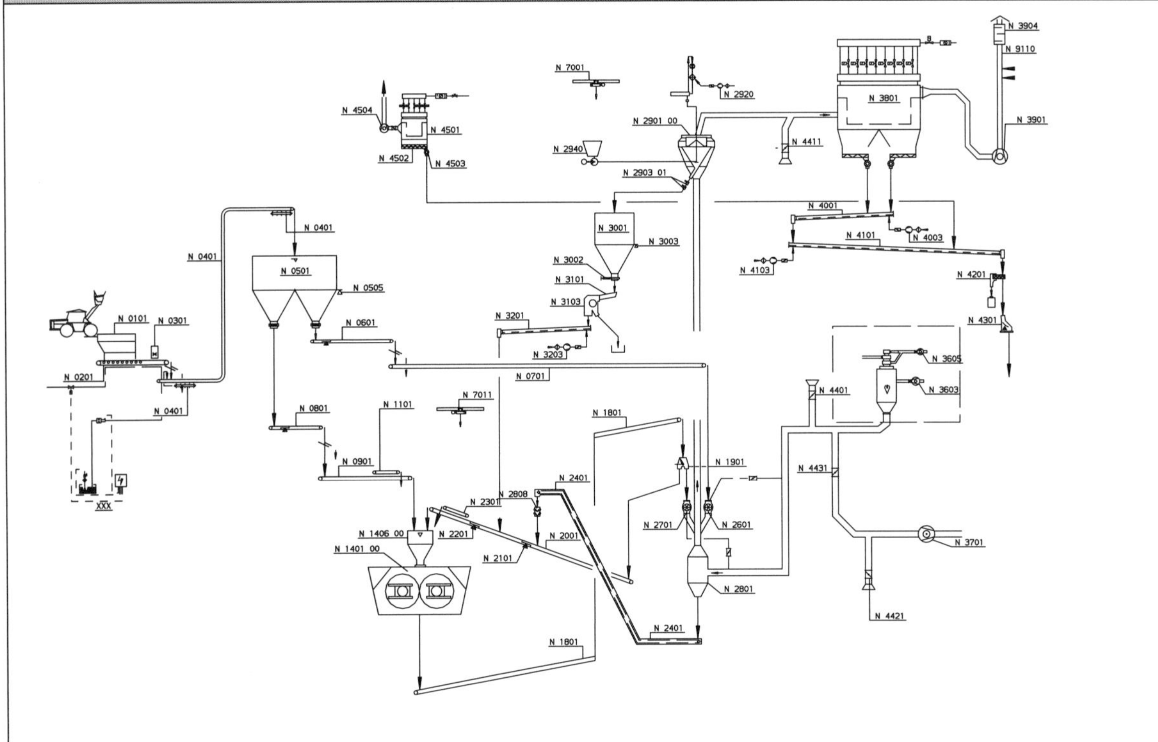

Das Fließbild (hier ein Auszug) zeigt die Übersicht über die Anlage aus funktionaler Sicht. Außer der hier gezeigten Mechanikversion gibt es den gleichen Plan aus elektro- und verfahrenstechnischer Sicht.
Quelle: KRUPP POLYSIUS AG

Anhang

Gesamtstruktur

Die hier dargestellte Gesamtstruktur zeigt die Elemente in hierarchischer Form, so wie sie auch in XML angelegt werden können.
Nicht berücksichtigt sind folgende Elemente:

- Advance Organizer,
- Merksatz,
- Beispiele, Übungen,
- Zusammenfassungen,
- Technische Unterlagen,
- Sicherheitshinweise in den Handlungsanweisungen,
- unterschiedliche Tätigkeitsbeschreibungen.

Für individuelle Dokumentation müssen noch Anpassungen vorgenommen werden.

Anleitung

- **Vorspann**
  - Titelseite
    - Titel
    - genaue Gerätebezeichnung
    - ggf. Sprache der Anleitung
    - Abbildung des Gerätes
    - Firma als Schriftzug oder Logo
    - ggf. Zielgruppe der Anleitung
    - ggf. Ziel der Anleitung
    - ggf. Leseaufforderung
  - Impressum
    - Titel
    - Hersteller, Ort
    - Gültig für
    - Auflage
    - ggf. Mitwirkende
    - ggf. verwendete Software und Produktionsmittel
    - Copyright-Hinweis
    - Nachdruckverbot
    - Drucknummer und Druckdatum
    - Hinweis auf Markenzeichen und Warenzeichen
    - Hinweis auf Papierqualität
    - Änderungshinweis
  - Sicherheitshinweise
    - Aufmerksamkeitszeichen
    - Aufmerksamkeitswort
    - Nennung der Gefahr
    - Nennung der möglichen Folgen
    - Nennung der Vermeidungsmöglichkeit

Inhaltsverzeichnis
- Überschrift „Inhaltsverzeichnis“
- ggf. Kapitelnummer
- Kapitelüberschrift
- Seitenzahl

Zu dieser Anleitung
- Überschrift, z.B. „Anleitung zur Anleitung“
- Zielgruppe
- Ziel der Anleitung
- Überblick über den Aufbau der Anleitung
- Praktische Tipps zur Benutzung der Anleitung
- Erklärung der Schreibweise
- Zeichenerklärung

Inhalt

Leistungsbeschreibung
- Überschrift, z.B. „Leistungsbeschreibung“
- ggf. Problemstellung
- Klassifizierung
- Normalleistung, bestimmungsgemäßer Gebrauch
- Besonderheiten
- Optionen

Technische Daten
- Überschrift „Technische Daten“
- ggf. Gruppe
- Kategorie
- Wert
- Einheit

Geräte-Beschreibung
- Überschrift, z.B. „Gerätebeschreibung“
- Abbildung des Gerätes
- Teil
  - ggf. Nummer
  - Benennung des Teiles
  - Hinweis zur Aufgabe des Teiles

Lieferumfang
- Überschrift, z.B. „Lieferumfang“
- Einzelteilzeichnung
- ggf. Anzahl
- Bezeichnung

Tätigkeitsbeschreibungen
(sortiert: vom Häufigen zum Seltenen)

- Handlungsanweisung
  - Überschrift (vorzugsweise mit Verb)
  - Ziel der Handlung
  - ggf. Überblick über die Handlung
  - Voraussetzungen
  - Schritt für Schritt
    - ggf. Sicherheitshinweis
    - Handlungsaufforderung
    - ggf. Bild der Handlung
    - ggf. Feedback
    - ggf. Hintergrund
  - Resultat der Handlung
  - ggf. Ausblick
  - ggf. Regeln, z.B. „besondere Hinweise"

- Wartungsplan
  - Überschrift „Wartungsplan"
  - Wartungsintervall
  - Auszuführende Arbeit
  - ggf. Seite auf der die Beschreibung steht

Anhang

- Fehlersuchtabelle
  - Überschrift, z.B. „Fehlersuche"
  - ggf. einleitender Text
  - Fehler (sachlogisch sortiert oder nach Häufigkeit)
    - Fehlermeldung
    - mögliche Ursache
    - Behebung
    - ggf. Seitenzahl
- Beschreibung der Funktionsweise
  - Überschrift, z.B. „Funktionsweise von ..."
  - Bild
  - makroskopische Betrachtung (= LB)
  - Schritt für Schritt des Normalfalles
  - ggf. Sonderfälle
  - ggf. Abweichungen vom Normalfall
- Technische Unterlagen
  (sachlogisch sortiert, z.B. nach Komponenten)
- Glossar (alphabetisch sortiert)
  - Überschrift „Glossar"
  - Fachausdruck
  - ggf. ausgeschriebene Abkürzung
  - ggf. Herkunft

Oberbegriff
Merkmale / Nutzen
ggf. Beispiel
Bildverzeichnis
Überschrift, z.B. „Bildverzeichnis“
ggf. Kapitelnummer
ggf. Kapitelüberschrift
Bild-Nummer
Bildtitel
Seitenzahl
ggf. Rechteinhaber
Literaturverzeichnis
Überschrift, z.B. „Literaturverzeichnis“
Autor
Titel
Verlag
Ort
Erscheinungsjahr
Index
Überschrift, z.B. „Index“ / „Stichwortverzeichnis“
Buchstabe
Suchwort
ggf. Untereintrag
Seitenzahl

Nachspann

Garantie
Überschrift, z.B. „Garantie“
Garantiebestimmungen
ggf. Anleitung zur Rücksendung
ggf. Adresse
Adressen
Überschrift, z.B. „Adressen“
Hersteller
Niederlassungen
Serviceadressen
spezielle Adressen
Rückseite
Logo
Adresse
ggf. Hotline-Nummer
Drucknummer, Druckdatum

Normen und Richtlinien

runterladen und als PDF zusammenfassen!

Hier finden Sie Normen und Richtlinien für die Technische Dokumentation.

Grundsätzliches, Auslegestellen

Das DIN unterhält ein Netz von Normenauslegestellen, in denen Sie Normen kostenfrei einsehen können.
Normen sind grundsätzlich Empfehlungen.
Sie dürfen davon abweichen, wenn sie mindestens die gleiche Sicherheitsanforderungen erfüllen. Eine Verbesserung ist nicht verboten.

Normen im Internet

Deutsche und Europäische Normen: www.beuth.de
Amerikanische Normen: http://global.ihs.com

Die wichtigsten Normen und VDI-Richtlinien für die Technische Dokumentation

Norm	Ausgabe vom	Titel
DIN EN 62079	2001-11	Erstellen von Anleitungen - Gliederung, Inhalt und Darstellung (IEC 62079:2001); Deutsche Fassung EN 62079:2001
DIN EN ISO 12100-1	2004-04	Sicherheit von Maschinen - Grundbegriffe, allgemeine Gestaltungsleitsätze - Teil 1: Grundsätzliche Terminologie, Methodologie (ISO 12100-1:2003); Deutsche Fassung EN ISO 12100-1:2003
DIN EN ISO 12100-2	2004-04	Sicherheit von Maschinen - Grundbegriffe, allgemeine Gestaltungsleitsätze - Teil 2: Technische Leitsätze (ISO 12100-2:2003); Deutsche Fassung EN ISO 12100-2:2003
ANSI Z535.2	2002	Environmental And Facility Safety Signs
ANSI Z535.4	2002	Product Safety Sign And Label
VDI 4500	1995	ersetzt
VDI 4500 Blatt 1 (Entwurf) 2004-12	2004	Technische Dokumentation - Begriffsdefinitionen und rechtliche Grundlagen Inhalt: • Grundlagen der Technischen Dokumentation • Dokumentationsarten • Rechtliche Forderungen, Rechtsnormen • Dokumentationspflichten • Kundenforderungen • Produktlebenszyklus

VDI 4500 Blatt 2	2000	Technische Dokumentation - Interne Technische Produktdokumentation Inhalt: • Grundlagen, Aufgaben und Inhalte der Internen Technischen Dokumentation • Dokumente im Produktlebenszyklus • Organisatorische Voraussetzungen • Erstellen, gestalten, verteilen - wirtschaftlich dokumentieren
VDI 4500 Blatt 3	2001	Technische Dokumentation - Erstellen und Verteilen von elektronischen Ersatzteilinformationen Inhalt: • Nutzergruppe und Anwendungsvorteile • Bestandteile und Realisierung eines elektronischen Ersatzteilkatalogs • Schnittstellen • Datenaustausch, Austauschformate • Praxisbeispiele, Checklisten
VDI 4500 Blatt 4 (angekündigt)		Technische Dokumentation - Inhalte und Ausführung Vorgesehene Inhalte: • Ziel- und Benutzergruppen • Interne Technische Dokumentation • Externe Technische Dokumentation • Arten von Dokumenten • Gestalten und Erstellen von Dokumenten • Qualitätsmanagement • Werkzeuge • Praxisbeispiele, Checklisten
VDI 4500 Blatt 5 (angekündigt)		Technische Dokumentation - Wirtschaftlich dokumentieren Vorgesehene Inhalte: • Betriebswirtschaftliche Aspekte • Optimieren von Informations-und Dokumentationsprozessen • Projektbezogene Kalkulation • Nutzen interner Ressourcen, Einbinden externer Dienstleister • Praxisbeispiele, Checklisten
VDI 4500 Blatt 6 (angekündigt)		Elektronisch Publizieren Vorgesehene Inhalte: • Publizieren als Teil des Informationsmanagements • Rechtliche Aspekte • Informationszugriff, Schnittstellen und Standards • Technologien und Systeme • Qualitätsmanagement Praxisbeispiele, Checklisten

Diverse Normen, in denen auch etwas zur Dokumentation steht

Norm	Ausgabe vom	Titel
DIN EN 1041	1998-04	Bereitstellung von Informationen durch den Hersteller eines Medizinprodukts; Deutsche Fassung EN 1041:1998
DIN 8659-1	1980-04	Werkzeugmaschinen; Schmierung von Werkzeugmaschinen, Schmieranleitungen
DIN 24343	1982-02	Fluidtechnik; Hydraulik; Wartungs- und Inspektionsliste für hydraulische Anlagen
DIN 24420-2	1976-09	Ersatzteillisten; Form und Aufbau des Textteiles
DIN VDE 31000-2	1987-12	Allgemeine Leitsätze für das sicherheitsgerechte Gestalten technischer Erzeugnisse; Begriffe der Sicherheitstechnik; Grundbegriffe
DIN VDE 1000	1979-03	Allgemeine Leitsätze für das sicherheitsgerechte Gestalten technischer Erzeugnisse
MedGVSichPrüfGSBek	1987-01-22	Grundsätze für die sicherheitstechnische Prüfung nach § 22 Abs. 2 der Medizingeräteverordnung (MedGV)
DIN 31051	2003-06	Grundlagen der Instandhaltung
DIN 31052	1981-06	Instandhaltung; Inhalt und Aufbau von Instandhaltungsanleitungen
DIN EN 31252	1994-11	Laser und Laseranlagen - Lasergerät - Mindestanforderungen an die Dokumentation (ISO 11252:1993); Deutsche Fassung EN 31252:1994
DIN EN 60204-1	1998-11	Sicherheit von Maschinen - Elektrische Ausrüstung von Maschinen - Teil 1: Allgemeine Anforderungen (IEC 60204-1:1997 + Corrigendum 1998); Deutsche Fassung EN 60204-1:1997
DIN EN 60601-1	1996-03	Medizinische elektrische Geräte - Teil 1: Allgemeine Festlegungen für die Sicherheit (IEC 60601-1:1988 + A1:1991 + A2:1995); Deutsche Fassung EN 60601-1:1990 + A1:1993 + A2:1995
DIN EN 60601-1 (Norm-Entwurf)	2004-07	Medizinische elektrische Geräte - Teil 1: Allgemeine Festlegungen für die Sicherheit einschließlich der wesentlichen Leistungsmerkmale (IEC 62A/449/CDV:2004); Deutsche Fassung prEN 60601-1:2004
DIN EN 60825-1	2003-10	Sicherheit von Laser-Einrichtungen - Teil 1: Klassifizierung von Anlagen, Anforderungen und Benutzer-Richtlinien (IEC 60825-1:1993 + A1:1997 + A2:2001); Deutsche Fassung EN 60825-1:1994 + A1:2002 + A2:2001

DIN EN 61010-1	2002-08	Sicherheitsbestimmungen für elektrische Mess-, Steuer-, Regel- und Laborgeräte - Teil 1: Allgemeine Anforderungen (IEC 61010-1:2001); Deutsche Fassung EN 61010-1:2001
DIN EN 61187	1995-06	Elektrische und elektronische Messgeräte - Mitzuliefernde Unterlagen (IEC 61187:1993, modifiziert); Deutsche Fassung EN 61187:1994
ISO/IEC Guide 37	1995	Instructions for use of products of consumer interest
VDI 2519 Blatt 1	2001-12	Vorgehensweise bei der Erstellung von Lasten-/Pflichtenheften
VDI 2890	1986-11	Planmäßige Instandhaltung; Anleitung zur Erstellung von Wartungs- und Inspektionsplänen
VDI 3620	2004-04	Leitfaden für die Aufstellung einer Betriebsanleitung für Stetigförderer
VDMA 24292	1991-08	Flüssigkeitspumpen; Betriebsanleitungen für Pumpen und Pumpenaggregate; Gliederung, Checkliste, Textbaustein Sicherheit

Software-Dokumentation

Norm	Ausgabe vom	Titel
ISO/IEC TR 9294	1990-11	Informationstechnik; Richtlinien für die Handhabung der Software-Dokumentation
ISO/IEC 18019	2004-01	Software und System-Engineering - Richtlinien für die Gestaltung und Vorbereitung von Benutzerdokumentation für Anwendungssoftware
DIN ISO/IEC 12119	1995-08	Informationstechnik - Software-Erzeugnisse - Qualitätsanforderungen und Prüfbestimmungen; Identisch mit ISO/IEC 12119:1994
ISO/IEC 12119	1994-11	Informationstechnik - Software-Erzeugnisse - Qualitätsanforderungen und Prüfung

Sicherheitskennzeichen

Norm	Ausgabe vom	Titel
DIN ISO 3864-1 (Norm-Entwurf)	2000-11	Sicherheitsfarben und Sicherheitszeichen - Teil 1: Sicherheitszeichen an Arbeitsstätten und in öffentlichen Bereichen - Gestaltungsgrundsätze (ISO/DIS 3864-1:2000)
ISO 3864-1	2002-05	Graphische Symbole - Sicherheitsfarben und Sicherheitszeichen - Teil 1: Gestaltungsgrundsätze für Sicherheitszeichen in Arbeitsstätten und in öffentlichen Bereichen
ISO 3864-2	2004-10	Graphische Symbole - Sicherheitsfarben und Sicherheitszeichen - Teil 2: Gestaltungsgrundlagen für Sicherheitszeichen auf Produkten
DIN ISO 3864-3 (Norm-Entwurf)	2004-11	Graphische Symbole - Sicherheitsfarben und Sicherheitszeichen - Teil 3: Gestaltungskriterien für graphische Symbole zur Anwendung in Sicherheitszeichen (ISO/DIS 3864-3:2004)
DIN 4844-1	2002-11	Sicherheitskennzeichnung - Teil 1: Maße, Erkennungsweiten
DIN 4844-1 Berichtigung	2003-04	Berichtigungen zu DIN 4844-1: 2002-11
DIN 4844-2	2001-02	Sicherheitskennzeichnung - Teil 2: Darstellung von Sicherheitszeichen
DIN 4844-2/A1	2004-05	Sicherheitskennzeichnung - Teil 2: Darstellung von Sicherheitszeichen - Änderung A1
DIN 4844-3	2003-09	Sicherheitskennzeichnung - Teil 3: Flucht- und Rettungspläne
ISO 7010	2003-10	Graphische Symbole - Sicherheitsfarben und Sicherheitskennzeichen - Sicherheitszeichen zur Anwendung in Arbeitsstätten und in öffentlichen Bereichen

Gestaltung

Norm	Ausgabe vom	Titel
DIN ISO 6433	1982-09	Technische Zeichnungen; Positionsnummern
DIN 6789-1	1990-09	Dokumentationssystematik; Teil 1: Aufbau Technischer Produktdokumentationen
DIN 6789-2	1990-09	Dokumentationssystematik; Dokumentensätze Technischer Produktdokumentationen
DIN 6789-3	1990-09	Dokumentationssystematik; Änderung von Dokumenten und Gegenständen; Allgemeine Anforderungen

DIN 6789-4	1995-10	Dokumentationssystematik - Teil 4: Inhaltliche Gliederung Technischer Produktdokumentationen
DIN 6789-5	1995-10	Dokumentationssystematik - Teil 5: Freigabe in der Technischen Produktdokumentation
DIN 6789-6	1998-05	Dokumentationssystematik - Teil 6: Verfälschungssicherheit digitaler technischer Dokumentation
DIN 6789-7 (Norm-Entwurf)	2003-11	Dokumentationssystematik - Teil 7: Qualitätskriterien für Freigabeprozesse digitaler Produktdaten
ISO 10209-1	1992-06	Technische Produktdokumentation; Begriffe; Teil 1: Benennungen für technische Zeichnungen; Allgemeines und Arten von technischen Zeichnungen
ISO 10209-2	1993-09	Technische Produktdokumentation; Begriffe; Teil 2: Benennungen für Projektionsmethoden
ISO 10209-4	1999-08	Technische Produktdokumentation - Begriffe - Teil 4: Begriffe für Dokumente des Bauwesens
DIN 11042-1	1978-11	Instandhaltungsbücher; Bildzeichen, Benennungen
DIN EN 13460	2002-08	Instandhaltung - Dokumente für die Instandhaltung; Deutsche Fassung EN 13460:2002
DIN EN 61310-1	1996-09	Sicherheit von Maschinen - Anzeigen, Kennzeichen und Bedienen - Teil 1: Anforderungen an sichtbare, hörbare und tastbare Signale (IEC 61310-1:1995 und Berichtigung 1995); Deutsche Fassung EN 61310-1:1995
DIN EN 61310-2	1996-09	Sicherheit von Maschinen - Anzeigen, Kennzeichen und Bedienen - Teil 2: Anforderungen an die Kennzeichnung (IEC 61310-2:1995); Deutsche Fassung EN 61310-2:1995
DIN EN 61310-3	1999-12	Sicherheit von Maschinen - Anzeigen, Kennzeichen und Bedienen - Teil 3: Anforderungen an die Anordnung und den Betrieb von Bedienteilen (Stellteilen) (IEC 61310-3:1999); Deutsche Fassung EN 61310-3:1999

Textverarbeitung

Norm	Ausgabe vom	Titel
DIN 1301-1	2002-10	Einheiten - Teil 1: Einheitennamen, Einheitenzeichen
DIN 1421	1983-01	Gliederung und Benummerung in Texten; Abschnitte, Absätze, Aufzählungen
DIN 2335	1986-10	Sprachenzeichen
DIN 5008	2001-11	Schreib- und Gestaltungsregeln für die Textverarbeitung
DIN 16511	1966-01	Korrekturzeichen

Terminologie

Norm	Ausgabe vom	Titel
DIN 32541	1977-05	Betreiben von Maschinen und vergleichbaren technischen Arbeitsmitteln; Begriffe für Tätigkeiten

Gefahrenanalyse

Norm	Ausgabe vom	Anmerkungen
DIN EN 954-1	1997-03	Sicherheit von Maschinen - Sicherheitsbezogene Teile von Steuerungen - Teil 1: Allgemeine Gestaltungsleitsätze; Deutsche Fassung EN 954-1:1996
DIN EN 1050	1997-01	Sicherheit von Maschinen - Leitsätze zur Risikobeurteilung; Deutsche Fassung EN 1050:1996
DIN EN 61508	2002-2003	Funktionale Sicherheit sicherheitsbezogener elektrischer/ elektronischer/programmierbarer elektronischer Systeme
ISO 14121	1999-02	Sicherheit von Maschinen - Leitsätze zur Risikobeurteilung

Was-macht-Wer-Matrix

Wer? Was?					

1. Frage: Was muss getan werden?
2. Frage: Wer tut es?
3. Frage: Welche Anleitung für welchen Zweck und welche Zielgruppe?

Index

A

B

C

D

E

F

G

M

N

O

P

T

U

V

W

X

Z

Druck- und Bindearbeiten: Stürtz GmbH, Würzburg